材料科学者のための
電磁気学入門

志賀 正幸 著

内田老鶴圃

本書の全部あるいは一部を断わりなく転載または
複写(コピー)することは，著作権および出版権の
侵害となる場合がありますのでご注意下さい．

序

　本書は，化学や物性物理，材料科学を学ぼうとしている人，あるいはこの分野の研究者・技術者として実務についている人を読者に想定し，電磁気学の基礎を学ぶことを目的としている．電気や磁気は日常的に接することも多く，またあらゆる科学技術の基礎として重要な役割を担っているが，その基本となる電磁気学はかなり抽象的でかつ数学の知識を必要とするので，日頃「目に見えるもの」を扱っている材料科学者にとっては取り付きにくい分野のようである．大学での電磁気学の講義は通常一般物理学の一分野として初年級で学び始めると思うが，最近の傾向として最初からベクトル微分などを使うマクスウェルの方程式から出発することが多いようで，そこで挫折してしまう人も少なくないと聞いている．特に化学・材料系の学生にとっては，その後専門課程で改めて勉強する機会がなければ，電磁気学をあまり理解しないまま研究者や技術者となり，改めて学び直す必要性を感じている人も多いのではなかろうか．他ならぬ筆者自身もその一人で，正式に専門分野としての電磁気学を学んだことがなく，必要にせまられ学んだものである．本書ではその経験を活かし，材料科学者の立場に立って電磁気学の基礎をわかりやすく説明することを心がけている．なお，電磁気学と数学は切っても切れない関係にあり，基本を理解するために必要な数学は避けて通ることはできないが，計算が煩雑なわりに本質を理解するのにそれほど必要でない部分は参考書を紹介するにとどめている．また，電磁気現象を記述する基本的な公式もクーロンの法則など実験事実に則した古典的な経験則から導入し，より一般的なベクトル微分を使ったマクスウェルの方程式に自然に導かれるよう配慮している．

　本書の構成は，静電気現象から始まり，マクスウェルの方程式に至るほぼ標準的なものであるが，後半においては，実際に電気・磁気の応用に携わる研究者・技術者にとって必要と思われる交流回路理論などを，入門書としては少し詳しく説明した．また，磁性体についての章を最後に設けているが，これは，電磁気学で用いる単位系が関係している．電磁気学における単位系は古くはcgs単位系が広く用いられていたが，MKS単位系への統一が求められるようになって，最近ではMKS単位系に移行している．しかし，同じMKS単位系でも磁荷の存在を認めないE-B対応系と，磁荷の存在を仮定するE-H対応系の2つの単位系があり，最近ではE-B対応系が正式のSI単位系として採用され主流となっている．本書でも最終章を除いてはE-B対応系を採用しているが，

磁荷の存在を認めない立場では，磁性体，特に実用上重要な強磁性体の性質が理解しにくく，最終章に限って磁性物理学の分野では広く使われている E-H 対応の MKSA 単位系を導入している．

　本書を書くに当たっては，長年京都大学で研究を共にし，電磁気学の講義の経験もある京都大学大学院工学研究科の中村裕之教授に細部にわたって目を通してもらった．また，本書を書くに至ったのは，これに先立って刊行した拙著，「磁性入門」（材料学シリーズ），「材料科学者のための固体物理学入門」，その続編「材料科学者のための固体電子論入門」の刊行を快くお引き受け下さった内田老鶴圃の内田学氏の薦めに負うところが大きい．

　2011 年 3 月

志 賀 正 幸

目　次

序 …………………………………………………………………………… i

1 はじめに ………………………………………………………………… 1
　1.1　物質の成り立ちと電気の起源　*1*
　1.2　単位系　*4*

2 点電荷のつくる静電場，静電ポテンシャル ………………………… 7
　2.1　点電荷とクーロンの法則　*7*
　2.2　クーロンの法則のベクトル表示　*8*
　2.3　電場の導入と電気力線　*9*
　2.4　ガウスの法則　*11*
　2.5　電位（静電ポテンシャル）　*13*
　　・等電位線　*16*

3 分散・分布する電荷のつくる静電場 …………………………………17
　3.1　複数個の電荷や帯電した物体がつくる電場と電位
　　　　―重ね合わせの原理―　*17*
　3.2　複数個の電荷や帯電した物体に対するガウスの法則　*18*
　3.3　いくつかの簡単な例　*20*
　　3.3.1　2つの電荷がつくる電場と電気双極子モーメント　*20*
　　・電場中の電気双極子モーメント　*21*
　　3.3.2　無限に長い直線電荷のつくる電場　*21*
　　3.3.3　無限に広い平板がつくる電場　*23*
　　3.3.4　2枚の平面電荷―コンデンサーと静電エネルギー―　*23*
　　3.3.5　マクスウェルの応力　*27*
　　・コンデンサー　*30*
　　・2本の平行線の静電容量　*31*
　　3.3.6　球状電荷がつくる電場　*32*

iii

3.3.7　帯電した球の周りの電位　34
3.3.8　帯電した球のもつ静電エネルギー　35
3.4　任意形状での電場—ガウスの定理とポアソンの方程式—　36

4　物質の電気的性質 I　絶縁体と誘電率　41

4.1　原子・分子の電気分極と分極ベクトル　41
4.2　物質の誘電率と電束密度　43
4.3　電束密度に対するガウスの法則　45
4.4　誘電体中でのクーロン力　46
4.5　誘電体を挟んだコンデンサー　47
　・コンデンサーの記号と複数のコンデンサーの合成容量　49
4.6　電場の屈折　50
4.7　いろいろな誘電体　52
　　4.7.1　気体の誘電率と極性分子　53
　　4.7.2　凝縮系物質(液体・固体)の誘電率　55
　　4.7.3　強誘電体　56

5　物質の電気的性質 II　静的平衡状態にある導体　59

5.1　基本的性質　59
5.2　帯電した導体が周辺につくる電場　60
　　5.2.1　無限に広い導体平板　60
　　5.2.2　表面が平面である無限に大きい導体　60
　　5.2.3　導体球　61
　　5.2.4　任意の形状の導体の表面電場　61
5.3　外部に点電荷を置いたときの電場分布—鏡像法—　62
　　5.3.1　表面が平坦な無限に広がる導体の前に点電荷を置いた場合　62
　　5.3.2　有限の大きさをもつ平板での鏡像法と接地　64
　　5.3.3　球状導体での鏡像効果　65
　　5.3.4　一様な電場中に置いた導体球　66

6　物質の電気的性質 III　定常電流が流れる導体　69

6.1　電池の原理　69
　　6.1.1　接触電位差と熱起電力　69

6.1.2　化学電池　*71*
6.2　電気抵抗とオームの法則　*72*
　　6.2.1　古典ガスモデルによるオームの法則の導出　*72*
　　6.2.2　電流の大きさと電荷の移動速度　*74*
　　6.2.3　塊状の導体での電流分布　*75*
　　6.2.4　電気抵抗の原因　*76*
　　・電気の伝わる速さ　*76*
6.3　直流電気回路　*77*
6.4　電流のする仕事とジュール熱　*79*
　　・電池の内部抵抗とエネルギー効率　*80*

7　静　磁　場 …… *83*

7.1　磁場の存在と単位系　*83*
7.2　E-B 単位系での磁場の定義と電流の磁気作用　*84*
7.3　アンペールの法則　*86*
7.4　微分形式のアンペールの法則とストークスの定理　*88*
7.5　ビオ-サバールの法則　*90*
7.6　ベクトルポテンシャル　*91*
7.7　いろいろな形状の電流がつくる磁場　*95*
　　7.7.1　無限に長い直線　*95*
　　7.7.2　ソレノイドコイル　*96*
　　7.7.3　有限長ソレノイドコイル　*98*
　　7.7.4　円電流　*99*
　　・動く座標系から見た電磁場—電磁気学から相対性理論へ—　*102*

8　電磁誘導 …… *105*

8.1　磁場中を動く導線による起電力とファラデーの電磁誘導則　*105*
8.2　任意の形状のループでの電磁誘導則　*107*
8.3　発電機　*109*
8.4　インダクタンス　*110*
　　8.4.1　相互インダクタンス　*110*
　　8.4.2　無限に長い二重ソレノイドコイルの相互インダクタンス　*111*
　　8.4.3　トランスの原理　*111*

8.5 自己インダクタンス　*112*
 8.5.1 自己インダクタンスの定義とソレノイドコイルのインダクタンス　*112*
 8.5.2 平行導線の自己インダクタンス　*113*
 ● 真空の透磁率の単位　*114*
 8.5.3 過渡特性　*114*
8.6 磁場のエネルギー　*115*
8.7 その他の現象　*117*
 8.7.1 渦電流　*117*
 8.7.2 表皮効果　*119*

9　マクスウェルの方程式と電磁波　*121*

9.1 変位電流　*121*
 9.1.1 コンデンサーを含む回路の過渡特性　*121*
 9.1.2 CR回路が発生する磁場と変位電流　*122*
9.2 マクスウェルの方程式　*125*
 9.2.1 ガウスの定理とストークスの定理　*125*
 9.2.2 マクスウェルの式から電磁気学の諸法則を導く　*127*
9.3 電磁波　*128*
 9.3.1 固体を伝搬する音波（古典力学の波動方程式）　*129*
 9.3.2 電磁波の波動方程式　*130*
 9.3.3 電磁波が運ぶエネルギー　*134*

10　過渡特性とインピーダンス—交流回路理論の基礎—　*135*

10.1 コイルやコンデンサーを含む回路の過渡特性　*135*
10.2 交流回路とインピーダンス　*138*
 10.2.1 交流回路の周波数特性　*138*
 ● 共振周波数と Q 値　*142*
 10.2.2 複素数表示とインピーダンス　*143*
10.3 交流回路のエネルギー収支　*145*
 ● 力学的インピーダンス　*146*
10.4 分布定数回路とケーブルの伝送特性　*149*
 10.4.1 固有インピーダンス　*149*
 10.4.2 インピーダンス整合と無減衰伝送　*151*

11 変動する電磁場中の物質—複素誘電率と物質の光学的性質— 155

- 11.1 誘電体中の電磁波と光学的性質　*155*
  - 11.1.1 理想誘電体中の電磁波と光学定数　*155*
  - 11.1.2 誘電体の複素誘電率　*157*
  - 11.1.3 ローレンツモデル　*158*
  - 11.1.4 複素屈折率　*159*
- 11.2 導体中の電磁波と光学的性質　*160*
  - 11.2.1 理想的導体による電磁波の反射　*160*
  - 11.2.2 導体中の電磁波　*161*
  - 11.2.3 ドルーデのモデルとプラズマ振動　*163*

12 *E-H* 対応系と物質の磁性 167

- 12.1 *E-H* 対応系での静磁場　*168*
  - 12.1.1 磁場についてのクーロンの法則とガウスの法則　*168*
  - 12.1.2 磁位(磁気ポテンシャル)　*169*
  - 12.1.3 磁気モーメント　*170*
- 12.2 電子・原子・分子の磁気モーメントと物質の磁化率　*172*
  - 12.2.1 電子の磁気モーメント　*172*
  - 12.2.2 反磁性　*172*
  - 12.2.3 常磁性　*173*
  - 12.2.4 磁化と磁束密度　*174*
  - 12.2.5 強磁性　*175*
- 12.3 透磁率と磁束密度　*177*
- 12.4 いろいろな磁性体　*179*
  - 12.4.1 反磁性体・常磁性体　*179*
  - 12.4.2 強磁性体　*180*
- 12.5 反磁場とその影響　*182*
  - 12.5.1 反磁場の見積もり　*182*
  - 12.5.2 楕円体の反磁場　*183*
  - 12.5.3 強磁性体の磁化に及ぼす反磁場の影響　*185*
- 12.6 磁石のエネルギー(静磁エネルギー)　*187*
- 12.7 磁気回路　*188*

        12.7.1　基本回路　*189*
        12.7.2　ギャップのある磁気回路　*190*
        12.7.3　永久磁石を挟んだ磁気回路　*191*
        12.7.4　磁石のエネルギーと最適動作点　*193*

付　　録……………………………………………………………………*197*
    付録A　ベクトル演算式　*197*
    付録B　相互インダクタンスの相反定理　*200*
    付録C　2階線形微分方程式の解　*201*
    付録D　複素数の計算式　*203*
    付録E　電磁気量に関するCGS単位系　*204*
参　考　書………………………………………………………………*209*
練習問題解答……………………………………………………………*211*
索　　引…………………………………………………………………*221*

はじめに

　身の周りを見回してみると，電気や磁気を使った機器が満ちあふれており，電気は現代生活を支えるのに重要な役割を果たしている．このように電気を使っていることがはっきりわかる電気器具以外でも，電気は意外なところに顔を出し，思わぬ役割を果たしている．たとえば，この本を読もうとしているあなた自身，電磁波である光を目に入れ，視神経を刺激することにより電気が生じ，神経索を電流が流れ脳細胞を刺激し文字を認識しさらに意味を理解している．このような人間活動の中心をになう重要な役目を電気は果たしている．

　電気の存在が身近に実感できるのは静電気であろう．手元に発泡スチロールのブロックがあれば，手で細かく砕いてみよう．小片同士がくっつき塊になる．これが静電気のせいであることは誰しも知っているだろう．ところが，金属，たとえばアルミをヤスリで削って粉にしても互いにくっつくことはない．通常，前者が絶縁体で後者が導電体であるためと説明される．では，どうして絶縁体は静電気を帯び，金属では帯びないのか？　と問い詰めると，そろそろ答えにくいのではなかろうか？　ともかく，電気は目で見えるわけでなく，力学などに比べ少々抽象的な存在で，物質や生体に興味をもって学んでいる人には敬遠されがちである．

　本書では，化学や物性物理，材料科学を学ぼうとしている人を読者と想定し，電磁気学の基礎を学ぶことを目的としているので，手始めに物質の成り立ちと電気の起源について述べることから始めよう．

1.1　物質の成り立ちと電気の起源

　物質は原子や分子からできているわけであるが，その原子は，中心にある正電荷を帯びた原子核とその周りに分布している負電荷を帯びた電子から成り立っており，両者を結びつけているのはクーロン力とよばれる電気的な力である．では電荷とは何で，クーロン力とは何かと問い詰めていくと，結局のところ電子のもつ基本的な性質の1つである電荷の存在に行き着く*．そしてクーロン力とは電荷の間に働く力であり，両者は表

裏一体で切り離すことはできない．物理学者であれば「電荷とは何で，電子はなぜ素電荷 $-e=-1.6022\times10^{-19}$ C (クーロン) という一定の電荷をもつのか？」と，さらに突き詰めたくなるだろう．実際，物理学の最先端では超ひも理論を使いこの問題に答えようとしている．しかし，古典物理学の範囲ではこれ以上の追求はせず，電子の電荷は与えられたものとして取り扱う．一方，原子核は正電荷をもつ陽子と，電荷をもたない中性子からなり，さらに陽子や中性子は3個のクォークよりできているということも知っている人は多いと思うが，ここでは中性子から電子が抜けた粒子を陽子と考えておけばよく，当然，陽子の電荷は正確に $+e$ である．

最も簡単な原子である水素原子は，1個の陽子と1個の電子からなり，電荷は打ち消し合い，少し離れた位置から見ると電気的に中性となり電気的な力は働かなくなる．しかし，2個の水素原子を近づけると，2個の陽子が2個の電子を共有することにより電気的なエネルギーが低下し，いわゆる共有結合により水素分子が形成される．正確には電子の運動エネルギーの変化も考慮する必要があり，量子力学の世界に入るので，これ以上立ち入らないことにする．このようにして形成された電気的に中性な分子が集まると，いわゆるファン・デル・ワールス力により分子性結晶が形成される．このファン・デル・ワールス力も原子核の正電荷の重心と，負電荷をもつ電子雲の重心がずれることによって生じる電気双極子間の相互作用によって生じる電気的な力である．この場合，電子は原子核によって束縛されており，結晶中を自由に動くことはできず，電気を通さない絶縁体となる．身の周りに多く見られる木材やプラスチックなどがそうである．

電気的な力が直接結合力になっている場合もある．NaClのような，いわゆるイオン結晶がそうであり，典型的な金属元素であるNa原子は安定なNe (ネオン) 閉殻の外側に1個の外殻電子 (価電子) をもつ．一方，いわゆるハロゲン元素であるClはAr (アルゴン) 閉殻から1個電子が抜けた状態であり，**図1-1** に示すように，Naの外殻電子がClの空いた軌道を埋めることにより容易に Na^+ イオン，Cl^- イオンを形成する．そして，両者の間にはクーロン力が働き，**図1-2** に示すようなNaCl結晶をつくるわけである．この場合も，電子は原子核によって束縛されており絶縁体となる．

一方，Na原子だけが集まると，**図1-3** に示すように，N 個の Na^+ イオンが N 個の価電子を結晶全体で共有することから，やはり電気的な力により凝集する．これを金属結合というが，この場合，分子性結晶やイオン結晶と異なり価電子は原子核に束縛されておらず結晶中を自由に動くことができる．したがって，両端に電圧をかけると電子が

---

* 電荷以外の基本的性質：

　質量 $m=9.1094\times10^{-31}$ kg，スピン角運動量 $\frac{1}{2}\hbar=0.5273\times10^{-34}$ J·sec．

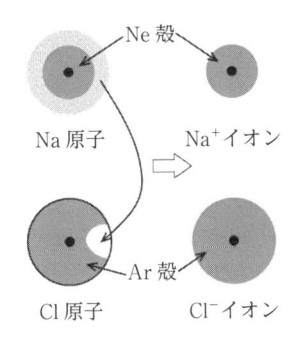

図 1-1　Na^+ イオンと Cl^- イオンの形成．

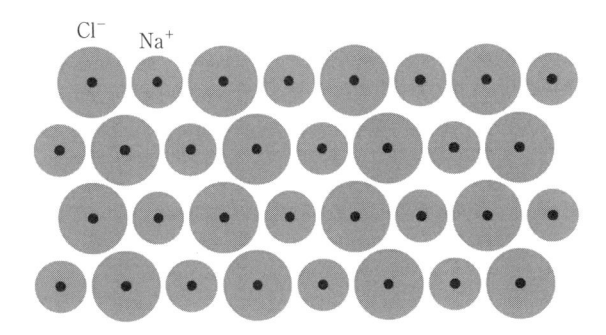

図 1-2　NaCl 結晶．

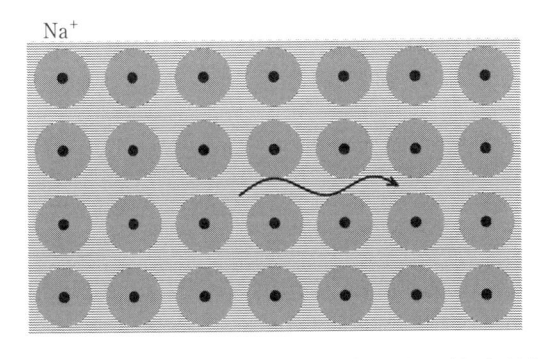

図 1-3　Na の結晶．価電子は結晶中を自由に動き回り電気を伝える．このような物質を導体とよぶ．

移動し電流が流れることになる．金属が電気をよく通す原因である．このような物質を以後**導体**とよぶ．

　物質の成り立ちを学んだところで静電気について考えてみよう．たとえば，手元にある発泡スチロールの塊を手で細かく砕くと，よほど湿度が高い日でない限り小片が手にまとわりつくであろう．いうまでもなく，小片が帯電しクーロン力によりくっつくわけである．発泡スチロールは絶縁性の高い典型的な分子性固体であり，構成分子は電気的に中性であるはずである．しかし，粉砕するとき，小片間や手との摩擦により，小片の表面付近の一部の電子が別の小片や手の方へ移動し正負のバランスがくずれ帯電するのである．当然電子が過剰になった部分が負に帯電し，不足した部分が正電荷を帯びることになる．一度帯電すると，絶縁体の場合は電子が移動できないのでなかなか放電せず帯電したままになる．一方，金属の場合は同じように帯電し得るが，電子が結晶中を自由に動くため，たとえば手で触ると結晶全体の過剰な電子が瞬時に手の方へ移動しすぐ放電してしまう．乾燥した日に，金属製のドアの取手をさわると放電により衝撃を受けるのはよく経験することである．

　前置きが長くなったが，いわゆる静電気現象は古代から知られていた電気の最も素朴な発現であり，ここでは，まず静電荷間に働く力（クーロン力）について定量的な解析をすることから始める．しかし，電気が我々の生活に深く関わり，豊かにしてくれるのは，電荷が移動することにより生じる電流とその電流が周囲につくる磁場によるものであり，さらに電荷が振動することによって生じる電波や光などの電磁波に負うところが大きい．また，実際に電気機器をつくるにあたっては，電気回路，特に交流電気回路についての理解が求められる．本書は，これらの電気・磁気に係わる現象を理解するための入門書である．

1.2　単 位 系

　現在，物理量を表す諸量の定義と単位はMKS（距離 [m]，質量 [kg]，時間 [s]）を基本単位とするSI単位系（国際単位系）が標準系として採用されている．力学系では，たとえば力の単位N（ニュートン）は，ニュートンの運動方程式より kg m/sec^2 と同等で，それ以外の単位もすべてこの3つの基本単位に還元される．ところが，電気・磁気現象を扱うときは，この3つの基本単位では不足するので新しい基本単位を導入する必要がある．SI系ではそのために電流の単位であるA（アンペア）を導入する．

　詳しい説明は該当する章で述べるが，Aの定義は，「1 mの間隔で平行に配置した無限に長い導線に流れる電流間に単位長さ（1 m）当たり 2×10^{-7} N の力が働くとき，その

電流の強さを 1 A とする」というものである．また，電流は電荷が移動することによって生じるものなので，電荷の単位 C(クーロン) は「1 C の電荷が 1 秒間に運ぶ電流を 1 A とする」ことによって定義される．したがって，C は A·s に等しい．また，磁場も電流によってつくられるものなので，磁場の単位は A/m で定義する．このように，電磁気現象を含めたすべての物理量は，基本単位として A を導入することにより表現可能で，MKSA 基本単位系とよばれる．

一方，古い単位系である cgs (cm, g, s) 単位系では，基本単位として，電気現象のみを扱うときは単位電荷 cgs esu を導入する静電単位系を使い，磁気現象を含めて扱うときは単位磁荷 cgs emu を導入する電磁単位系を使う．なぜこのような，一見複雑な単位系を使うかというと，こちらのほうが電磁気に係わる多くの公式が MKSA 系よりシンプルに表現できるというメリットがあるからであり，理論関係では好まれ現在でも使用されることがある．このとき，力学系だと MKS 系から cgs 系への換算は 10^n を乗じることにより容易に得られるが，電磁気学の分野では諸量の定義とそれらの間の関係式が単位系により異なるので注意が必要である．

また，同じ MKSA 単位系でも，正統的な電磁気学の教科書では電場 E に対応する磁場を磁束密度 B とし磁荷の存在を認めない，いわゆる E-B 対応の MKSA 系を使い，これを SI 単位とし，本書も基本的にはこの単位系に従う．しかし，磁性に係わる諸量，特に強磁性体の性質を論じるとき，磁荷の存在を認めない SI 単位系では，たとえば，反磁場の概念などがつかみにくく，磁性物理学・磁気工学の分野では，電場 E に対応する磁場を H (SI 単位系では「磁場の強さ」とよぶことがある) とし，磁荷の存在を仮定する E-H 対応の MKS 単位系を採用することが多く，本書でも磁性体の性質を論じる 12 章では，E-H 対応系を使う．

2 点電荷のつくる静電場, 静電ポテンシャル

2.1 点電荷とクーロンの法則

1.1節で述べたように，物質は原子核の正電荷と電子の負電荷のバランスがくずれ帯電することがある．電子が欠乏した場合はその物質は正電荷を，電子が過剰になった場合は負電荷を帯びることになる．帯電した物質の間には斥力または引力が働くことは古くから知られており，同符号の電荷間では斥力に，異符号電荷間では引力となる．その力の大きさはクーロン(1736〜1806)により，2つの電荷間の距離の2乗に反比例することが明らかにされた．

これを，数式で表すと，2つの電荷の大きさを q_1, q_2, それらの間の距離を R として，その間に働く力は，

$$F = k\frac{q_1 q_2}{R^2} \qquad (2\text{-}1)$$

で与えられる．これを**クーロンの法則**という．ここで，$F>0$ は反発力を，$F<0$ は引力を表す．比例係数 k は，単位系によって決まるが，力として N(ニュートン)，距離として m(メートル)，電荷の単位として C(クーロン)を採用する SI 単位系では，

$$k = 8.9876 \times 10^9 \, \text{Nm}^2\text{C}^{-2} \qquad (2\text{-}2)$$

となる．理由は後に説明するが，真空の誘電率 $\varepsilon_0 = 8.854 \times 10^{-12} \, \text{C}^2\text{N}^{-1}\text{m}^{-2}$ を定義することにより，$k = 1/4\pi\varepsilon_0$ とし，クーロンの法則を

$$F = \frac{1}{4\pi\varepsilon_0} \frac{q_1 q_2}{R^2} \qquad (2\text{-}3)$$

と表すことが多い．なお，ε_0 の単位は後に(3章)定義する静電容量の単位 F(ファラド)を用いると F/m と等価となり，通常この単位を採用する．

ところで，(2-1)式は k を万有引力定数，q を質量と見なすと，古典力学において重要な位置を占める，ニュートンの万有引力の法則と同じである．異なるのは質量には符号がなく，働く力も引力のみという点であるが，力が距離の2乗に反比例するという点

に関しては同じであり，以後，クーロンの法則から導かれる諸量を議論する際，読者にとってなじみのある万有引力の法則から導かれる概念と比較して議論することが多く，その場合は「力学系では」として説明することにする．(2-1)の形をもった式は厳密に考えると，実際に電荷をもつ物質は一定の広がりがあり，どの点間の距離を取ればいいかという問題が生じるが，とりあえずここでは，距離 R は，電荷を担っている物質の大きさより十分大きいとして，大きさのない**点電荷**の存在を仮定することにする．これは力学系での質点に相当する．

2.2　クーロンの法則のベクトル表示

力は本来，作用する方向をもっており，ベクトルで表される量である．また，それ以外にも，電磁気学ではベクトルで表すべき量が多く，ベクトルによる表示が便利であり慣れておく必要がある．クーロンの法則(2-3)式をベクトルで表すと，**図 2-1** に示すように，点電荷 1, 2 の位置ベクトルを r_1, r_2 とすると，q_1 から q_2 へ達するベクトル R は $r_1+R=r_2$ より，

$$R = r_2 - r_1 \tag{2-4}$$

で与えられ，その絶対値(ベクトルの長さ)は

$$R = |R| = |r_2 - r_1| \tag{2-5}$$

となる．q_2 が q_1 から受ける力 $F_{1\to 2}$ は，q_2, q_1 が同符号であれば反発力なのでベクトル R の方向に，異符号なら引力となり R と逆方向に働く．したがって，R 方向を表す単位ベクトルを $\hat{R}$ とすると，

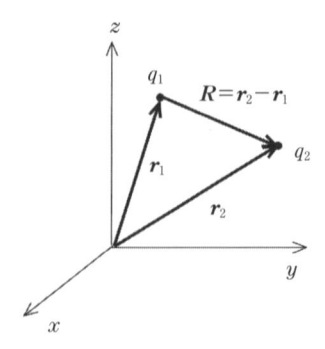

図 2-1　2 個の電荷 q_1, q_2 の位置と，q_1, q_2 を結ぶベクトル．電荷間の距離は $|R|=|r_2-r_1|$ で与えられる．

$$\hat{R} = \frac{R}{|R|} = \frac{r_2 - r_1}{|r_2 - r_1|} \tag{2-6}$$

なので，クーロンの法則(2-3)式は

$$F_{1\to 2} = \frac{1}{4\pi\varepsilon_0} \frac{q_1 q_2}{|R|^2} \hat{R} = \frac{q_1 q_2}{4\pi\varepsilon_0} \frac{R}{|R|^3} = \frac{q_1 q_2}{4\pi\varepsilon_0} \frac{r_2 - r_1}{|r_2 - r_1|^3} \tag{2-7}$$

で与えられる．標準の直交座標系では，ベクトル r_1, r_2 の位置座標をそれぞれ (x_1, y_1, z_1), (x_2, y_2, z_2) とし，x, y, z 方向の単位ベクトルを $\hat{\mathbf{x}}$, $\hat{\mathbf{y}}$, $\hat{\mathbf{z}}$ とすれば，(2-7)式は

$$F_{1\to 2} = \frac{q_1 q_2}{4\pi\varepsilon_0} \frac{(x_2-x_1)\hat{\mathbf{x}} + (y_2-y_1)\hat{\mathbf{y}} + (z_2-z_1)\hat{\mathbf{z}}}{\{\sqrt{(x_2-x_1)^2 + (y_2-y_1)^2 + (z_2-z_1)^2}\}^3} \tag{2-8}$$

と書ける．

2.3 電場の導入と電気力線

万有引力の場合，地表付近にある質量 m の質点は重力定数を g とすると，地球の中心に向かって gm の力を受ける．この力を，地球の質量が地表付近につくる重力場 g を質量 m の質点が感じ $F_g = gm$ の力を受けると解釈することができる．クーロン力の場合も同様に，r_1 にある電荷 q_1 がその周りに電場 $E(r)$ をつくり，r_2 にある電荷 q_2 がその電場を感じ

$$F_{1\to 2} = q_2 E(r_2) \tag{2-9}$$

という力を受けると見なすことができる．$E(r_2)$ の値は(2-7)式と比較すれば，

$$E(r_2) = \frac{1}{4\pi\varepsilon_0} \frac{q_1}{|R|^3} R = \frac{q_1}{4\pi\varepsilon_0} \frac{r_2 - r_1}{|r_2 - r_1|^3} \tag{2-10}$$

直交座標表示では

$$E(x_2, y_2, z_2) = \frac{q_1}{4\pi\varepsilon_0} \frac{(x_2-x_1)\hat{\mathbf{x}} + (y_2-y_1)\hat{\mathbf{y}} + (z_2-z_1)\hat{\mathbf{z}}}{\{\sqrt{(x_2-x_1)^2 + (y_2-y_1)^2 + (z_2-z_1)^2}\}^3} \tag{2-11}$$

と容易に求まる．

以下，これ以降に説明するガウスの法則からマクスウェルの方程式にいたる電場の性質の理解を容易にするため，電場の分布を可視化して表現する電気力線という概念を導入する．

図 2-2 に電気力線の概念図を示すが，その性質は
（ⅰ） 電気力線は正電荷から湧き出し，負電荷で吸収される．
（ⅱ） 電荷から湧き出す(吸収される)電気力線の数はその電荷の大きさに比例する．

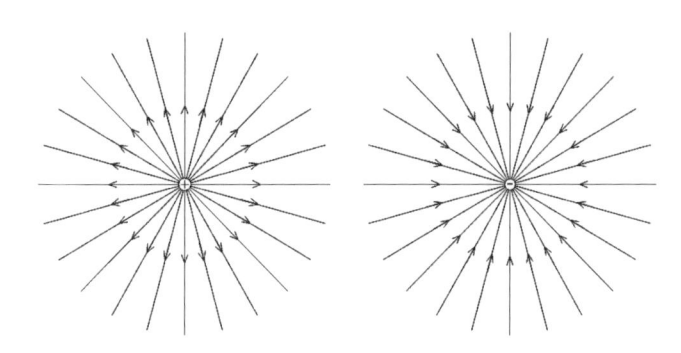

図 2-2 電気力線の概念図．実際には 3 次元空間に広がるので「栗のイガ」をイメージするとよい．正電荷(左)から湧き出し，負電荷(右)に吸収される．矢印は電場の方向を示し，線密度が電場の強さに比例する．

比例定数(a とする)は任意に選べるが，1 つの場面では常に一定値にしておかなければならない．

(ⅲ) 任意の位置の電場は，その方向が電気力線の方向(図 2-2 の矢印)に一致し，電場の強さは，電気力線に垂直な面の線密度に比例する．
(ⅳ) 電気力線の分布は電荷の配置の対称性を反映し，線間の間隔はできるだけ均一になるよう分布する．
(ⅴ) 上記の性質から予想されることであるが，電気力線は途中で切れたり，合流することはない．

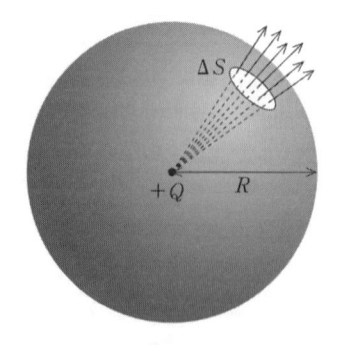

図 2-3 中心に $+Q$ の電荷を置いたとき，半径 R の球の面積 ΔS の球表面を切る電気力線(概念図)．

ここで，もっとも簡単な例として，1個の正電荷 $+Q$ を座標原点においた場合を考えよう．図 2-3 にその概念図を示すが，$+Q$ の電荷から湧き出す電気力線の総数は αQ であり，半径 R の球面上の微小面積 ΔS を貫く電気力線の数は，球面全体の面積が $4\pi R^2$ なので，

$$\Delta N = \frac{\Delta S}{4\pi R^2} \alpha Q \tag{2-12}$$

したがって，単位面積当たりの線密度 n は

$$n = \frac{\Delta N}{\Delta S} = \frac{\alpha Q}{4\pi R^2} \tag{2-13}$$

となり，電気力線の性質（ⅲ）により，球表面での電場の強さはその位置での線密度に比例するので，

$$E = k\frac{\alpha Q}{4\pi R^2} = k'\frac{Q}{4\pi R^2} \tag{2-14}$$

と書ける．球表面にもう1つの点電荷 q を置くと，q が感じる力は電場の定義(2-9)式より

$$F = k'\frac{qQ}{4\pi R^2} \tag{2-15}$$

となる．ここで，$k' = 1/\varepsilon_0$ とすると，クーロンの法則(2-3)式と同じとなる．また，力の働く方向は半径方向，すなわち，点電荷 Q と q を結ぶ線上にあることがわかる．

このように，電気力線を導入するとクーロンの法則が自然に導かれ，なぜ力が R の 2 乗に反比例し，比例定数の分母に 4π を付けるかという理由も容易に理解できるであろう．なお，電気力線はあくまで電場という概念の理解を助けるために導入した架空の存在，いわば補助線であり，その意味するところを十分理解することがこれから展開する議論を理解する「こつ」といってもよい．

また，電磁気学においては，電場に対する電気力線と類似の概念として，後に説明するように，電束密度 D に対する電束線，磁場 H に対する磁力線，磁束密度 B に対する磁束線など，一般にベクトル流に対応するベクトル流線を使って説明することが多く，いずれも流線の方向がベクトル流の方向に一致し，流線密度がベクトル流の大きさを表すものとして定義される．

2.4　ガウスの法則

前節では，点電荷 Q が中心にある球面を通過する電気力線の数からクーロンの法則が導けることを示したが，電気力線の総数は常に αQ で一定であり，どのような曲面で

12　2章　点電荷のつくる静電場，静電ポテンシャル

図 2-4　任意の閉曲面を通過する電気力線．内部にある点電荷 Q から出る電気力線の数は一定なので任意の閉曲面の表面を通過する電気力線の数も一定である．すなわち，表面の微小面積 ΔS を通過する電気力線の数を全表面に渡って足し合わせれば一定となる．これよりガウスの法則が導ける．

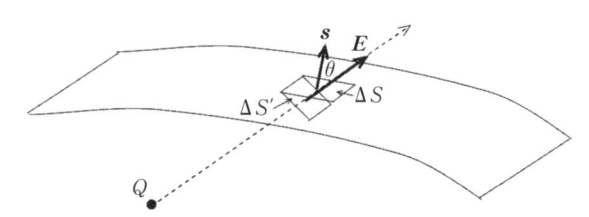

図 2-5　閉曲面表面の微小面積 ΔS を貫く電気力線（点線）と電場（ベクトル E）．$\Delta S'$ は ΔS の電場に垂直な面への投影面積．s は面 ΔS の垂線方向の単位ベクトル．θ は s と E がなす角．

点電荷を囲んでも表面を通過する電気力線の数は変わらない．これを数式化したものが，電荷によって生じる電場を計算するのに威力を発揮するガウスの法則に他ならない（**図 2-4**）．

初めに，閉曲面の表面にある微小面積 ΔS を貫く電気力線の数を計算する．**図 2-5** からわかるように，ΔS が電場ベクトル E に垂直な面につくる投影面の面積 $\Delta S'$ は2つの面の角度を θ とすると，

$$\Delta S' = \Delta S \cos\theta \tag{2-16}$$

で与えられる．ΔS の法線方向の単位ベクトルを s とすると，ベクトルの内積の性質より，$\cos\theta$ は

$$\cos\theta = \frac{\boldsymbol{s}\cdot\boldsymbol{E}}{|\boldsymbol{E}|} \tag{2-17}$$

で与えられ，(2-16)式は

$$\Delta S' = \Delta S \frac{\boldsymbol{s}\cdot\boldsymbol{E}}{|\boldsymbol{E}|} \tag{2-18}$$

となる．$Q<0$ であれば，電気力線が閉曲面の外部から内部へ通過する場合に相当し，$\boldsymbol{s}\cdot\boldsymbol{E}<0$ となり，電気力線数を数えるに際してはマイナスの寄与をすると考える．$\boldsymbol{E}$ に対応する電気力線の線密度 n は(2-13)，(2-14)式より，$n=\alpha|\boldsymbol{E}|/k'$ なので，ΔS を貫く電気力線の数 ΔN は

$$\Delta N = n\Delta S' = \frac{\alpha|\boldsymbol{E}|}{k'}\Delta S \frac{\boldsymbol{s}\cdot\boldsymbol{E}}{|\boldsymbol{E}|} = \frac{\alpha}{k'}\boldsymbol{s}\cdot\boldsymbol{E}\,\Delta S \tag{2-19}$$

で与えられる．電気力線の総数は αQ であり，これは閉曲面全体を貫く電気力線の数に等しいので，

$$\alpha Q = \sum \Delta N = \iint_{閉曲面} dN = \frac{\alpha}{k'}\iint_{閉曲面}\boldsymbol{s}\cdot\boldsymbol{E}\,dS \tag{2-20}$$

$k'=1/\varepsilon_0$ なので，(2-20)式は

$$\iint_{閉曲面}\boldsymbol{s}\cdot\boldsymbol{E}\,dS = \frac{Q}{\varepsilon_0} \tag{2-21}$$

と書ける．このようにして導かれた公式を(積分表示での)**ガウスの法則**とよぶ．$Q<0$ の場合も $\boldsymbol{s}\cdot\boldsymbol{E}<0$ なので同等な関係が成り立つ．

2.5 電位(静電ポテンシャル)

静止した力学系においては，物体にかかる力は位置エネルギー(またはポテンシャルエネルギー)U の微分で与えられる．たとえば，地表からの高さ z に置いた質量 M の物体のポテンシャルエネルギーは $U=gMz$ であり，重力場により受ける力は

$$F = -\frac{dU}{dz} = -gM \tag{2-22}$$

となる．ここで，U は地表から物体を高さ z まで持ち上げるのに要した仕事に等しい．さらに，一般的に位置 $r(x,y,z)$ における質点のポテンシャルエネルギーを $U(x,y,z)$ としたとき，質点の受ける力は

$$\boldsymbol{F} = -\frac{\partial U}{\partial x}\hat{\boldsymbol{x}} - \frac{\partial U}{\partial y}\hat{\boldsymbol{y}} - \frac{\partial U}{\partial z}\hat{\boldsymbol{z}} = -\nabla U = -\mathrm{grad}\,U(x,y,z) \tag{2-23}$$

で与えられる．ここで，$\hat{\boldsymbol{x}}$, $\hat{\boldsymbol{y}}$, $\hat{\boldsymbol{z}}$ は直交座標の単位ベクトル，∇(ナブラ)は

$$\nabla = \frac{\partial}{\partial x}\hat{\mathbf{x}} + \frac{\partial}{\partial y}\hat{\mathbf{y}} + \frac{\partial}{\partial z}\hat{\mathbf{z}} \tag{2-24}$$

で定義される3次元のベクトル微分演算子を表す．数学的にはポテンシャル U の勾配に相当するので grad と表記することもある．

クーロン力についても同様にポテンシャルエネルギーが定義できる．この場合は通常エネルギーの起点をクーロン力がゼロになる無限遠に選ぶ．中心に点電荷 Q がある場合，無限遠から出発し点電荷 q を，中心に向かって，中心から R の位置に運ぶための仕事量は

$$U(R) = \int_\infty^R F(r)dr = \frac{qQ}{4\pi\varepsilon_0} \int_\infty^R \frac{dr}{r^2} = \frac{1}{4\pi\varepsilon_0} \frac{qQ}{R} \tag{2-25}$$

となる．当然のことながら，q に働く力は

$$F = -\frac{dU}{dR} = \frac{1}{4\pi\varepsilon_0} \frac{qQ}{R^2} \tag{2-26}$$

とクーロンの法則に一致する．点電荷 q を単位電荷としたときのポテンシャルエネルギーを**静電ポテンシャル**または**電位**とよび（以下では電位とよぶことにする），原点に置いた点電荷 Q がその周辺につくる電位は，

$$\phi(r) = \frac{Q}{4\pi\varepsilon_0 r} \tag{2-27}$$

で与えられ，負符号を付けた微分は

$$-\frac{d\phi}{dr} = \frac{1}{4\pi\varepsilon_0} \frac{Q}{r^2} = E \tag{2-28}$$

となり電場を与える．

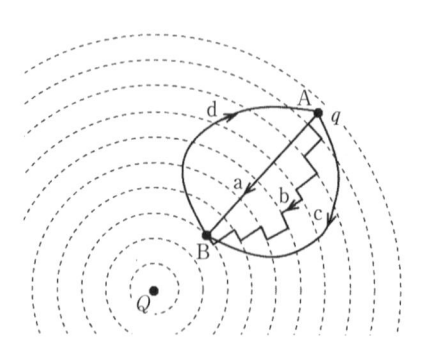

図 2-6 クーロン力は保存力．点 A から，電荷 Q を置いた中心に向かって電荷 q を移動するのに必要な仕事量は，通過する径路 (a, b, c) によらない．また，径路 d を通って元の点 A に戻すため必要な総仕事量は 0 となる．このような性質をもった力を保存力とよぶ．

2.5 電位(静電ポテンシャル)

　以上の計算((2-25)式)は，電荷 q を運ぶ径路を，クーロン力の方向，すなわち中心に向かう直線(**図 2-6** 径路 a)に沿って行ってきたが，このとき必要な仕事量は径路によらない．たとえば，図 2-6 に示す径路 b のように，A 点から出発し，途中で点線で示す同心円に沿って横へずらしても，横方向には力は働かないので仕事量は 0 であり，B 点に至るまで動かすのに必要な仕事量は径路 a をたどったときと変わらない．さらに，同心円の間隔を十分細かく取れば，径路 c に示すような任意の曲線に沿って動かしても同様であることが理解できるであろう．

　以上の考察を数式で表せば，電荷 Q のつくる電場を $\boldsymbol{E}(x,y,z)$ とし，$d\boldsymbol{s}$ を A から B へ至る径路での微小変位とすると，A 点から B 点に単位電荷を運ぶときになされる仕事は，

$$\Delta\phi = W(\mathrm{A}\to\mathrm{B}) = -\int_{\mathrm{A}\to\mathrm{B}}\boldsymbol{E}\cdot d\boldsymbol{s} \tag{2-29}$$

で与えられる．ベクトルの内積を積分するのは，仕事量がなされるのは変位の力方向成分のみだからであり，負符号を付けたのは微小変位の方向と力の方向を逆に取っているからである．ここで，$\Delta\phi$ を B 点から見た A 点の**電位**あるいは**電圧**とよび単位は V(**ボルト**)で測られる．さらに，B 点から径路 d を通って，出発点 A に戻す場合，径路 d でなされる仕事は A→B のときと逆符号で絶対値は等しいので，

$$W(\mathrm{A}\to\mathrm{B}\to\mathrm{A}) = -\oint \boldsymbol{E}\cdot d\boldsymbol{s} = 0 \tag{2-30}$$

が成り立つ．このような関係式が成り立つ力を一般に**保存力**とよび，引力やクーロン力のような中心力はすべて保存力である．

　A 点を電場が 0 となる無限遠に取り，B 点の座標を (x,y,z) とすれば，B 点の電位は

$$\phi_{\mathrm{B}}(x,y,z) = W(\infty\to\mathrm{B}) = -\int_{\infty}^{\mathrm{B}}\boldsymbol{E}\cdot d\boldsymbol{s} = \int_{\mathrm{B}}^{\infty}\boldsymbol{E}\cdot d\boldsymbol{s} \tag{2-31}$$

で与えられる．上に述べたように，積分値は径路によらないので，B 点の位置だけで決まり，電位 ϕ も位置だけで決まるスカラー量であり，スカラーポテンシャルとよばれることもある．

　逆に，$\phi(x,y,z)$ が与えられれば，その点の電場は

$$\boldsymbol{E} = -\left(\frac{\partial\phi}{\partial x}\hat{\mathbf{x}} + \frac{\partial\phi}{\partial y}\hat{\mathbf{y}} + \frac{\partial\phi}{\partial z}\hat{\mathbf{z}}\right) = -\nabla\phi(x,y,z) \tag{2-32}$$

で与えられ，電位 ϕ がわかっていれば，任意の位置での電場を求めることができる．

　なお，一定電場 $\boldsymbol{E}$ の中で電場方向に Δx 離れた位置の電位差は $\Delta\phi = -E\Delta x$ となる．これより，**電場の強さを表す単位**として V/m が使われる．

●等電位線

電場の分布状態を電気力線で可視化したのと同様に，電位の分布を可視化するため，一定の間隔で電位の等しい点を結んだ等電位線(3次元では面)を使うことがある．図2-7 は，中心に正電荷をもった球がつくる電気力線(実線)と等電位線(点線)を2次元面に投影した概念図であるが，地形図と比較すると等電位線は等高線に相当し，電気力線は斜面にボールを置いたときに受ける力の方向を表す．その大きさは，斜面の勾配に比例するわけであるが，当然等高線(等電位線)が密に分布している所ほど大きな力を受ける(電場が大きい)．そして，最大の勾配を示す方向が実際にボールが転がっていく方向であり，等電位線の場合は電場の方向となる．等電位線に沿った方向では勾配は0なので，このような球対称分布をしている場合に限らず，一般に等電位線と電気力線は直交する．

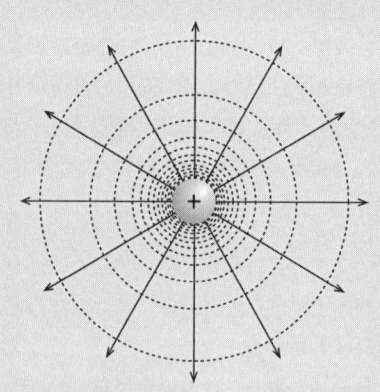

図 2-7 電気力線(実線)と等電位線(点線)．

演習問題 2-1 直交座標系で，原点に点電荷 Q を置いたとき，
(1) 点 (x, y, z) における電位 $\phi(x, y, z)$ を求めよ．
(2) 同様に電場 $E(x, y, z)$ を求めよ．

演習問題 2-2 1Å 離れた位置に2個の陽子を置いたとき，
(1) その間に働くクーロン力を求めよ．
(2) 同様に引力を求め大きさを比較せよ．

3

分散・分布する電荷のつくる静電場

3.1 複数個の電荷や帯電した物体がつくる電場と電位
—重ね合わせの原理—

前章では点電荷が1個存在するときの電場や電位を求めたが，本章では複数個の電荷がある場合，さらに電荷が連続的に分布している場合について考える．

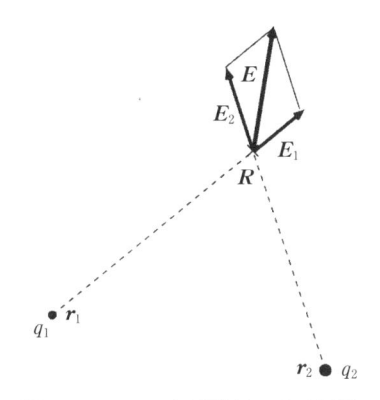

図 3-1　2つの点電荷がつくる電場．

図 3-1 に，位置 r_1, r_2 に置かれた q_1, q_2 の点電荷が位置 R につくる電場を示す．各々がつくる電場を E_1, E_2 とすれば，合成された電場 E はベクトル和 $E = E_1 + E_2$ で与えられる．これを重ね合わせの原理と呼び，クーロン力の基本的な性質の1つである．

N 個の電荷があれば $E = \sum_{i}^{N} E_i$ となり，(2-10)式にならって，r_i, q_i の関数で書けば

$$E(R) = \frac{1}{4\pi\varepsilon_0} \sum_{i}^{N} q_i \frac{R - r_i}{|R - r_i|^3} \tag{3-1}$$

で与えられる.

電位も同様に重ね合わせの原理が成り立ち,

$$\phi(\boldsymbol{R}) = \frac{1}{4\pi\varepsilon_0} \sum_{i}^{N} \frac{q_i}{|\boldsymbol{R}-\boldsymbol{r}_i|} \tag{3-2}$$

で与えられる.逆に電位が与えられれば,電場は

$$\boldsymbol{E}(\boldsymbol{R}) = -\nabla\phi(\boldsymbol{R}) \tag{3-3}$$

から求めることもできる.

さらに,一般的に空間内に電荷密度 $\rho(\boldsymbol{r})$ が連続的に分布して存在する場合は,空間を微小部分に分割し重ね合わせの原理を適用すると,

$$\boldsymbol{E}(\boldsymbol{R}) = \frac{1}{4\pi\varepsilon_0} \iiint_{空間} \rho(\boldsymbol{r}) \frac{\boldsymbol{R}-\boldsymbol{r}}{|\boldsymbol{R}-\boldsymbol{r}|^3} dV \tag{3-4}$$

同様に,電位については,

$$\phi(\boldsymbol{R}) = \frac{1}{4\pi\varepsilon_0} \iiint_{空間} \frac{\rho(\boldsymbol{r})}{|\boldsymbol{R}-\boldsymbol{r}|} dV \tag{3-5}$$

で与えられる.

具体的に直交座標系で書くと,電荷密度 $\rho(x,y,z)$ をもつ帯電した物体が位置 X, Y, Z につくる電場は

$$\boldsymbol{E}(X,Y,Z) = \frac{1}{4\pi\varepsilon_0} \iiint_{空間} \rho(x,y,z) \frac{(X-x)\hat{\boldsymbol{x}}+(Y-y)\hat{\boldsymbol{y}}+(Z-z)\hat{\boldsymbol{z}}}{\{\sqrt{(X-x)^2+(Y-y)^2+(Z-z)^2}\}^3} \, dx\,dy\,dz \tag{3-6}$$

電位は

$$\phi(X,Y,Z) = \frac{1}{4\pi\varepsilon_0} \iiint_{空間} \frac{\rho(x,y,z)}{\sqrt{(X-x)^2+(Y-y)^2+(Z-z)^2}} \, dx\,dy\,dz \tag{3-7}$$

で与えられる.このように,静電場そのものを求めるより,電位の計算の方がより簡単なので,まず電位を求め(3-3)式より電場を計算する方が一般的である.

3.2 複数個の電荷や帯電した物体に対するガウスの法則

閉曲面内に複数の電荷,あるいは連続的に分布した電荷が存在するときもガウスの法則が成り立つ.ここでは再び電気力線の数によって説明する.

図 3-2 は閉曲面の内部に点電荷 q_1, q_2 が存在する場合の電気力線の分布を示す.図 (a) は q_1, q_2 が共に正電荷の場合で,q_1, q_2 から湧き出す $\alpha q_1, \alpha q_2$ 本の電気力線はすべて閉曲面を外に向かって通過する.そして,その総数は当然 $\alpha(q_1+q_2)$ 本である.したがって,2.4節で示した方法に従い,電気力線の数を電場に置き換え計算すると,やは

3.2 複数個の電荷や帯電した物体に対するガウスの法則

(a) $q_1 > q_2 > 0$ **(b)** $q_1 > 0, q_2 < 0 : |q_1| > |q_2|$

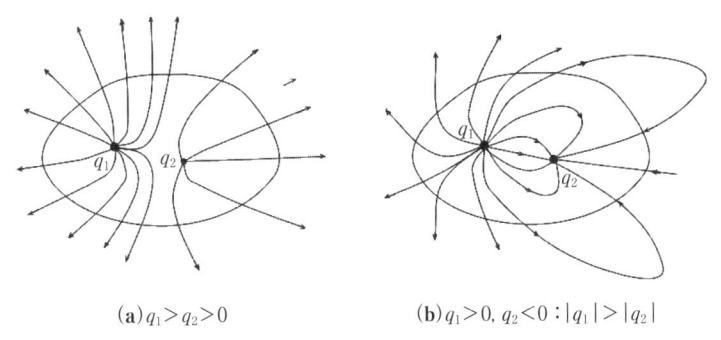

図 3-2 閉曲面内に 2 個の電荷 q_1, q_2 が存在するときの電気力線の分布．（a）q_1, q_2 が共に正電荷の場合．電気力線はすべて外部へ排出される．（b）q_1 は正電荷，q_2 は負電荷でかつその絶対値が q_1 の方が大きい場合．q_1 から湧き出した電気力線の一部は q_2 に吸い込まれる．

りガウスの法則

$$\iint_{閉曲面表面} \boldsymbol{s}\cdot\boldsymbol{E}\,dS = \frac{q_1+q_2}{\varepsilon_0} \tag{3-8}$$

が成り立つ．一方，図 3-2(b) は q_2 が負電荷でかつその絶対値が q_1 より小さい場合を示すが，この場合，q_1 から湧き出した αq_1 本の電気力線の一部は q_2 によって吸い込まれる．さらにその一部は，閉曲面の内部で閉じてしまい曲面を通過しない．したがって，面積分(3-8)には寄与しない．また，いったん外部へ出ても再び内部に戻る電気力線もある．この場合，外部に出るときの積分への寄与は正で，入るときは負の寄与をするので表面積分を実行すると打ち消し合いやはり面積分には寄与しない．結局，外部に出る電気力線の総数は $\alpha(|q_1|-|q_2|) = \alpha(q_1+q_2)$ となる．したがって，この場合もガウスの法則(3-8)式は成り立つ．いうまでもなく，内部の電荷の数はいくらあってもよく，

$$\iint_{閉曲面表面} \boldsymbol{s}\cdot\boldsymbol{E}\,dS = \sum_i^N \frac{q_i}{\varepsilon_0} \tag{3-9}$$

が成り立つ．さらに，閉曲面の内部に $\rho(\boldsymbol{r})$ の密度で電荷が分布している場合について，ガウスの法則は

$$\iint_{閉曲面表面} \boldsymbol{s}\cdot\boldsymbol{E}\,dS = \iiint_{閉曲面内部} \frac{\rho(\boldsymbol{r})}{\varepsilon_0} dV \tag{3-10}$$

と書ける．

3.3 いくつかの簡単な例

3.3.1 2つの電荷がつくる電場と電気双極子モーメント

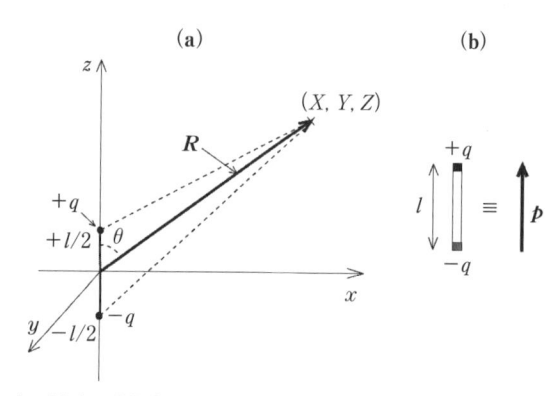

図 3-3 (a) z軸上に間隔 l で置かれた $\pm q$ の電荷が任意の位置 (X, Y, Z) につくる電場. (b) 長さ l で両端が $\pm q$ に帯電している絶縁体の棒を大きさ ql のベクトルと見なす. これを, 電気双極子モーメント p とよぶ.

図 3-3 に示すように, z軸上の座標 $(0, 0, +l/2)$, $(0, 0, -l/2)$ にそれぞれ $+q$, $-q$ の電荷を置いたとき, 位置 (X, Y, Z) に生じる電場を求める. 点電荷のつくる電場を求める一般式 (2-11) 式, および重ね合わせの原理を適用すれば, 位置 $\boldsymbol{R} = X\hat{\boldsymbol{x}} + Y\hat{\boldsymbol{y}} + Z\hat{\boldsymbol{z}}$ での電場は,

$$\boldsymbol{E}(X, Y, Z) = \frac{q}{4\pi\varepsilon_0}\left[\frac{X\hat{\boldsymbol{x}} + Y\hat{\boldsymbol{y}} + (Z-l/2)\hat{\boldsymbol{z}}}{\{X^2+Y^2+(Z-l/2)^2\}^{3/2}} - \frac{X\hat{\boldsymbol{x}} + Y\hat{\boldsymbol{y}} + (Z+l/2)\hat{\boldsymbol{z}}}{\{X^2+Y^2+(Z+l/2)^2\}^{3/2}}\right] \quad (3\text{-}11)$$

で与えられる. $|\boldsymbol{R}| = \sqrt{X^2+Y^2+Z^2} = R$ が l に比べて十分大きいとき, すなわち観測位置が十分離れていれば, l/R を微小量として, $(l/R)^2$ 項を無視する近似計算, 具体的には, 近似式 $(1+x)^s \approx 1+sx$ を適用して計算すると, (3-12) 式は,

$$\boldsymbol{E} = \frac{ql}{4\pi\varepsilon_0}\left[-\frac{1}{R^3}\hat{\boldsymbol{z}} + 3Z\frac{X\hat{\boldsymbol{x}} + Y\hat{\boldsymbol{y}} + Z\hat{\boldsymbol{z}}}{R^5}\right] \quad (3\text{-}12)$$

となる. ここで, $\boldsymbol{p} = ql\hat{\boldsymbol{p}}$ ($\hat{\boldsymbol{p}}$ は $\boldsymbol{p}$ 方向の単位ベクトル) というベクトルを定義すると (図 3-3 (b) 参照), (3-12) 式は

$$\boldsymbol{E} = \frac{1}{4\pi\varepsilon_0}\left[-\frac{\boldsymbol{p}}{R^3} + \frac{3\boldsymbol{R}(\boldsymbol{p}\cdot\boldsymbol{R})}{R^5}\right] \quad (3\text{-}13)$$

と書ける．p を電気双極子モーメントとよび，(3-13)式は電気双極子モーメント p が位置 R につくる電場を表す．なお，後に磁気的性質を論じるとき，磁気双極子モーメント $m = lq_m$ を定義し m がつくる磁場の大きさを与える式も同様の形をしている．

● 電場中の電気双極子モーメント

以上では，電気双極子が周辺につくる電場を求めたが，ここでは，電場中に置かれた電気双極子が受ける力を考える．

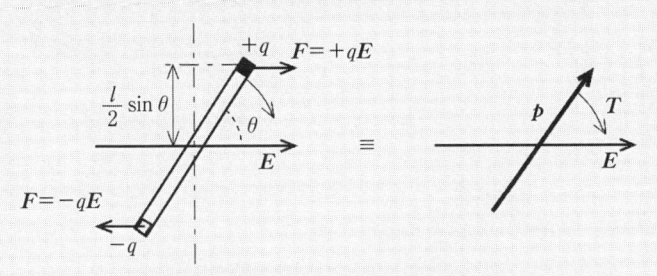

図 3-4 電気双極子が受ける回転力．

図 3-4 に示すように，電気双極子を電場中に置くと，＋極は電場の方向に，−極は電場と反対方向に力を受け，回転力(トルク)が働く．その大きさは，

$$T = 2 \times \frac{l}{2}\sin\theta \, qE = qlE\sin\theta \tag{3-14}$$

で与えられる．トルクは回転ポテンシャル U_T にマイナスを付けた角度微分，

$$T = -\frac{dU_T}{d\theta} \tag{3-15}$$

なので，電場中に置かれた電気双極子のポテンシャルエネルギーは

$$U_T = -qlE\cos\theta = -\boldsymbol{p}\cdot\boldsymbol{E} \tag{3-16}$$

となる．当然，$\theta = 0$，すなわち双極子モーメントが電場方向に向いた状態が最低エネルギー状態となる．

3.3.2 無限に長い直線電荷がつくる電場

単位長さ当たり ρ の電荷をもつ無限に長い直線が R 離れた位置につくる電場を(a)，(b) 2つの方法で求める．

(a) 図 3-5(a) に示すように，直線の方向を z 軸とし，微小部分 dz が x 軸上 $x = R$ の位置にある点 P につくる電場を(2-11)式により求め，$-\infty$ から $+\infty$ にわたって z 軸に沿って積分することにより求める．すなわち，

22　3章　分散・分布する電荷のつくる静電場

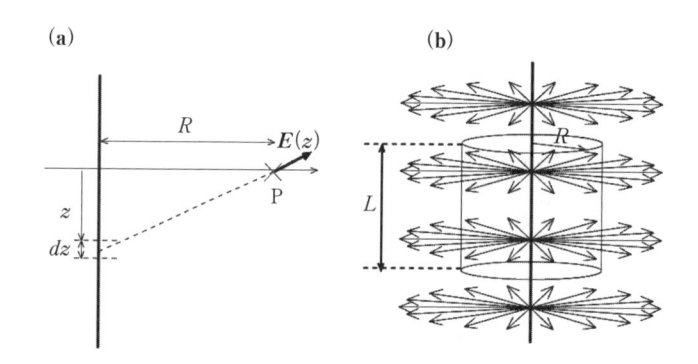

図 3-5　単位長さ当たり $+\rho$ の電荷密度をもつ無限に長い直線電荷がつくる電場．(a) 直線上の微小部分 dz が R 離れたところにある位置 P につくる電場．(b) 軸対称性を考慮した電気力線の分布．これにガウスの法則を適用すると容易に R 離れた位置の電場が計算できる．

$$\boldsymbol{E}(R) = \frac{\rho}{4\pi\varepsilon_0} \int_{-\infty}^{+\infty} \frac{R\hat{\boldsymbol{x}} + z\hat{\boldsymbol{z}}}{\{R^2 + z^2\}^{3/2}} dz \tag{3-17}$$

を計算すればよい．この内，z 成分は z について奇関数なので積分すると 0 になり，x 成分のみ計算すればよい．積分の実行は演習問題として残しておく．実際には，この積分を実行するまでもなく，以下に示すようにガウスの法則を適用することにより答えは容易に求まる．

（b）　無限に長い直線から出る電気力線はその対称性から図 3-5(b) に示すように x, y 面に平行な面内にあり，直線を中心軸とする半径 R，長さ L の円筒状の閉曲面についてガウスの法則を適用する．円筒の上下面は電気力線と平行であり面を通過する電気力線はないので，数式的には，$\boldsymbol{s} \cdot \boldsymbol{E} = 0$ であり表面積分には寄与しない．円筒の表面は，常に電気力線に垂直であり $\boldsymbol{s} \cdot \boldsymbol{E} = |\boldsymbol{E}|$ である．円筒の内部に含まれる電荷は ρL であり，ガウスの法則 (3-10) 式は

$$\iint_{円筒表面} \boldsymbol{s} \cdot \boldsymbol{E} \, dS = 2\pi RL |\boldsymbol{E}| = \frac{\rho L}{\varepsilon_0} \tag{3-18}$$

したがって，

$$|\boldsymbol{E}| = \frac{\rho}{2\pi\varepsilon_0 R} \tag{3-19}$$

となる．なお，無限に長い直線としたのは両端での電気力線の乱れの影響をなくすためで，十分長い直線電荷では，両端近くを除いて直線がつくる電場は半径方向に向き，大

きさは(3-19)式で与えられる.

3.3.3 無限に広い平板がつくる電場

単位面積当たり σ の電荷を帯びた無限に広い平板がつくる電場を，ガウスの法則により求める．図3-6(a)はその立体図を示すが，平板を中央に挟んで板に垂直方向に長さ $2R$，板に平行な一辺 L の端面をもつ直方体についてガウスの法則を適用する．図3-6(b)に断面図を示すが，この場合も対称性から電気力線は直方体の側面に平行で面を通過しない．一方端面とは垂直に交わるので $s \cdot E = |E|$，したがってガウスの法則は

$$\int_{直方体表面} |E| dS = 2L^2 |E| = \frac{\sigma L^2}{\varepsilon_0} \tag{3-20}$$

と表せ，電場の強さ E は平面からの距離に依存せず，一定値

$$E = |E| = \frac{\sigma}{2\varepsilon_0} \tag{3-21}$$

となる．

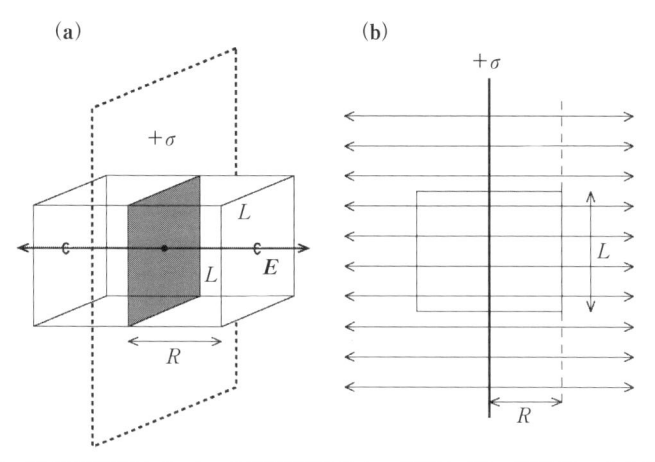

図 3-6 単位面積当たり $+\sigma$ の電荷密度をもつ無限に広い平板がつくる電場とガウスの法則の適用．(a)立体図, (b)断面図.

3.3.4 2枚の平面電荷—コンデンサーと静電エネルギー—

片方が単位面積当たり $-\sigma$，対向する極板が $+\sigma$ に帯電した系の性質は，電気機器の重要なデバイスであるコンデンサーの原理に直結するので少し詳しく述べる．

（1） 極板内外での電場

図3-7(a)に上に述べた1枚の平板がつくる電場に重ね合わせの原理を適用し，極板の外側，内側の電場を示す．図から明らかなように，＋極板からは電気力線が湧き出し，－極板は吸い込み，かつ電場の大きさは位置によって変わらない．したがって，極板の外側では電場はキャンセルし0となり，内側では足し合わされ，

$$E = -\frac{\sigma}{\varepsilon_0} \tag{3-22}$$

が得られる．このとき右方向を正方向とすれば，－符号は力が左方向に働くことを意味する．

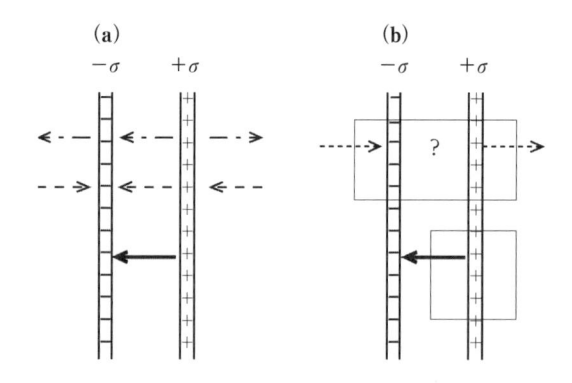

図3-7 2枚の平面電荷のつくる電場．（a）各々の平面電荷がつくる電場．一点鎖線：＋極板のつくる電場，鎖線：－極板がつくる電場，実線：両者の和．平行板の外側では互いに打ち消し電場は0となる，内部では両者が足し合わされ2倍の電場をつくる．（b）ガウスの法則の適用．上：両極板を含む直方体断面，下：＋極板のみを含む直方体断面．

図3-7(b)はガウスの法則から電場を求めようとするものであるが，＋，－両極板を含む直方体についてガウスの法則を適用すると，単純には内部の電荷は打ち消し合い0となるので，両端面を通過する電場は0となるように思えるが，左面では内側へ，右面では外側へ同じ大きさの電気力線が通過する場合も，ガウス積分(3-10)式は0となり，これだけでは電場の大きさは求まらない．ただし，上の考察で求めたように，外部の電場は0であることを仮定し，一方の極板（この場合＋極板）のみを含む直方体（図3-7(b)下）にガウスの法則を適用すると，容易に(3-22)式が得られる．

（2） 極板内の電位と電位差

電位は 2.5 節で述べたように，電場を与えるポテンシャルエネルギーに相当するが，具体的には単位電荷を無限遠から問題とする位置まで運ぶのに要する仕事量として計算できる．この場合，マイナス極板の外側の無限遠，図 3-8（a）に従うと，$z \to -\infty$ での電位を 0 とすると，$z<0$ の範囲では $E=0$ なので力を受けず，電位は 0 のままである．極板内部 $(0<z<l)$ では (3-22) 式で与えられる大きさの電場が働き，これに逆らって単位電荷を z の位置まで運ぶ仕事量，したがって電位差は，(2-31) 式に従い，

$$\Delta\phi = W(0 \to z) = \int_0^z E dz = E z = \frac{\sigma}{\varepsilon_0} z \tag{3-23}$$

で与えられる．当然のことながら，電場は

$$E = -\frac{d\phi}{dz} = -\frac{\sigma}{\varepsilon_0} \tag{3-24}$$

となる．プラス極板の位置では $\phi(l) = \sigma l/\varepsilon_0$ となり，＋極板の外部では再び電位は一定値を取る．すなわち，－極板と＋極板間の電位差は $\sigma l/\varepsilon_0$ となる．図 3-8（b）に各位置での電位の変化を示す．

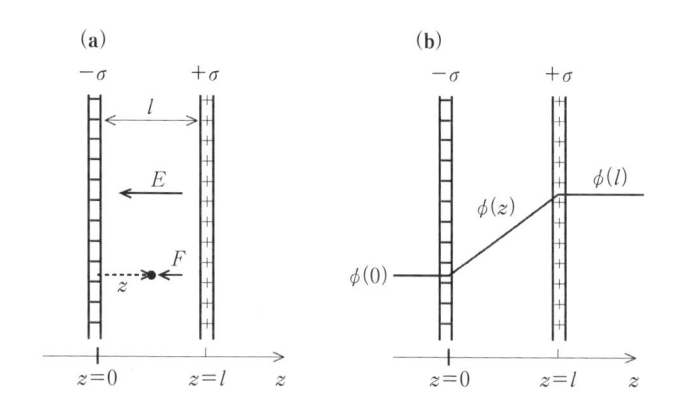

図 3-8 2 枚の平面電荷のつくる電場と電位．

（3） 静電エネルギー（電場のもつエネルギー）

これまでの話は 2 枚の極板間の距離を固定した場合についてであったが，自由に動く場合を考えてみる．当然，＋極，－極は引きつけ合い，図 3-9（a）に示すように両極板がくっついた状態に落ち着く．これを引き離し，これまで考えてきた一定間隔をもつ

状態(図3-9(b))にするには,引力に逆らって仕事をする必要がある.すなわち,(b)は(a)よりエネルギーが高い状態にあるといえる.(a)の状態のエネルギーを0とすると,(b)の状態のエネルギーはこのときなされる仕事量に等しく,以下のように見積もることができる.このとき,極板はそれぞれ単位面積当たり $\pm\sigma$ の電荷密度をもつとし,$-$極板は固定して,$+$極板を可動極板として,可動極板の面積 A の部分を距離 z 動かすのに必要な仕事量を,図3-9(b)に沿って計算する.面積 A の $+$ 極板は $-$ 極板がつくる電場 E_- を感じ $F_{-\to +} = -\sigma A E_-$ の力を受ける.ここで注意する必要があるのは,E_- は(3-24)式で与えられる $+$ 極板自身がつくる電場との合成電場でなく,あくまで $-$ 極板のみがつくる電場であり,$E_- = -\sigma/2\varepsilon_0$ としなければならないことである.したがって,$+$ 極板を引き離すのに必要な力は $F = A\sigma^2/2\varepsilon_0$ であり,距離 z 引き離すのに必要な仕事量は

$$W = U = \frac{zA\sigma^2}{2\varepsilon_0} \tag{3-25}$$

となる.これを間隔 z 隔てて置かれた,単位面積当たり $\pm\sigma$ に帯電した面積 A の平行板がもつエネルギー U と考えてよい.

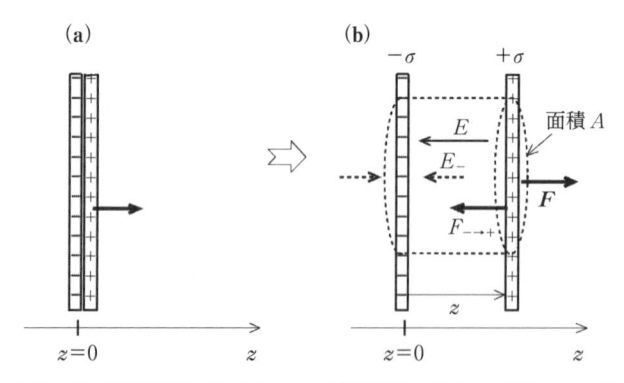

図 3-9 2枚の平面電荷間に働く力.(a)極板間の距離を固定しない場合は $+$ 極板,$-$ 極板は互いに引きつけ合いくっつく.(b)極板間の距離を引き離すにはこの引力に逆らって仕事をする必要がある.すなわち,(b)は(a)よりエネルギーが高い状態にある.

さて,ここでこのエネルギー U がどこに存在するのか考えてみよう.電荷そのものがもつエネルギーと考えると,極板間の距離に関係しないことになり説明できない.そこで,電荷がつくる電場がエネルギーをもつと考えてみよう.極板内に実際に存在する

電場は(3-24)式で与えられる合成電場 $E=-\sigma/\varepsilon_0$ であり，これより $\sigma^2=\varepsilon_0^2 E^2$ となるので，(3-25)式は

$$U = zA\frac{\varepsilon_0 E^2}{2} \tag{3-26}$$

と書ける．ここで，zA は図 3-9 で点線で示した円筒部分の体積であり，したがって，電場 E がもつ単位体積当たりのエネルギー，すなわちエネルギー密度は

$$u = \frac{\varepsilon_0 E^2}{2} \tag{3-27}$$

となる．ここでは，平行極板を例に取り電場が空間中で一定値を取る場合を考えたが，この式は電場が一定と見なせる任意の微小部分についても成り立ち，電場そのものがもつエネルギーと考えてよい．したがって，任意の形状をもつ帯電した物体がもつ静電エネルギーはその物体が空間につくる電場を $\boldsymbol{E}(\boldsymbol{r})$ とすれば，

$$U = \frac{\varepsilon_0}{2}\iiint_{\text{全空間}} \boldsymbol{E}^2\, dx\, dy\, dz \tag{3-28}$$

で与えられる．これを以後，**静電エネルギー**とよぶ．

さらにもう少し考察を進め，では，なぜ電場が存在するだけで真空である空間がエネルギーをもちうるのかを考えてみよう．実はこれは難しい問題で，以前は，空間は完全な真空でなくエーテルという媒質で満たされており，これが電場のエネルギーを蓄え，光などの電磁波を伝えると考えられていた．しかし，この考えはアインシュタインによって否定され，相対性理論を導くきっかけになったことを知っている読者も多いだろう．再び重力場について考えると，アインシュタインは一般相対性理論で重力は時間を含めた 4 次元空間の歪みにより生じるとして説明した．電場についても同様に，電荷が感じる空間の歪みとして理解しておいて差し支えないが，古典電磁気学の範囲ではこの問題に答えることはできない．

3.3.5 マクスウェルの応力

前節で静電エネルギーは空間自身がもつエネルギーと解釈できることを示したが，これを空間がもつポテンシャルエネルギーと見なすと，力学の基礎方程式よりその座標微分は力を与えるはずである．まず，(3-26)式を z で微分すると，

$$F_z = -\frac{\partial U}{\partial z} = -\frac{\varepsilon_0 E^2}{2}A \tag{3-29}$$

となり，関係式 $E=-\sigma/\varepsilon_0$ を使うと，$F_z=-A\sigma^2/2\varepsilon_0$ と，電荷密度 $\pm\sigma$ をもつ極板間のクーロン力とその絶対値は一致する．負符号は z が減少する方向に力が働くことを

意味し，極板間に引力をもたらす．この見方によれば，クーロン力は，空間を一種の弾性体と見なし，その縮み応力により生じると解釈できる．応力は単位面積当たりの力なので，

$$T_z = T_{//} = -\frac{F_z}{A} = -\frac{\varepsilon_0}{2}E^2 \tag{3-30}$$

となる．

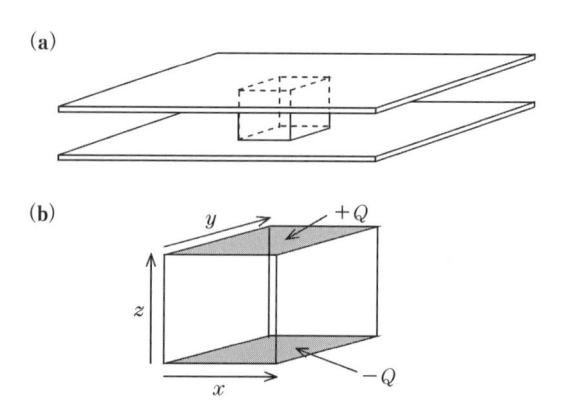

図 3-10 マクスウェル応力を説明するモデル．正負に帯電した極板間に挟まれた直方体を考える．このとき極板は自由に変形するものとし，x, y 方向に直方体を引き延ばしたとき上下面の電荷は保存する．したがって，面密度は減少し，それに従い電場も減少する．

以上は z 方向，すなわち電場の方向に働く力の場合で，クーロン力の原因についてどちらの解釈によっても説明できるが，電場に垂直な方向についてはどうだろうか？ **図 3-10** は垂直方向 $(x, y$ 方向$)$ に空間を引き延ばしたときのエネルギー変化を見積もるためのモデルを示す．このとき，電荷量は保存し上下面の面積を大きくすると表面電荷密度が減少しそれに伴い電場が減少する．x, y, z を直方体の各辺の長さとすると，$E = -\sigma/\varepsilon_0 = -Q/\varepsilon_0 xy$ となり，(3-26)式は $A = xy$ に留意し，

$$U = zA\frac{\varepsilon_0 E^2}{2} = \frac{zQ^2}{2xy\varepsilon_0} \tag{3-31}$$

と書ける．この式より，y-z 面にかかる x 方向の力は，

$$F_x = -\frac{\partial U}{\partial x} = \frac{zQ^2}{2\varepsilon_0 x^2 y} = \frac{yz\varepsilon_0}{2}\left(\frac{Q}{\varepsilon_0 xy}\right)^2 = yz\frac{\varepsilon_0}{2}E^2 \tag{3-32}$$

したがって，応力は

$$T_x = T_\perp = \frac{F_z}{yz} = \frac{\varepsilon_0}{2}E^2 \tag{3-33}$$

となる．この場合応力は正符号であり，**図 3-11**（a）に示すように膨張力となる．y 方向にも同様の応力が存在し，(3-30)式の，z 方向の応力と合わせ**マクスウェルの応力**とよぶ．

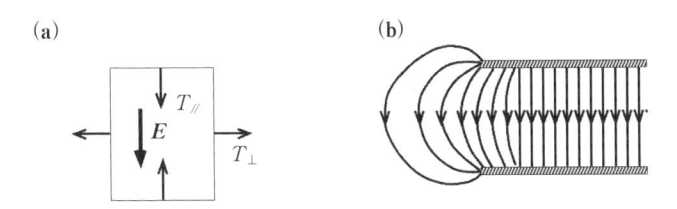

図 3-11 マクスウェル応力と電気力線．（a）電場のある空間では，常に電場に平行方向に収縮応力が，電場に垂直方向に伸び応力が存在する．（b）電場を電気力線で表すと，電気力線は常に長さ方向に縮もうとする力が，電気力線間には互いに反発する力がかかっている．その結果，たとえば，平行板の端部では，電気力線は外へふくらもうとする．

　マクスウェルの応力は，これを導き出した上記のモデルを離れても，電場のある空間には常に存在し，図 3-11（a）に示すように，電場に沿った方向には収縮応力が，垂直方向には伸び応力が存在する．これを，電気力線に作用する力として表現すると，電気力線は常に縮もうとするゴム紐のように振舞い，さらにこのゴム紐間には互いに反発する力が働いていると見なせる．具体的に，帯電した 2 枚の平行板の端部での電気力線の分布を考えると，図 3-11（b）に示したように，平行板の内部では平行かつ均一に分布していた電気力線が端部では大きく外へはみ出すことがマクスウェル応力がもたらす結果として直感的に理解できるであろう．

　このように，電荷間に働く力を電荷によってその周辺に引き起こされる空間の変化（一種の歪み）によって説明する立場では，この力を**近接力**とよぶ．この場合，力が伝搬する速度は有限で（実際は光速），振動する電荷がある場合，その歪みが波として伝搬することが予想される．つまり，電磁波の発生につながる重要な考え方である．これに対し，クーロン力は空間の存在とは無関係に，直接電荷間に働くと考える立場では，これを**遠隔力**とよぶ．この場合，力の伝搬に時間がかかるとは考えず一瞬に伝搬すると考える．古典電磁気学の範囲ではどちらの立場を取っても結果は変わらないが，9 章で述べる電磁波の発生と伝搬に関しては暗黙の内に近接力を仮定している．

● コンデンサー

コンデンサーとは電気機器に用いられる代表的なデバイスの1つで，絶縁体を介して2枚の導体(金属)極板に外部から電圧をかけ，極板に電荷を溜める機能をもつ．ここでは簡単のため，図3-12に示すように面積Aの導体でできた極板を間隔lで平行に配置したコンデンサーを考える．実際のコンデンサーは極板間は薄い絶縁体フィルムで隔てられ，極板のサイズ(長さや幅)に対しlは十分小さく，端部での電場の乱れは無視してよい．電場と電荷の関係は，真空の誘電率の代わりに絶縁体の誘電率を使うことを除いては，無限の面積をもつ平板について求めた結果を使ってよい．極板に導体を使うのは，5章で詳しく説明するが，導体内では電荷を担う電子が自由に移動できるため，帯電していても内部の電場は0となり，電荷はすべて表面に分布し，かつ平面対称性や球対称性があるときは表面に均等に分布するという性質があるためである．さらに以下に述べるように，外部の電源に接続することにより極板間の電位差，したがって帯電する電荷量を自由に制御でき，また蓄電したコンデンサーを外部回路に接続することによりその電荷を電流として取り出すことも可能になる．

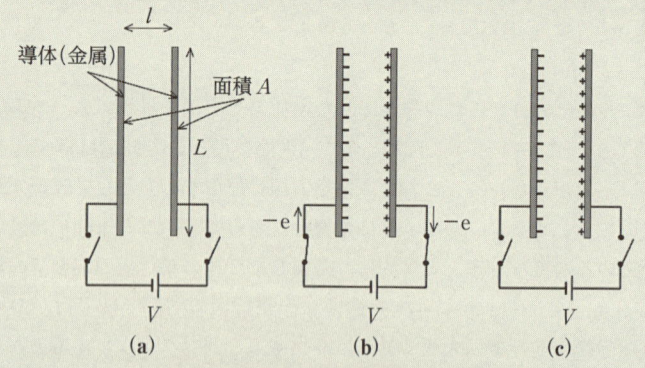

図3-12　コンデンサーの概念図．(a)電圧をかけない状態．(b)両極板に起電力Vの電池をつなぐと，電池は＋電極から電子を取り去り，等量の電子が−電極に注入される．その結果，各々の極板は$+Q$, $-Q$クーロンの電荷を帯びる．(c)電池を取り外しても電荷は残り電気を溜めておくことができる．実際のコンデンサーは極板間の間隔はもっと狭く，薄い絶縁体が挟まれている．

以下，図3-12に沿って，コンデンサーに電荷が溜まる原理，そのときの電荷量Qと電圧の関係などを説明する．

(a)は電圧をかけていない状態で，導体でできた極板は帯電していない．

（b）電池をつなぎ電圧 V をかけると，＋極板から電子が奪われ，電子欠乏状態になり正に帯電する．このときの全電荷量を Q とする．一方，それと等量の電子が－極板に注入され電子過剰状態となり $-Q$ に帯電する．単位面積当たりの電荷量は $\sigma=Q/A$ なので，(3-23)式で与えられる電位差と全電荷量の関係は

$$V=\Delta\phi=l\frac{\sigma}{\varepsilon_0}=\frac{l}{\varepsilon_0}\frac{Q}{A} \Rightarrow Q=\frac{\varepsilon_0 A}{l}V=CV \tag{3-34}$$

が成り立つ．すなわち，極板に溜まる電荷量はかけた電圧，すなわち極板間の電位差に比例し，その比例定数 C をコンデンサーの容量あるいは静電容量とよび，

$$C=\frac{\varepsilon_0 A}{l} \tag{3-35}$$

で与えられる．単位は C/V となるが，これを 1 **ファラド**(F)とよぶ．具体的に $A=1\,\mathrm{m}^2$，$l=0.1\,\mathrm{mm}$ の平板コンデンサーの容量を計算すると，8.85×10^{-8} F となるが，通常用いられるコンデンサーの容量は μF（マイクロファラド $=10^{-6}$ F），あるいは pF（ピコファラド $=10^{-12}$ F）で表され，この場合は，$0.085\,\mathrm{\mu F}$ となる．

（c）コンデンサーが帯電した状態で電源を切っても電荷はそのまま残る．ここでは，極板間に残された静電エネルギーを求めてみよう．電場は(3-22)式より $E=-\sigma/\varepsilon_0=-Q/\varepsilon_0 A$ となり，静電エネルギーは(3-27)式および C の定義式(3-34)より，

$$U=lA\frac{\varepsilon_0}{2}\left(\frac{Q}{\varepsilon_0 A}\right)^2=\frac{l}{2\varepsilon_0 A}Q^2=\frac{l}{2\varepsilon_0 A}C^2V^2=\frac{1}{2}CV^2 \tag{3-36}$$

となる．

●2本の平行線の静電容量

図 3-13 に示すような平行に配置した 2 本の無限に長い導体棒の静電容量を求めてみよう．ただし，棒の半径 r は間隔 d に比べて十分小さく（$r\ll d$），単位長さ当たり ρ の電荷が表面に均一に分布しているものとする．これは，電気ケーブルに使われる平行 2 芯線のモデルとして重要である．＋電荷を帯びた棒の中心から $x\,\mathrm{m}$ 離れた位置に＋電荷の棒がつくる電場は(3-19)式より，

$$E_+=\frac{\rho}{2\pi\varepsilon_0 x} \tag{3-37}$$

で与えられる．したがって，棒の表面と中心から d 離れた位置の電位差は

$$\Delta\phi=\int_r^d E_x dx=\frac{\rho}{2\pi\varepsilon_0}\int_r^d \frac{dx}{x}=\frac{\rho}{2\pi\varepsilon_0}\ln\left(\frac{d}{r}\right) \tag{3-38}$$

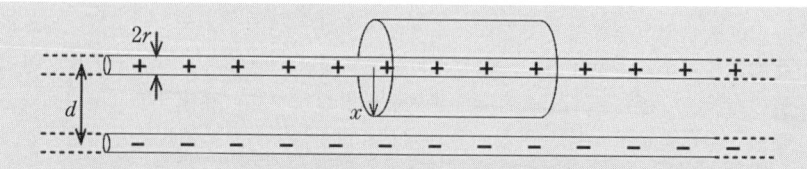

図3-13 無限に長い平行導線．導線の半径を r，中心間の距離を d とする（ただし，$d \gg r$ とする）．単位長さ当たり $+\rho$，$-\rho$ の電荷が表面に均等に分布しているものとする．

となる．－電荷の棒も同じ電位差を与えるので2本の棒間の電位差は(3-38)式の2倍となり，単位長さ当たりの静電容量は

$$C = \frac{\rho}{V} = \frac{\rho}{2\Delta\phi} = \frac{\pi\varepsilon_0}{\ln(d/r)} \tag{3-39}$$

と求まる．具体的に，$r=0.5\,\mathrm{mm}$，$d=5\,\mathrm{mm}$ の平行2芯線の1m当たりの静電容量を見積もると，$C = 1.2 \times 10^{-11}\,\mathrm{F} = 12\,\mathrm{pF}$ とかなり小さな値となる．

3.3.6 球状電荷がつくる電場

（1） 均等に帯電している球がつくる電場（図3-14）

この場合は，閉曲面の内部に $\rho(r)$ の密度で電荷が均等に分布している場合を考え，ガウスの法則を適用することで容易に求まる．球の半径を R として，球のもつ全電荷を $+Q$ とすると，電荷密度は Q を体積で割った値 $\rho = Q/(4\pi R^3/3)$ となる．

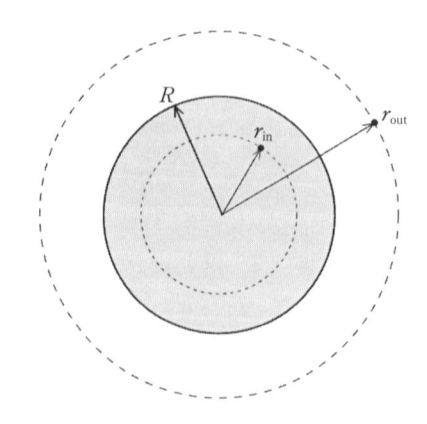

図3-14 半径 R の球に電荷 Q が均等に分布している場合の球内・球外での電場を求める．

球外部の位置 r_out での電場の強さを求めるため，半径 r_out の球面について，ガウスの法則((3-10)式)を適用する．この場合，球対称性より球表面の法線方向と電場の方向は常に平行なので，$s \cdot E = 1 \cdot |E|\cos\theta = E$ となる．このとき，電場の方向が外向きのとき，すなわち $Q>0$ の場合は $\cos\theta = 1$，したがって $E>0$ となり，内向きのとき，すなわち $Q<0$ の場合は $\cos\theta = -1$，したがって $E<0$ となる．左辺の表面積分は $4\pi r_\text{out}^2$ であり，球内に存在する電荷は Q なので，右辺は積分を実行するまでもなく Q/ε_0 であり，(3-10)式は

$$4\pi r_\text{out}^2 E = \frac{Q}{\varepsilon_0} \quad \Rightarrow \quad E = \frac{Q}{4\pi\varepsilon_0 r_\text{out}^2} \tag{3-40}$$

となる．この場合は**中心に存在する点電荷 Q がつくる電場と等しい**．

球内部では，半径 r_in の球にガウスの法則を適用すればよい．内部に含まれる電荷は，$Q_\text{in} = \rho(4/3)\pi r_\text{in}^3 = (r_\text{in}^3/R^3)Q$ なので，(3-10)式は，

$$4\pi r_\text{in}^2 E = \frac{Q_\text{in}}{\varepsilon_0} \quad \Rightarrow \quad E = \frac{Q_\text{in}}{4\pi\varepsilon_0 r_\text{in}^2 \varepsilon_0} = \frac{r_\text{in} Q}{4\pi\varepsilon_0 R^3} \tag{3-41}$$

となり，これは，半径 r_in の球の内部の電荷 Q_in が**中心に点電荷として存在するとしたときの電場に等しい**．

（2） 表面のみが帯電している球がつくる電場（図 3-15）

この場合は計算するまでもなく，$r_\text{out} > R$ では（1）と等しく，$r_\text{out} < R$ では内部には電荷が存在しないので常に $E=0$ となる．すなわち，**球殻の内部には電場は存在しない**．なお，**表面のみに電荷が存在する物体であれば球状でなくてもその内部には電場が存在**

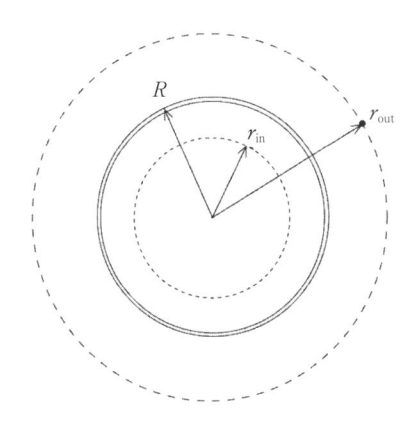

図 3-15 表面のみが帯電した半径 R の球がつくる電場．

しないことはやはりガウスの法則から容易に証明できる．

（3） 帯電した導体球がつくる電場（図 3-16）

導体とは，金属のように電子が内部を自由に動ける物質のことである．ただし，金属の場合，実際に動くのはマイナスの電荷をもった電子であるが，正電荷をもった粒子が電荷を担うとしても一般性を失わないので，ここでは内部を自由に動くのは正電荷をもつ粒子としておく．実際に p 型半導体とよばれる物質では正電荷を帯びた粒子が電気伝導を担うと考えられている．もし，内部に正電荷が存在するとガウスの法則により外向きの電場が生じ，荷電粒子は表面に向かって力を受け移動する．したがって，定常状態ではすべての電荷は表面に押し出され，3.3.6(2)項の場合と同じ「表面のみが帯電した半径 R の球」と見なすことができる．

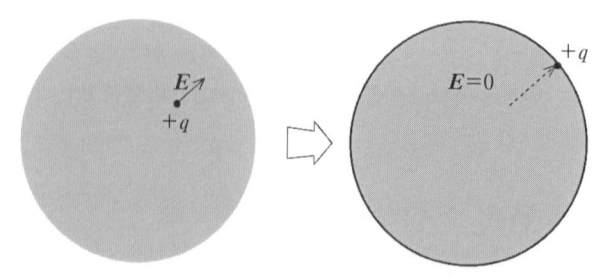

図 3-16 帯電した導体がつくる電場．内部に正電荷が存在していると，3.3.6(1)項で示したようにガウスの法則により外向きの電場が生じる．その電場により荷電粒子は半径方向に動き表面に集まる．

3.3.7 帯電した球の周りの電位

半径 R の帯電した球の電位を考える．ガウスの法則により球の外部 ($r_\text{out} > R$) の電場は全電荷が点電荷として中心に局在している場合と同じなので，電位も (2-27) 式と同じく

$$\phi(r_\text{out}) = \frac{Q}{4\pi\varepsilon_0 r_\text{out}} \qquad (r_\text{out} > R) \tag{3-42}$$

となる．

電荷が一様に分布する球の場合，球の内部では電場 E は (3-41) 式で与えられるので，電位は (3-42) 式で求められる表面での電位 $\phi(R)$ に，表面から内部の r_in まで単位電荷を運ぶ仕事量，$W(R \to r_\text{in})$ を加えればよい．内部の電場は (3-41) 式で求められている

ので，
$$W(R \to r_{\rm in}) = -\frac{Q}{4\pi\varepsilon_0 R^3}\int_R^{r_{\rm in}} r\,dr = -\frac{Q}{8\pi\varepsilon_0 R^3}|r^2|_R^{r_{\rm in}} = \frac{Q}{8\pi\varepsilon_0 R^3}(R^2 - r_{\rm in}^2) \qquad (3\text{-}43)$$

したがって，
$$\phi(r_{\rm in}) = \phi(R) + W(R \to r_{\rm in}) = \frac{Q}{8\pi\varepsilon_0 R^3}(3R^2 - r_{\rm in}^2) \qquad (3\text{-}44)$$

となる．

　さらに，電荷が表面にのみ存在する場合，あるいは導体球の場合は，球内部の電場は0なので，球表面電位と同じ一定値を取る．図 3-17 はこれらの結果をグラフにしたものである．

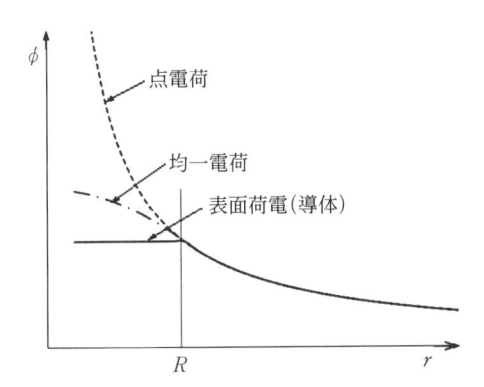

図 3-17　球対称性をもつ電荷のつくる電位．

3.3.8　帯電した球のもつ静電エネルギー

　帯電した球を微小素片に分割すると，素片同士の反発力によりバラバラに飛散するであろう．逆にいえば，元の帯電した球は互いの反発力に抗して微小素片を集めたものであり高いエネルギー状態にある．これが帯電した物体の静電エネルギーであり，微小素片を集めるのに要する仕事量の総和として求められる．しかし，このエネルギーは帯電した 2 枚の平行板の項で示したように，その物体が空間につくる電場のエネルギーに等しく，その大きさは，(3-28) 式で与えられる．

　一様に帯電した球の場合は，球の内部の電場 (3-41) 式，外部での電場 (3-40) 式を用い，極座標系での積分を実行することにより，

$$U = \frac{\varepsilon_0}{2} 4\pi \int_0^R \frac{r^2 Q^2}{16\pi^2 \varepsilon_0^2 R^6} r^2 dr + \frac{\varepsilon_0}{2} 4\pi \int_R^\infty \frac{Q^2}{16\pi^2 \varepsilon_0^2 r^4} r^2 dr$$

$$= \frac{Q^2}{40\pi\varepsilon_0 R} + \frac{Q^2}{8\pi\varepsilon_0 R} = \frac{3Q^2}{20\pi\varepsilon_0 R} \tag{3-45}$$

が得られる(角度部分積分は球対称性のため 4π となり，動径積分のみ実行すればよい)．

表面のみ帯電した球，あるいは導体球の場合は内部の電場は 0 なので，第 2 項のみ値をもち，

$$U = \frac{Q^2}{8\pi\varepsilon_0 R} \tag{3-46}$$

となる．いずれの場合も，静電エネルギーは電位(静電ポテンシャル)と異なり，Q の正負にかかわらず正の値を取る．

ここで注意すべきことは，$R \to 0$ の極限は点電荷となるが，U は無限大に発散し，点電荷は安定に存在し得ないことになる．この矛盾は古典電磁気学の限界を示すが，もともと電気現象の生じる起源は 1 章に書いたとおり，電子やクォークという荷電した素粒子の存在にあり，帯電物体を無限に小さくしていくと最後はこれらの素粒子のもつ自己エネルギーに行き着き，古典電磁気学では扱えない領域となる．現在では量子力学と電磁気学を融合させた量子電気力学により解決されているが，ここではこれ以上立ち入らないことにする．

3.4 任意形状での電場
—ガウスの定理とポアソンの方程式—

これまでは，単純で対称性のよい形状をした荷電体での電場分布を求めてきたが，一般の形状をした荷電体ではどうしたらいいのだろうか？ このためには，電荷密度 $\rho(x, y, z)$ が存在する空間の微小部分にガウスの法則を適用し，これをつなぎ合わせて空間全体の電場分布を求めるという手法を取る．

図 3-18 に示すように，空間中に各辺の長さが Δx, Δy, Δz の微小な立方体を考える．原点に最も近い隅の座標を (x, y, z) とし，内部は密度 $\rho(x, y, z)$ の電荷で満たされているとする．立方体の左 y-z 側面を A 面とし，右 y-z 面を B 面とする．今，この微小立方体が存在する位置では原点から遠ざかる方向に電場が存在するとして，A 面に入る電場ベクトルを $\boldsymbol{E}_A$，B 面から出て行く電場ベクトルを $\boldsymbol{E}_B$ とする．$\boldsymbol{E}_A$ の x 方向成分を $E_{Ax} = E_x(x, y, z)$ とすると，$\boldsymbol{E}_B$ の x 方向成分は

形状の電荷がつくる電位が求まり，したがって，(2-32)式より電場の分布が計算できることになる．具体的には，有限要素法などの数値計算の手法によりコンピュータで容易に求めることが可能である．

また，後に述べる導体中のように $\rho=0$ の場合は当然

$$\nabla^2\phi=\frac{\partial^2\phi}{\partial x^2}+\frac{\partial^2\phi}{\partial y^2}+\frac{\partial^2\phi}{\partial z^2}=0 \tag{3-55}$$

となり，これを**ラプラスの方程式**とよぶ．演算子，

$$\nabla^2=\frac{\partial^2}{\partial x^2}+\frac{\partial^2}{\partial y^2}+\frac{\partial^2}{\partial z^2} \tag{3-56}$$

をラプラシアンとよび，Δ と表記されることもある．

演習問題 3-1 長さ l の棒の両端に $\pm q$ の電荷を置いた電気双極子が (x, y, z) 位置につくる電位を求めよ．ただし，棒の中心は原点に置き棒の方向を z 軸とする (図 3-3 参照)．また，求めた電位より (x, y, z) 位置での電場を求め，(3-11)式と比較せよ．

演習問題 3-2 単位長さ当たり ρ の電荷をもつ無限に長い直線が，直線から R 離れた位置につくる電場をガウスの法則を使わずに求めよ．

演習問題 3-3 半径 a の無限に長い円柱が電荷密度 ρ で一様に帯電している．このとき，中心軸から r 離れた位置での電場を求めよ．

演習問題 3-4 半径 a，半径 b ($a<b$ とする) の無限に長い二重同軸円筒について，内側円筒は単位長さ当たり Q，外側円筒は $-Q$ に一様に帯電している．r を中心軸からの距離として，

（1）$r<a$, $a<r<b$, $r>b$ での電場を求めよ．

（2）2つの円筒間の電位差を求めよ．

4 物質の電気的性質 I　絶縁体と誘電率

これまでは，かなり抽象的に静電現象を取り扱ってきたが，この章では少し具体的に物質と電場との相互作用について述べる．

4.1　原子・分子の電気分極と分極ベクトル

球対称性を保った電気的に中性な原子を電場内に置くと，正電荷を帯びた原子核は電場の方向へ，電子は逆方向への力を受け，正電荷の重心と負電荷の重心がずれ，原子は小さな電気双極子(3.3.1項参照)と見なせる状態になる(図4-1参照)．この電気双極子モーメントをベクトル $\boldsymbol{p}=q\boldsymbol{d}$ とすれば，その大きさは電場の大きさに比例し，向きは電場の方向に一致する．すなわち，

$$\boldsymbol{p}=\alpha\boldsymbol{E} \tag{4-1}$$

と書ける．ここで α を**原子(分子)分極率**とよぶ．

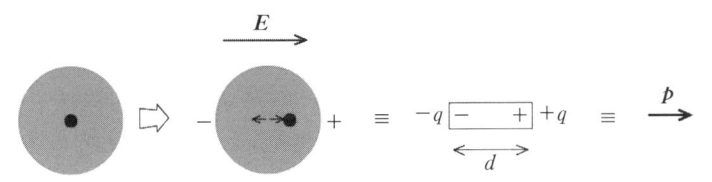

図4-1　原子の分極と原子双極子モーメント．

このような原子を単位体積当たり n 個含む絶縁体物質に電場をかけると，試料全体では，個々の原子の双極子モーメントのベクトル和

$$\boldsymbol{P}=n\boldsymbol{p}=\alpha n\boldsymbol{E} \tag{4-2}$$

で表せる電気双極子モーメントをもつ．これを分極ベクトルとよび，分極ベクトルは電場 $\boldsymbol{E}$ に比例し(4-2)式では比例定数は αn に相当するが，習慣的に

$$\boldsymbol{P}=\chi\varepsilon_0\boldsymbol{E} \tag{4-3}$$

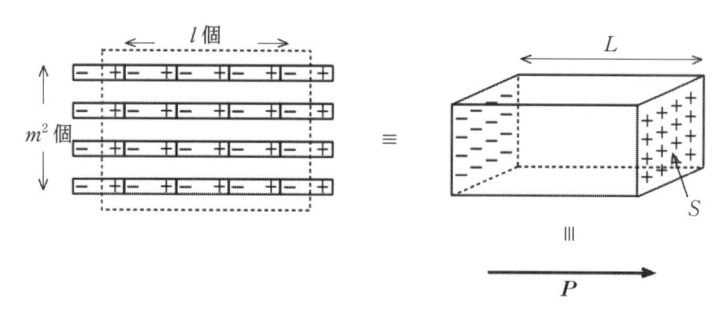

図 4-2 誘電体の電気分極.

と表し，χ を(体積)**分極率**とよぶ．ε_0 はすでに定義した真空の誘電率である．

このときの電荷の分布を考えると，**図 4-2** に示すように，物質の内部では原子双極子の正極と負極の電荷が相殺し，平均すれば電気的に中性となるが，表面では相殺されず表面電荷が生じる．このようにして生じた電荷を**分極電荷**とよぶ．分極電荷はかけた電場方向の表面では正電荷，逆方向表面では負電荷となり，その和は 0 となる．これに対し，これまで考えていた帯電した物質内の電荷，すなわち物質内で電子の過不足によって生じる電荷を**真電荷**とよぶ．

分極電荷の大きさを単純なモデル物質で見積もってみよう．原子双極子(図 4-2)を長さ d，両端の電荷を $\pm q$ とし，これが電場方向に長さ L の物質をつくっているとする．この場合，電場方向の原子数は $l=L/d$ で与えられる．一方，電場方向に垂直な面の面積 S に含まれる原子数を m^2 とすると，表面の電荷は $Q=m^2 q$ で与えられる．n が単位体積当たりの原子数であることに注意すると，$LS=1$, $lm^2=n$ なので，簡単な計算から $P=np=lm^2 qd=Qld=QL=Q/S=\sigma$ となり，分極ベクトルの大きさは表面に誘起される分極電荷の単位面積当たりの密度に等しい．

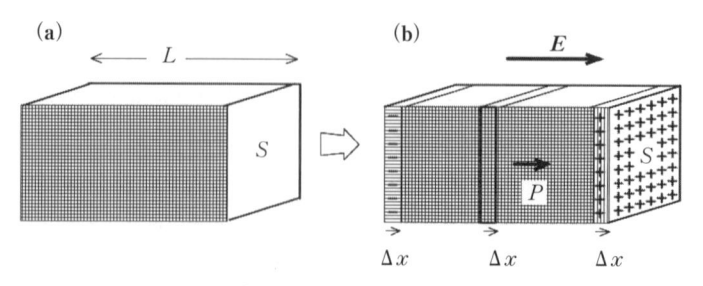

図 4-3 巨視的な分極モーメントの概念図.

一方，古典電磁気学では，分極ベクトルを電場に垂直な単位面積を通過する電荷量と定義する．**図 4-3** にその概念図を示すが，原子核の正電荷も電子の負電荷もそれぞれ $\pm\rho$ の電荷密度をもつ一様な媒体と見なす．この物質が帯電しておらず，外部電場もなければ，電荷は打ち消し合い，試料内のすべての位置で電気的に中性である(図 4-3(a))．そこへ電場 E をかけると，正電荷の媒体は負電荷の媒体に対して Δx 移動する(図 4-3(b))．断面積を S とすると，電場方向の端面には $\Delta Q = +\Delta x \rho S$ の分極電荷が生じ，逆方向の端面には $-\Delta Q = -\Delta x \rho S$ の負の分極電荷が発生する．このとき，試料内部でも，電気的には中性を保っているが，同量の電荷の移動が生じている．古典的な分極ベクトルの定義から，$P = \Delta Q/S = S \Delta x \rho / S = \sigma$ なので，移動する電荷の量は表面に現れる単位面積当たりの分極電荷に等しい．なお，試料の長さを L とすると，$LS = V$ より，$P = \Delta Q/S = \Delta Q L/V$ となり，$\Delta Q L$ を試料の巨視的な電気双極子モーメントと見なすと，P は単位体積当たりの双極子モーメントの大きさとしても定義できる．

　以上，少し回りくどい説明をしたが，本来電磁気学において定義される分極ベクトル $\boldsymbol{P}$ は，ミクロな観点の起因は問わない．しかし，物質科学の立場で，その値を特定の物質について求めようとするとき，あるいは，その温度変化などを統計熱力学的に求める場合は，分極ベクトルは構成原子のもつ双極子モーメントの合成和であることを理解しておく必要がある．

　なお，以上の考察から，物質の表面が電場の方向に垂直でない場合は，表面に現れる電荷密度は薄められ，その値は，表面に垂直な方向の単位ベクトルを $\boldsymbol{s}$ とすると，

$$\sigma = \boldsymbol{s} \cdot \boldsymbol{P} \tag{4-4}$$

で与えられることがわかる．

4.2　物質の誘電率と電束密度

　無限に広がる平面誘電体の表面に垂直に電場 $\boldsymbol{E}$ をかけると，表面に分極ベクトル $\boldsymbol{P}$ による電荷が誘起される．この表面電荷により内部に逆向きの電場 E_D（反電場とよぶことがある）が発生し，物質内部の電場 E_in は E より小さくなる．E_in の大きさを求めるため，**図 4-4** に示したように，一端が物質内部にあり他端が外部にある断面積 S の円筒についてガウスの法則を適用する．この円筒中に含まれる電荷は分極による表面電荷でその大きさは $Q = \sigma S = PS$ で与えられる．したがって，ガウスの法則により，

$$-E_\mathrm{in} S + ES = \frac{Q}{\varepsilon_0} = \frac{P}{\varepsilon_0} S \tag{4-5}$$

したがって，内部の電場の強さは

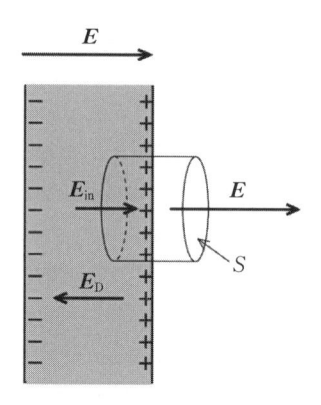

図 4-4 電場 E 中に置かれた絶縁体物質の外部および内部の電場

$$E_{\text{in}} = E - \frac{P}{\varepsilon_0} \tag{4-6}$$

で与えられる．ここで，電場 E の代わりに類似のベクトル流束として電束密度 D を以下のように定義する．

$$\boldsymbol{D} = \varepsilon_0 \boldsymbol{E} + \boldsymbol{P} \tag{4-7}$$

(4-3)式より，$\boldsymbol{P} = \chi \varepsilon_0 \boldsymbol{E}$ なので，

$$\boldsymbol{D} = (1+\chi)\varepsilon_0 \boldsymbol{E} = \varepsilon \boldsymbol{E} \tag{4-8}$$

と書ける．D は外部電場 E に比例し，比例定数 ε をその物質の**誘電率**とよび，物質固有の値をもつ．そのため，絶縁体物質を**誘電体**ということがある．本書でも以降，絶縁体物質のことを誘電体とよぶ．真空中では当然 $\varepsilon = \varepsilon_0$ となる．もともと，この定数は 2 章，2.1 節(2-3)式で，クーロンの法則の比例定数として定義した量であったが，これを真空の誘電率とよぶ理由はここにある．また，物質の誘電率 ε を真空の誘電率で割った量 $k = \varepsilon / \varepsilon_0$ を，**比誘電率**と呼び，多くのデータブックなどではこの値を記載している．

ここで，電束密度 D を導入する意味について考察しておこう．D や P, E は本来ベクトルであるが，ここでは誘電体試料表面に垂直な成分のみを問題とするので，スカラー量として取り扱う．誘電体外部は $P=0$ なので，$D_{\text{out}} = \varepsilon_0 E$ となる．内部では，

$$D_{\text{in}} = \varepsilon_0 E_{\text{in}} + P = \varepsilon_0 \left(E - \frac{P}{\varepsilon_0} \right) + P = \varepsilon_0 E \tag{4-9}$$

と両者は等しくなる．方向も変わらないので，電束密度 D は分極電荷の存在にかかわらず誘電体試料の内外で連続となる．図 4-5 にこの場合の電気力線と電束線の分布の違

(a) 電気力線   (b) 電束線

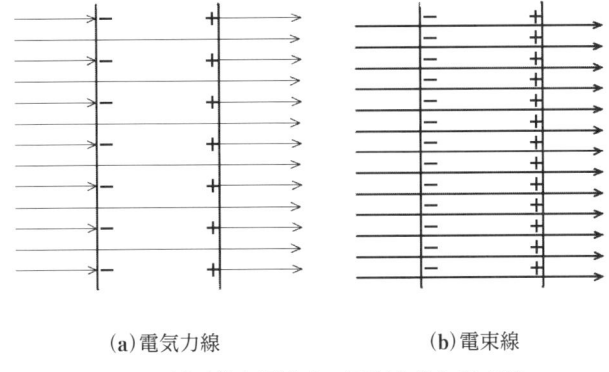

図 4-5 誘電体を通過する電気力線と電束線.

いを概念的に示す.なお,分極ベクトル P は表面に分極電荷をもたらすものであり,試料内部には電極は現れず電気的に中性を保ち,何も変わっていないように見えるが,微視的な分極ベクトルの定義では原子の電気双極子がその原因であり,巨視的には誘電体内部の単位面積を通過する電荷量として定義される量なので,誘電体内部に一様に存在するベクトル流束であることに注意しておこう.

4.3 電束密度に対するガウスの法則

　電束密度も電場と同じくベクトル流束であり,ガウスの法則が成り立つはずである.電場についてのガウスの法則は「電荷から湧き出す(あるいは吸い込む)電気力線の数は一定であり,任意の閉曲面を通過する電気力線の数はその内部に含まれる電荷の大きさによって決まる」という事実を数式化したものであった.図 4-4 のようにガウス面内に誘電体が含まれる場合には,分極によって生じる分極電荷も当然電荷として勘定する.これに対し,電束線はいわば,分極ベクトルをその内部に含んだベクトル流束であり,分極電荷は電束線を湧き出させたり吸い込んだりはしない.したがって,その内部に真電荷を含まない閉曲面に対しては,電束密度に対するガウスの法則は,

$$\iint_{閉曲面} \boldsymbol{s} \cdot \boldsymbol{D}\, dS = 0 \tag{4-10a}$$

と書ける.また,3 章,3.4 節で導いたように,微小領域の電束線の出入りを計算することにより,電束密度に対応する微分形のガウスの法則

$$\nabla \cdot \boldsymbol{D} = \mathrm{div}\, \boldsymbol{D} = 0 \tag{4-10b}$$

が成り立つ．

　真電荷を含む場合，離散した複数の真電荷が存在するときは，(3-9)式に対応し，

$$\iint_{閉曲面} \boldsymbol{s} \cdot \boldsymbol{D}\, dS = \sum_i^N q_i \tag{4-11a}$$

連続して分布する真電荷を含むときは，(3-10)式に対応して，

$$\iint_{閉曲面} \boldsymbol{s} \cdot \boldsymbol{D}\, dS = \iiint_{閉曲面内} \rho(\boldsymbol{r}) dV \tag{4-11b}$$

となる．ここで，$\rho(\boldsymbol{r})$ は真電荷の密度である．また，微小領域に対しては

$$\nabla \cdot \boldsymbol{D} = \mathrm{div}\, \boldsymbol{D} = \rho \tag{4-11c}$$

が成り立つ．

4.4　誘電体中でのクーロン力

　誘電体中では電束密度についてのガウスの法則が成り立つことがわかった．これを利用して誘電体中でのクーロン力を導いてみよう．誘電体内の座標原点に大きさ q_1 の真電荷が存在しているとする．原点を中心とする半径 R の球面に(4-11a)式を適用すると，すでにおなじみの手法により，

$$4\pi R^2 D = q_1 \quad \Rightarrow \quad D = \frac{q_1}{4\pi R^2} \quad \Rightarrow \quad E = \frac{D}{\varepsilon} = \frac{q_1}{4\pi \varepsilon R^2} \tag{4-12}$$

が成り立つ．方向はもちろん半径方向である．中心から R の位置にある大きさ q_2 の真電荷が受ける力は $q_2 E$ なので，誘電率 ε の誘電体中において真電荷 q_1, q_2 間に働く力は

$$F = \frac{1}{4\pi\varepsilon} \frac{q_1 q_2}{R^2} \tag{4-13}$$

となり，(2-3)式で与えられる真空中でのクーロンの法則と比較すると，真空の誘電率を誘電体の誘電率に変えるだけでいいことがわかる．

　ただし，この式を実際に適用するに当たっては若干の注意が必要である．まず，誘電体が固体である場合は，クーロン力以外に周囲の結晶格子の変形による弾性力を受けるのでクーロン力のみを測定するのは難しい．それに対し，液体誘電体の場合はそのまま適用できる．また，真電荷間の距離は誘電体物質の原子・分子のサイズに比べ十分に大きい必要がある．なぜなら，この章の冒頭で述べたように，試料の分極は原子・分子の分極によって生じる電気双極子に起因するわけであるが，分極率や電束密度はこれらの双極子を多数含む領域での平均として定義される量であり，原子単位のミクロな領域で

見れば，電場は原子の中心に対する相対的な場所に依存して異なった値を取るからである．したがって，物性理論のようにミクロなモデルについて適用すると正確な値は得られないが，たとえば不純物半導体において，ドナーイオンの正電荷が周りの電子を束縛するエネルギー，すなわち不純物準位を，水素原子モデルで計算するとき，原子核と電子の間に働くクーロン力をSiやGeなどの固体の誘電率を用いて計算するとかなり実際に近い値を得ることができ，それなりに有効である（志賀：参考書（6），材料科学者のための固体電子論入門，p.108）．

4.5 誘電体を挟んだコンデンサー

3.3.4項において，真空中で2枚の導体平板に電圧をかけたときに平板にたまる電荷

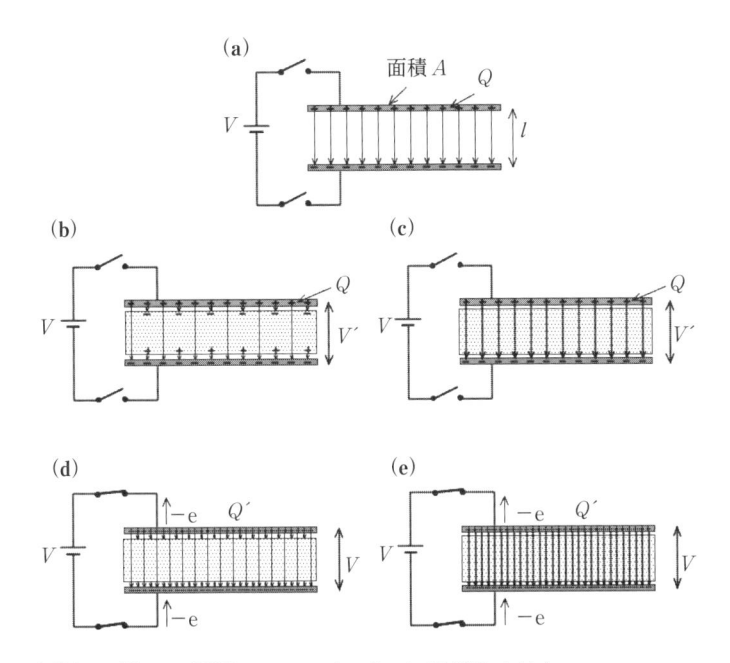

図4-6 極板の面積 A，間隔 l のコンデンサーに誘電体を挟む．
（a）誘電体を挿入する前の状態．細い矢印線は電気力線．電圧 V をかけることにより $Q=(\varepsilon_0 A/l)V=CV$ の電荷が溜まる（(3-34)式）．（b）電源を切ったまま誘電体を挿入したときの電気力線．電荷量は変わらないが誘電体内部の電場は減少し，極板間の電位差は V' に減少する．（c）このときの電束線．（d）電源を入れ電位差を V に戻したときの変化．極板の電荷量が増加する．（e）このときの電束線．

量を求め，コンデンサーの電気容量や静電エネルギーについて学んだが，ここでは，平板の間に誘電体を挿入したコンデンサーについて調べる．

図4-6(a)は，図3-12(c)に相当する状態で，真空中において，面積A，面間隔lの導体平板に電圧Vをかけた後電源を切り，両極板に$\pm Q$の電荷が貯蔵されているコンデンサーを示す．このとき，電荷量は(3-34)式で与えられるように，$Q=CV=(\varepsilon_0 A/l)V$である．また，極板間の電場の大きさは(3-22)式より，$E_0=\sigma/\varepsilon_0=Q/\varepsilon_0 A$となる．同図(b)は，電源を切ったまま極板間に誘電率εの誘電体を挟んだときの電気力線の変化を示す．この図では極板と誘電体の間に狭い空隙をもうけてあるが，これは電気力線や電束線の変化についての理解を助けるためで，実際のコンデンサーでは密着している．このとき，極板の電荷量は変化しないが誘電体表面に分極電荷が発生し，上側の＋極板の電荷から湧出した電気力線の一部は，誘電体の上面に誘起した分極電荷に吸い込まれ，また，下部ではその逆の現象が生じ，結果として誘電体内部を貫く電気力線の数は減少する．すなわち，誘電体内部の電場E'は減少する．その値は電束密度Dを使うと容易に見積もれる．図(c)は(b)に対応する電束線を示す．電束線は分極電荷の影響を受けないので，誘電体の上下の空隙も誘電体内部も同じである．空隙部の電場の大きさはE_0なので，電束密度は$D=\varepsilon_0 E_0$で与えられる．誘電体内での電場の大きさをE'とすれば，電束密度は$D=\varepsilon E'$で与えられ，この大きさは空隙内と等しいので，$D=\varepsilon_0 E_0=\varepsilon E'$が成り立ち，したがって，誘電体内の電場は

$$E'=\frac{\varepsilon_0}{\varepsilon}E_0 \tag{4-14}$$

で与えられる．一般に$\varepsilon>\varepsilon_0$なので，$E'<E_0$となる．ところで，均一な電場間の電位差は(3-23)式で与えられるように，電場の大きさに距離をかけたものなので，誘電体を挟むことにより電位差が減少し，電圧が降下する．このときの電圧をV'とすると，空隙の距離は無視して，

$$V'=E'l=\frac{\varepsilon_0}{\varepsilon}E_0 l=\frac{\varepsilon_0}{\varepsilon}V \tag{4-15}$$

で与えられる．このとき極板の電荷量は変化せずQのままなので，コンデンサーの容量の定義，$C=Q/V$((3-34)式)より，誘電体を挟んだときの容量C'は

$$C'=\frac{Q}{V'}=\frac{\varepsilon}{\varepsilon_0}\frac{Q}{V}=\frac{\varepsilon}{\varepsilon_0}C \tag{4-16}$$

で与えられ，元の容量Cより比誘電率$\varepsilon/\varepsilon_0$分だけ増加する．

次に，図4-6(d)，(e)に示すように極板に再び電圧Vの電源をつないだときの変化を調べてみよう．電位差は$\Delta\phi=V=lE$なので，誘電体内の電場の大きさは真空中で

の値 E_0 に等しくなければならない．一方，電束密度は $D=\varepsilon E_0$ なので，比誘電率分増加する．また，このとき極板に溜まる電荷は $Q'=C'V=(\varepsilon/\varepsilon_0)CV$ とやはり比誘電率分増加する．さらに，貯蔵される静電エネルギーも(3-36)式より

$$U=\frac{C'V^2}{2}=\left(\frac{\varepsilon}{\varepsilon_0}\right)\frac{CV^2}{2} \tag{4-17}$$

と，やはり $(\varepsilon/\varepsilon_0)$ 倍となる．一方，3.3.4(3)項で議論したように静電エネルギーは空間内に発生した電場のもつエネルギーと考えてよく，その単位体積当たりのエネルギー密度は，真空中では $u=\varepsilon_0 E^2/2$ で与えられることを示した．このような観点から，誘電体中での静電エネルギー密度を考えてみよう．真空中での容量 $C=\varepsilon_0 A/l$ および $V=E_0 l$ を(4-17)式に代入すると，

$$U=\left(\frac{\varepsilon}{\varepsilon_0}\right)\frac{\varepsilon_0 A}{l}\frac{E_0^2 l^2}{2}=\frac{\varepsilon E_0^2}{2}Al \tag{4-18}$$

と書け，Al は空間の体積なのでエネルギー密度は

$$u=\frac{\varepsilon E_0^2}{2}=\frac{DE_0}{2}=\frac{D^2}{\varepsilon} \tag{4-19}$$

となる．

●コンデンサーの記号と複数のコンデンサーの合成容量

コンデンサーは多くの電気機器に使われる電気回路の重要な構成要素である．電気回路ではコンデンサーを表す記号として平行2線が使われるが，ここでは，複数のコンデンサーを結合した回路の合成静電容量を求める．簡単のため，2個のコンデンサーを並列（図4-7(a)），および直列（図4-7(b)）につないだときの合成容量を調べる．静電容量 C の定義は(3-34)式で与えた通り，蓄えられた電荷 $\pm Q$ と極板にかかる電圧 V に対し，$Q=CV$ で与えられる．

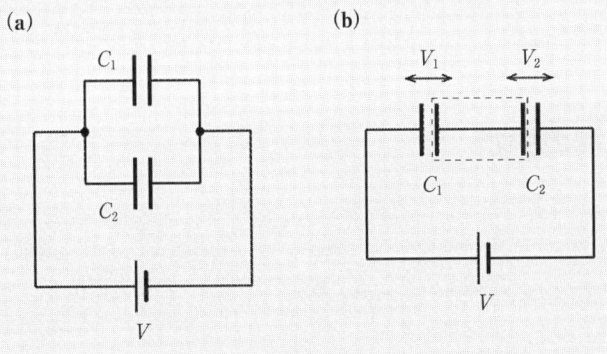

図4-7 （a）並列結合，（b）直列結合したコンデンサー回路．

したがって，並列結合の場合は蓄えられる全電荷は C_1 に蓄えられた電荷 $Q_1 = C_1 V$ と C_2 に蓄えられた電荷 $Q_2 = C_2 V$ の和で与えられるので，$Q = Q_1 + Q_2 = (C_1 + C_2)V = CV$ より，合成静電容量は単純に $C = C_1 + C_2$ と 2 つのコンデンサーの和で与えられる．一般に，並列に結合された n 個のコンデンサーの合成容量は

$$C = \sum_{i=1}^{n} C_i \tag{4-20}$$

で与えられる．

一方，直列結合の場合は少し複雑である．この場合の基本的な考え方は，図 4-7（b）の点線で囲んだ部分は電源部から絶縁されているので電荷の流入・流出は起こらず，仮に，C_1, C_2 の値が異なっていても C_1 の負極の電荷 $-Q_1$ と C_2 の正極の電荷 $+Q_2$ は等しくなければならない．また，各々のコンデンサーの正極，負極に蓄えられる電荷の絶対値は等しいので，結局 2 つのコンデンサーに蓄えられる電荷は，静電容量が異なっていても等しくなければならない．したがって，各々のコンデンサーの極板間の電圧を V_1, V_2 とすると，

$$Q = Q_1 = C_1 V_1 = Q_2 = C_2 V_2 \tag{4-21}$$

全電圧は，$V = V_1 + V_2$ で与えられるので，

$$V = \frac{Q}{C_1} + \frac{Q}{C_2} = Q\left(\frac{1}{C_1} + \frac{1}{C_2}\right) \tag{4-22}$$

電源側から見た，この回路の合成静電容量は $C = Q/V$ で与えられるので，C は

$$\frac{1}{C} = \frac{1}{C_1} + \frac{1}{C_2} \tag{4-23}$$

となり，直列につないだ n 個のコンデンサーの容量は

$$\frac{1}{C} = \sum_{i=1}^{n} \frac{1}{C_i} \tag{4-24}$$

で与えられる．

4.6 電場の屈折

これまで，誘電体の表面に垂直に電場をかけた場合について述べてきたが，ここでは，電場を表面に一定の角度でかけた場合について考える．より一般的に論じるため，図 4-8 に示すように，誘電率の異なる 2 種類の誘電体が無限の面積をもつ平面で接しており，その境界面に一定の角度をもって電場をかけた場合について考える．図の上部の誘電率を ε_1，下部の誘電率を ε_2 とし，$\varepsilon_1 < \varepsilon_2$ とする．$\varepsilon_1 = \varepsilon_0$ の場合は上部が真空で，

(a) のような図

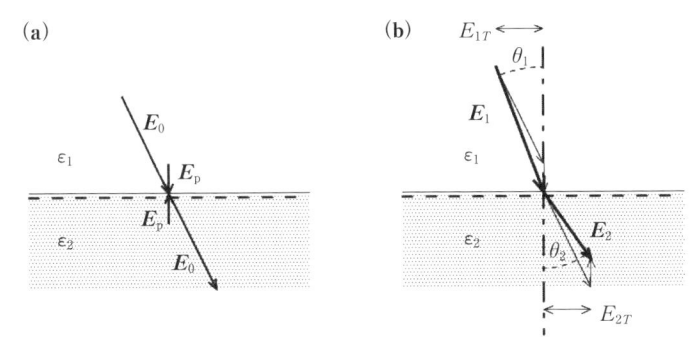

(b) のような図

図 4-8 誘電率の異なる誘電体に斜めから入射する電場. $\varepsilon_1 < \varepsilon_2$ とすると, 界面に負の分極電荷が発生する. (a) $\boldsymbol{E}_0$ は外部からかけた電場. $\boldsymbol{E}_p$ は分極電荷が吸い込む電場. (b) 合成電場 $\boldsymbol{E}_1$, $\boldsymbol{E}_2$ は $\boldsymbol{E}_0$ と $\boldsymbol{E}_p$ のベクトル和で与えられる. $\boldsymbol{E}_p$ には水平方向成分はないので $\boldsymbol{E}_1$, $\boldsymbol{E}_2$ の水平方向成分 E_{1T}, E_{2T} は等しい.

下部が誘電体に相当する. 通常の物質内では $\boldsymbol{D} = \varepsilon \boldsymbol{E}$ で表せるので, 電場と電束密度の方向は一致している.

図 4-8(a)において, ベクトル $\boldsymbol{E}_0$ は外からかけた電場を表す. 電場は下向きにかけているので, $\varepsilon_1 < \varepsilon_2$ の場合境界面には $-$ の分極電荷が生じ, $\boldsymbol{E}_p$ はその分極電荷が発生する電場ベクトルを示す. 図 4-8(b)の太矢印 $\boldsymbol{E}_1$, $\boldsymbol{E}_2$ は, それらの合成電場のベクトルを表す. このとき, $\boldsymbol{E}_p$ は面に水平な(横方向)成分はもたないので, 合成ベクトル $\boldsymbol{E}_1$, $\boldsymbol{E}_2$ の水平方向成分は等しく, $E_{1T} = E_{2T}$ が成り立つことがわかる. あるいは, $|\boldsymbol{E}_1| = E_1$, $|\boldsymbol{E}_2| = E_2$ とすれば,

$$E_1 \sin \theta_1 = E_2 \sin \theta_2 \tag{4-25}$$

と書ける.

一方, この物質は帯電しておらず真電荷を含まないとすると, 電束線は界面を通過しても連続的に変化し, その本数は変わらない. そこで, **図 4-9** に示すように, 界面を中に含む十分薄い厚さ δ, 面積 S の円盤について, 電束密度についてのガウスの法則(4-10a)式を適用する. 上方から入射する電束密度ベクトルを $\boldsymbol{D}_1$, 下方へ出て行く電束密度ベクトルを $\boldsymbol{D}_2$, 上面の面方向単位ベクトルを $\boldsymbol{s}_1$, 下面のそれを $\boldsymbol{s}_2$ とすると, $\boldsymbol{s}_1 \cdot \boldsymbol{D}_1 = -\cos \theta_1 |\boldsymbol{D}_1| = -D_{1L}$, $\boldsymbol{s}_2 \cdot \boldsymbol{D}_2 = \cos \theta_2 |\boldsymbol{D}_2| = D_{2L}$ の関係があり, (4-10a)式は以下のように書ける.

$$\iint_{\text{閉曲面}} \boldsymbol{s} \cdot \boldsymbol{D} \, dS = \iint_{\text{上面}} \boldsymbol{s}_1 \cdot \boldsymbol{D}_1 \, dS + \iint_{\text{下面}} \boldsymbol{s}_2 \cdot \boldsymbol{D}_2 \, dS = -D_{1L} S + D_{2L} S = 0 \tag{4-26}$$

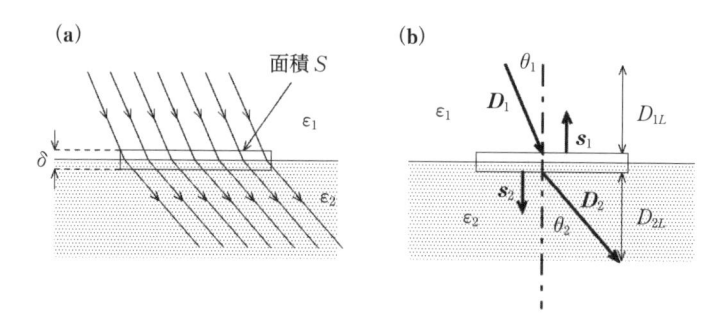

図 4-9 誘電率の異なる誘電体を斜めから入射する電束に対するガウスの法則の適用.（a）界面を中に含む，十分薄い厚さ δ，面積 S の円盤を通過する電束線.（b）（a）に対応する電束密度ベクトル $\boldsymbol{D}_1$, $\boldsymbol{D}_2$ および表面に垂直方向な方向の単位ベクトル $\boldsymbol{s}_1$, $\boldsymbol{s}_2$.

すなわち，$D_{1L} = D_{2L}$ と電束密度の垂直方向成分は等しい．(4-25)式に対応し，$\boldsymbol{D}_1$, $\boldsymbol{D}_2$ の絶対値をそれぞれ D_1, D_2 とすれば，

$$D_1 \cos \theta_1 = D_2 \cos \theta_2 \tag{4-27}$$

となり，また，誘電率の定義から，$D_1 = \varepsilon_1 E_1$, $D_2 = \varepsilon_2 E_2$ の関係が成り立つので

$$\varepsilon_1 E_1 \cos \theta_1 = \varepsilon_2 E_2 \cos \theta_2 \tag{4-28}$$

(4-25)式を(4-28)式で割ると，

$$\frac{\tan \theta_1}{\varepsilon_1} = \frac{\tan \theta_2}{\varepsilon_2} \tag{4-29}$$

と電場の屈折の法則が導ける．

4.7 いろいろな誘電体

表 4-1 に身近にある物質の比誘電率を示す．この表を見るだけでいくつかの特徴が見いだせる．まず，気体の場合，比誘電率はほとんど1.0に近く，通常の目的には真空の誘電率と同じと考えてよい．備考欄の $k-1$ は(4-8)式より分極率 χ に等しく，この値を比較すると，アルゴンと空気ではほぼ等しいが，水蒸気では1桁大きい値をもつ．液体について見ると，炭化水素系の溶媒や油は2前後の値をもつが，酸素を含むアルコールでは1桁大きくなる．また，水についてはさらに大きな値をもち，温度によっても大きく変化する．固体の場合，炭化水素系の繊維，プラスチックでは液体の場合と同じく2程度の値を示す．その他の物質では2以上の値を示す物が多いが，大部分は1桁台に

表 4-1 いろいろな物質の比誘電率．特に記してない場合は室温(20〜25℃)での値．また，この値は静電場または周波数の低い交流電場に対する値であり，一般に周波数が増加するに従い減少する．その減少率は物質によって大きく異なるので注意が必要である．データは 2009 年版理科年表より引用（＊印は，飯田修一他編：物理定数表（朝倉書店 1969）より）

状態	物質	比誘電率 $k=\varepsilon/\varepsilon_0$	備 考
気体	アルゴン	1.00052	$k-1=5.17\times 10^{-4}$
	空気	1.00054	$k-1=5.4\times 10^{-4}$
	水蒸気(100℃)	1.006	$k-1=60\times 10^{-4}$
液体	アルゴン(82 K)	1.53	$\rho_g/\rho_l=772$
	ベンゼン	2.28	C_6H_6
	エチルアルコール	24.3	C_2H_6OH
	絶縁オイル	〜2.2	炭化水素
	水(20℃)	80	極性分子
	水(100℃)	55	
固体	アルミナ	8.5	Al_2O_3
	食塩	5.9	NaCl
	ガラス	〜7.5	
	紙	〜3	
	ポリエチレン＊	2.3	$(-CH_2=CH_2-)_n$
	ナイロン＊	4.5	
	$BaTiO_3$	〜5000	強誘電体

おさまる．最後の $BaTiO_3$ は，後に説明するが強誘電体とよばれる特殊な物質で極端に大きな誘電率を示す．ただし，ある温度以上（$BaTiO_3$ の場合は 120℃）では急激に減少し2桁程度の値に戻る．

4.7.1 気体の誘電率と極性分子

　気体の誘電率は実際上真空の誘電率と等しいとしてよいが，精密に計ると比誘電率は1よりわずかに大きく，このずれから気体分子の分極率を求め，比較的容易に理論値と比較することができる．簡単な分子であれば量子力学より分子分極率 α は容易に求まり $k-1$ より実験的に求めた値とよい一致を示す．通常，体積分極率 χ の値は 10^{-4} 程度となるが，水（水蒸気）の分極率は1桁大きな値を示す．これは以下のように説明でき

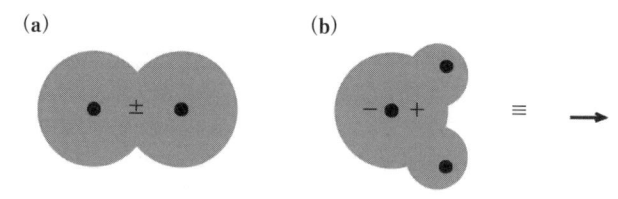

図 4-10 非極性分子と極性分子．黒丸は原子核，灰色は電子雲を表す．（a）水素分子や酸素分子のような対称性のいい単純な分子だと原子核の正電荷の重心と電子雲の負電荷の重心が同じ位置にあり，電気的に中性であるだけでなく電荷の偏りもない．これを非極性分子という．ただし，電場の中に置くと図 4-1 に示す単原子分子と同様電気双極子が誘起される．一方，（b）の水（H_2O）分子の場合，電場が存在しなくても正電荷の重心と負電荷の重心がずれており電気双極子をもつ．これを極性分子という．

る．

　図 4-10（a）に酸素や水素のような単純な分子の原子核とそれを取り巻く電子雲の分布を示すが，プラス電荷の重心は2つの原子核の中心にあり，マイナス電荷を担う電子雲の重心も対称性から同じ位置にある．したがって，外部から電場をかけなければ分子は電気双極子をもたず，電場をかけることにより単原子分子と同じように電気双極子が誘起される．このような分子を非極性分子とよぶ．一方，水分子は図 4-10（b）に示すようにプラス電荷の重心とマイナス電荷の重心がずれており，外部から電場をかけなくても電荷が偏在し電気双極子をもつ．これを永久双極子とよび，このような分子を極性分子とよぶ．

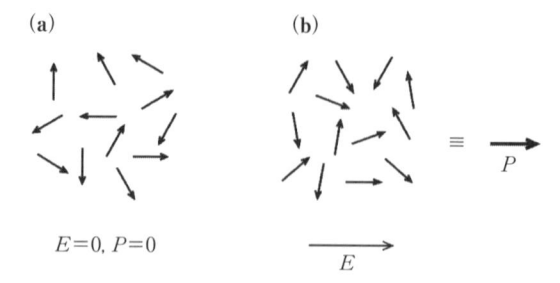

図 4-11 配向分極．（a）H_2O 分子のように永久双極子モーメントをもつ分子も熱運動のためその方向はバラバラであり，ベクトル和は 0 である．（b）しかし，電場 E をかけると電場方向成分が増加し電場方向にベクトル和が発生し，したがって分極 P が生じる．

極性分子からなる気体も，実際には**図 4-11** に示すように，熱運動のためその方向はバラバラでありベクトル和は 0 であり，巨視的に見れば分極していない．電場をかけると各々の双極子モーメントに (3-14) 式で与えられる回転力を受け，電場方向成分が増加し，電場方向にベクトル和が発生し，したがって分極 P が生じる．その大きさはもちろん電場の大きさに比例するが，熱運動に逆らって配向するので高温になるほど分極率は減少する．統計熱力学によると分極率は $P \propto 1/T$ と温度に反比例することが示され，実測値もほぼこの関係式を満たす．これは後に示す常磁性物質のキュリーの法則に相当する．また，分子が回転するためには短いながら一定の時間が必要で，電場が高速に変化する場合，すなわち高周波での分極率，したがって誘電率は周波数と共に大きく低下する．

4.7.2 凝縮系物質（液体・固体）の誘電率

液体や固体などのいわゆる凝縮系物質の誘電率は，ほとんど 2 以上の値を示す．これは，密度，すなわち体積当たりの分子数が気体より 10^3 程度大きいためで，(4-2) 式，(4-3) 式より，体積分極率を χ，液体と気体の体積当たりの分子数の比，すなわち密度比を ρ_l/ρ_g とすると，同じ物質であれば液体と固体の分極率の比は $\chi_l/\chi_g = \rho_l/\rho_g$ となる．たとえば，気体アルゴンと液体アルゴン (82 K) の密度比は 770 であるが，この値を用いて，気体アルゴンの分子 (原子) 分極率から液体アルゴンの比誘電率を計算すると 1.4 となり，実験値と比較的よい一致を示す．また，気体状態で大きな分極率を示し，かつ温度依存性が大きい水は液体状態でも同様に大きな誘電率を示し，温度依存性も大きい．有機物・有機高分子について見ると，単純な炭化水素化合物は誘電率が 2 前後であ

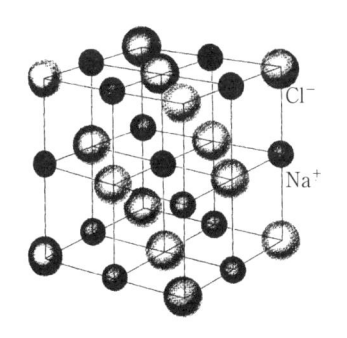

図 4-12 NaCl の結晶構造．Na$^+$ 正イオンと Cl$^-$ 負イオンの重心はいずれも中心にあり分極していない．電場をかけると Na$^+$ イオンは電場方向に，Cl$^-$ イオンは逆方向に動き分極 P が生じる．

るのに対し,酸素や窒素を含む極性分子ではより大きな値を示す.

　食塩(NaCl)のようなイオン結晶も比較的大きな誘電率を示す.この場合 Na は陽イオン(Na^+),Cl は陰イオン(Cl^-)として存在するが,固体結晶をつくると**図 4-12** に示す NaCl 型結晶構造を見ればわかるように,陽イオンと陰イオンの重心は一致し分極していない.しかし,電場をかけると Na^+ イオンは電場方向に,Cl^- イオンは逆方向に動き分極 P が生じる.そのため,イオン性結晶は比較的大きな誘電率を示すが,個々のイオンが双極子モーメントをもっているわけでないので,誘電率の温度依存性は小さい.

4.7.3 強誘電体

　表 4-1 の最後にある $BaTiO_3$ の誘電率は極端に大きい.**図 4-13** にこの物質の結晶構造を示すが,高温ではペロブスカイト型という立方晶構造をもち,NaCl と同様,正電荷の重心と負電荷の重心は,共に中心にあり分極していない.ところが,中心にある Ti^{4+} イオンはイオン半径が小さいこともあり,比較的移動しやすく,Ti 原子を少し上にずらすと局所的に分極が生じ,周りに電場をつくりさらに結晶をわずかに歪ます.そのため,周りの Ti 原子も上向きの力を受け,その結果結晶全体が少し歪むと同時に自発的に分極する.もう少し正確にいうと,外部電場が存在しない場合は,結晶中で自発分極方向が異なる領域が混在し,結晶全体としては分極は打ち消し合い 0 であるが,電

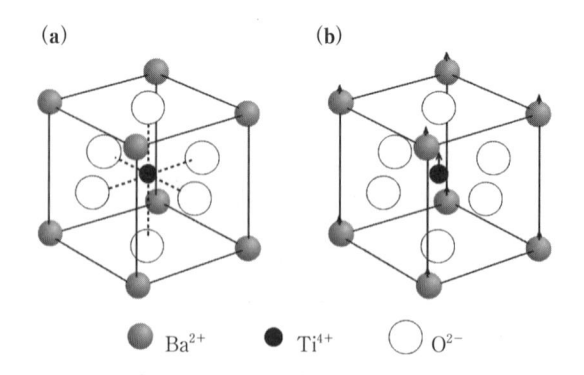

図 4-13 $BaTiO_3$ の結晶構造.(a)高温での結晶構造.ペロブスカイト型とよばれる立方晶構造で,NaCl と同じく正電荷の重心と負電荷の重心は共に中心にあり分極していない.(b)温度を下げると正イオンが負イオンに対して相対的に変位し,電場をかけなくても結晶全体が分極し永久双極子をつくる.このような物質を強誘電体とよぶ.

場をかけることによりその方向に分極した領域の体積が増加しきわめて大きな誘電率を示す．このような物質を強誘電体とよび，コンデンサーの誘電体材料として使われることがある．ただし，温度を上げると熱振動のためこのような自発分極は消失し，結晶構造も立方晶に戻る．そのため，誘電率の温度依存性が大きく，さらに，強誘電体状態では歪みを伴うので分極に時間遅れが生じ誘電率の周波数依存性も大きい．

演習問題 4-1 無限に広がる誘電率 ε の誘電体に，電場 E_0 がかかっている．この誘電体に，
 (1) 電場に平行方向に誘電体を貫通する細長い穴を開けたとき，内部における電場を求めよ．
 (2) 誘電体内部に電場に垂直な方向に面をもつ円盤状の空隙をつくったとき，内部における電場を求めよ．

演習問題 4-2 コンデンサーの絶縁体としてよく使われるポリプロピレンの比誘電率は 2.5 である．厚さ $10\,\mu\mathrm{m}$ のポリプロピレンフィルムを使って $1\,\mu\mathrm{F}$ のコンデンサーをつくるのに必要な極板の面積はいくらか．

物質の電気的性質 II　静的平衡状態にある導体

　導体とは1章で述べたとおり，金属と同義と考えてよく，結晶内を自由に移動できる電子（自由電子）をもつ物質で，すでに3章でも出てきたように，帯電した導体は絶縁体とは異なる特徴をもっている．半導体も結晶中を移動できる電子や正孔をもっており，基本的には導体に分類してよく，以下の静的平衡状態にある導体の性質としては金属と同様に扱ってよい．

5.1　基本的性質

　ここでいう静的平衡状態とは，導体に定常的に電流が流れていない状態のことで，導体に静電場をかけると最初の一瞬に電荷が移動し，その後は一定の電荷分布を示す状態のことである．電池などにつなぎ定常電流が流れている状態の性質については後に考える．静的平衡状態にある導体は以下の2つの重要な性質を示す．
　（ⅰ）**帯電した導体内部の電場は0である**．
　もし電場が存在すると内部の電荷が力を受け移動する．その結果，電荷はすべて表面に追い出されると同時に電場も消失する．微視的には内部の自由電子が移動し，全電荷が正の場合は表面に電子欠乏層，負の場合は電子過剰層ができる．表面の電荷密度は導体の形状および外部からかける電場によって異なる．たとえば，外部電場がないとき球状導体や無限面積をもつ平板の表面電場は一定である．電場は電位の微分で与えられるので**導体内部の電位**（静電ポテンシャル）**は一定**である．
　（ⅱ）**導体表面直上の電場の方向は表面に垂直である**．
　図5-1に示すように，もし表面での電場が面に平行成分をもてば表面電荷はその方向（正電荷の場合，実際は電子がその逆方向）に移動し，結果として導体表面全体で平行電場成分が消えるような表面電荷密度分布が実現する．また，当然表面の電位も一定（等電位面）である．

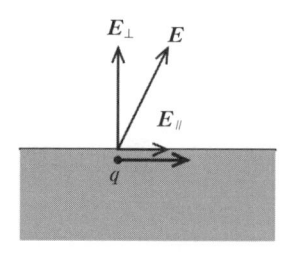

図 5-1 導体表面の電場．もし表面の電場 (E) が面に平行な成分 ($E_{\parallel}$) をもてば，表面の(正)電荷はその方向へ力を受け移動する．平衡状態では，表面電場の平行成分が 0 となる電荷密度分布が実現する．

5.2 帯電した導体が周辺につくる電場

帯電した導体が周辺につくる電場について，対称性の高い形状についてはすでに 3 章で学んだが，もう一度復習しておく．

5.2.1 無限に広い導体平板

この場合は，絶縁体平板について導いた (3-21) 式 ($E=\sigma/2\varepsilon_0$) がそのまま使える．ただし，絶縁体平板の場合，電荷密度 σ は場所によって異なる任意の値を取ることができ，(3-21) 式は常に成り立つとは限らないが，導体の場合は，導体外部に電荷が存在しなければ全面で一定値を取る．なぜなら，もし電荷密度に差があれば表面に平行となる電場が発生し，(ii) の条件に反することになるからである．いいかえれば，平板導体(金属板)が帯電すると電荷密度が一定になるように自発的に電子が移動する．

5.2.2 表面が平面である無限に大きい導体

この場合も平板と同様表面電荷密度 σ は必ず一定値を取る．電荷は表面のみに存在するので無限に広い平板と同じ値を取りそうだが，導体の場合内部に電場が存在してはいけないので表面電荷から湧き出す電気力線はすべて導体外部に向かう．したがって，外部に発生する電場は (3-21) 式の 2 倍となる．すなわち，

$$E = \frac{\sigma}{\varepsilon_0} \tag{5-1}$$

で与えられる．

5.2.3 導　体　球

球については，すでに 3.3.6（3）項で学んだが，球外部で中心から r 離れた位置の電場は

$$E = \frac{Q}{4\pi\varepsilon_0 r^2} \tag{5-2}$$

で与えられる．この場合も表面電荷密度 σ は自動的に一定となり，球の半径を R とすれば

$$\sigma = \frac{Q}{4\pi R^2} \quad \Rightarrow \quad Q = 4\pi\sigma R^2 \tag{5-3}$$

となる．これを(5-2)式に代入すると球表面直上 ($r=R$) の電場は(5-1)式と同じ値になることに注意しておこう．

5.2.4　任意の形状の導体の表面電場

任意の形状の導体の表面直上の電場は，その表面密度が与えられれば常に(5-1)式で求まる．このことは，導体表面に図 5-2 で示すような円盤状の微小な閉曲面を考えガウスの法則を適用すればすぐわかる．このとき，円盤の下面は導体表面直下に，上面は導体表面直上に置き，厚さは十分薄いものとする．また，上下面の面積 ΔS は表面が平面と見なせ，かつ電荷密度は一定と見なせるような微小な領域とする．そうすると，表面直上の電気力線は面に垂直でかつ外側のみに向かうので，ガウスの法則により，

$$E\Delta S = \frac{\sigma \Delta S}{\varepsilon_0} \quad \Rightarrow \quad E = \frac{\sigma}{\varepsilon_0} \tag{5-4}$$

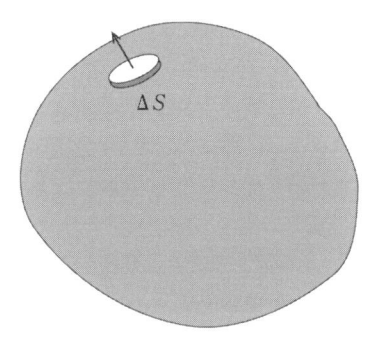

図 5-2　導体表面微小部分でのガウスの法則.

と，(5-1)式が導ける．ただし，導体の場合，表面電荷密度を任意に与えることはできず，表面に電場の横成分が生じないように，いいかえれば表面電位が一定になるように電子が移動する．したがって，問題はむしろ表面電荷密度の分布を求めることに帰着する．

このとき，任意の形状の導体の表面電荷密度は，以下のような手順で数値計算により求めることができる．具体的に導体の形状と導体全体の電荷量 Q が与えられた場合，

（1） 導体表面の電位は一定なので，適当な値 ϕ_0 を仮定する．導体外部には電荷はないとするので，外部の電位 $\phi(x,y,z)$ はラプラスの方程式 $\nabla^2\phi=0$ ((3-55)式)を満たさなくてはならない．

（2） 表面で $\phi=\phi_0$ という境界条件を満足するラプラス方程式の解 $\phi(x,y,z)$ を数値的に求める．

（3） ϕ が求まれば，公式 $\boldsymbol{E}=-\nabla\phi$ ((2-32)式)により任意の位置での電場が求まる．

（4） 表面直上の電場を求め(5-1)式より表面の電荷密度を求める．

（5） 表面全体の電荷密度の積分値が総電荷 Q に一致すれば，問題が解けたことになる．一致しなければ，ϕ_0 を変えて一致するまで繰り返す．

5.3 外部に点電荷を置いたときの電場分布—鏡像法—

導体の外部に電荷のあるときの電場分布を一般的に求めるのは難しいが，平面や球など対称性のよい形状をした導体の場合は，鏡像法という巧みな方法を使って容易に求めることができる．

5.3.1 表面が平坦な無限に広がる導体の前に点電荷を置いた場合

図5-3(a)は，表面が平坦で帯電していない導体の前面から x_0 離れた位置にある $+q$ の正電荷がつくる電気力線を示す．導体の表面積は無限に大きいとし，最初は帯電していないとする．正電荷を近づけると，導体内の電子が表面に引きつけられ表面に負に帯電した層が生じる．正電荷から湧き出した電気力線は，この誘起された負電荷に吸い込まれる．このとき，表面での電気力線の方向は導体の性質(ⅱ)より表面に垂直である．また，表面の電荷密度は中央(正電荷から表面に垂線を下ろした点)が最大で，周辺になるほど小さくなり，全表面での積分値は当然 $-q$ となる．

以上は定性的な説明だが，定量的に電場や表面電荷密度を見積もるには鏡像法という便利な方法がある．これは，図5-3(a)に示すように，導体を取り除き $-x_0$ の位置に $-q$ の電荷を置いたときにつくられる電気力線の形状の右半分が，元の電気力線と同じ

5.3 外部に点電荷を置いたときの電場分布—鏡像法—

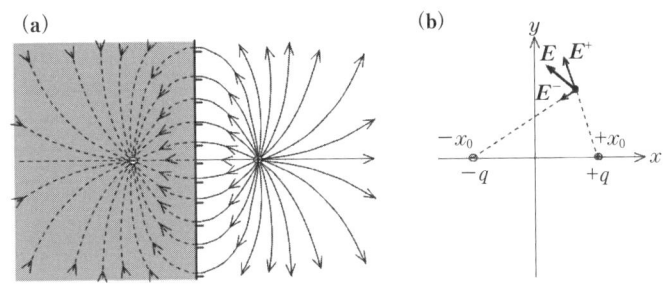

図 5-3 鏡像法の原理図．（a）実線は，表面が平坦な帯電していない導体の外に正の点電荷を置いたときの電気力線の分布．導体内の点線は，導体を取り除き負電荷を正電荷と鏡面対称位置に置いたときに発生する電気力線．（b）導体外部の任意の点の電場は，導体外部の電荷 $+q$ とこれと鏡面対称位置にある $-q$ の電荷から受ける電場の和となる．

形状をしており，したがって，この電荷配置に対し $x>0$ 側の任意の位置における電場や電位を計算することにより，導体を置いた場合の前面の電場や電位が求まるというものである．いわば，表面に鏡を置いて写った像に対して電位や電場を求める手法で鏡像法とよばれる．この方法が正しい方法であることを示す根拠は以下の通りである．

前節で示したように，任意の形状の導体が発生する電場を求めるには境界条件として導体表面での電位を仮定し，ラプラスまたはポアソンの方程式を解けばよい．この場合は，簡単に表面の電位を 0 とすればよい．なぜなら，電位の定義は無限遠からその位置に単位電荷を運ぶのに必要な仕事量であったが，この場合は，導体内部の電場は 0 なので仕事量も 0，したがって電位も 0 と考えてよい．一方，鏡像モデルにおいても 2 つの電荷の垂直 2 等分面（$x=0$ 面）内の電位は 0 である．なぜなら，点電荷がつくる電位は (2-27) 式で与えられ，電荷量 q に比例し距離 r に反比例するので，符号が異なる 2 個の点電荷がつくる電位は，垂直 2 等分面においては 0 となるからである．すなわち，導体の場合は表面が，鏡像モデルでは垂直 2 等分面が共に $\phi=0$ となり，境界条件が同じならラプラス方程式は一義的に同じ解を与えるので，導体外部の電位は鏡像法で求めた解と一致する．以下に導体外部の電位と電場を求めてみよう．

座標 (x,y) の位置での電位は，(2-27) 式と重ね合わせの原理により

$$\phi(x,y) = \frac{q}{4\pi\varepsilon_0}\left(\frac{1}{\sqrt{(x+x_0)^2+y^2}} - \frac{1}{\sqrt{(x-x_0)^2+y^2}}\right) \tag{5-5}$$

で与えられ，当然，$x=0$ すなわち垂直 2 等分面上では $\phi=0$ となる．電場は一般的には

(2-32)式で与えられるが，ここでは，表面直上での電場を求める．表面直上では $x \ll x_0$ なので，(5-5)式は

$$\phi(x, y, z) \approx \frac{q}{4\pi\varepsilon_0}\left(\frac{1}{\sqrt{x_0^2+y^2+2x_0x}} - \frac{1}{\sqrt{x_0^2+y^2-2x_0x}}\right)$$

$$\approx \frac{q}{4\pi\varepsilon_0}\frac{2x_0 x}{(x_0^2+y^2)^{3/2}} \tag{5-6}$$

と近似できる．したがって(2-32)式より，電場の x 方向成分，y 方向成分はそれぞれ

$$\begin{aligned} E_x &= -\frac{\partial \phi}{\partial x} = -\frac{qx_0}{2\pi\varepsilon_0(x_0^2+y^2)^{3/2}} \\ E_y &= -\frac{\partial \phi}{\partial y} = \frac{3q}{2\pi\varepsilon_0}\frac{x_0 xy}{(x_0^2+y^2)^{5/2}} \end{aligned} \tag{5-7}$$

で与えられる．表面直上の y 方向成分は $x \to 0$ の極限値を取ればいいので，$E_y=0$ となり，導体の表面直上では電場の平行成分が 0 という条件を満たしていることがわかる．図 5-3(b)はこの様子をベクトルで表している．なお，ここでは z 成分は求めていないが，x 軸を中心とする回転対称性があるのでその必要はない．

5.3.2 有限の大きさをもつ導体平面での鏡像法と接地

先の例では，表面の面積が無限に大きいと仮定したが，実際にはもちろん有限であり導体の体積も有限なので，理想的な鏡像とのずれが生じる．この場合 2 つの効果でずれが生じる．1 つは平面の境界付近で生じる電気力線の乱れであるが，これは平面のサイズが外部電荷の距離より十分大きければ無視することができる．もう 1 つは，導体が孤

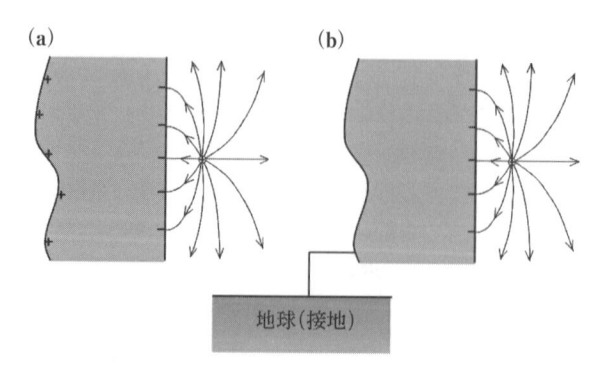

図 5-4 有限の大きさをもつ表面が平坦な板での鏡像法．
(a)孤立した導体，(b)導線で接地した場合．

立している場合，はじめに帯電していなければ，総電荷は常に0なので，外部の正電荷に引き寄せられた負電荷(電子)と等量の正電荷がどこかに現れなければならないが，導体内には存在できないので，図5-4に示すように裏面に正電荷を帯びた層ができるはずである．一方，表面を含めた導体内の電位は常に一定でなければならないので，無限に大きな導体では0であった電位が有限の値を取ることになり，鏡像法からのずれが生じる．電位の大きさは，導体の体積が十分大きければ減少していくが，これを0にする方法がある．地球は無限に大きい導体と見なすことができ，大地の電位は常に0であると見なすことができるので，今考えている導体を導線で大地とつないでやれば余分な電荷は大地へ放出され，導体の電位は0となる．このように，大地と等電位にすることを**接地**するという．なお，導体の表面上の電荷は外部の正電荷に引き寄せられているので変化せず，いったん接地した後導線を切断すれば，導体の総電荷は負となり，外部の正電荷を取り去ると全体として負の電荷が残る．このような方法で導体を帯電させることができる．

5.3.3 球状導体での鏡像効果

導体球は鏡像法が有効なもう1つの例である．この場合は接地をして球の電位を0にした場合，接地をせず有限な場合の両方について解を得ることができるが，接地をした場合の方が解を得るのが容易なので，初めにこちらから考える．

図5-5に示すように，半径Rの導体球を接地し電位を0に保ち，球の外部x_0の位置

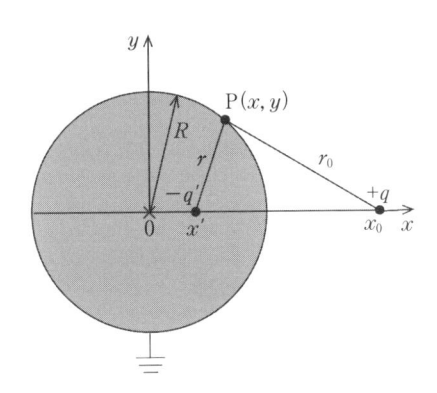

図5-5 接地をした半径Rの導体球の外部に電荷を置いたときの鏡像(接地をして導体の電位を0に保つ場合)．球の中心を座標原点としてx_0の位置に$+q$の電荷を置く．導体を取り去りx'の位置に$-q'$の電荷(鏡像電荷)を置くことにより，球の表面の電位を0にすることができる．

に正電荷 $+q$ を置く．導体を取り去ったとき，x' の位置に負電荷 $-q'$ を置くことにより表面があった位置の電位が 0 となるような x', q' が求まれば，球外部の任意の位置の電場や電位が求まる．球面上の点 P の座標を (x, y) とし，P と正電荷 q の間の距離を r_0, q' との距離を r とすると，P 点での電位は 0 でなければならないので，

$$\phi(x, y) = \frac{1}{4\pi\varepsilon_0}\left(\frac{q}{r_0} - \frac{q'}{r}\right) = 0 \tag{5-8}$$

これを直交座標系で表せば，

$$q\sqrt{(x-x')^2 + y^2} = q'\sqrt{(x-x_0)^2 + y^2} \tag{5-9}$$

となる．P 点は半径 R の球面上にあるので，x, y 断面では関係式

$$x^2 + y^2 = R^2 \tag{5-10}$$

を満たしていなければならない．ここで必要なのは，任意の x, y について (5-9) 式，(5-10) 式を同時に満たす x', q' を求めることである．これを一般的に解くのは少々面倒なので，結果として得られる解

$$x' = \frac{R^2}{x_0}, \quad q' = \frac{R}{x_0}q \tag{5-11}$$

がこれらの式を満たすこと確かめておけばよいというにとどめておく．(5-11) 式が得られれば，公式に従い，導体球外部の任意の位置での電位および電場を求めることができる．

　以上は，導体球を接地し電位を 0 に保った場合であるが，接地をせずに帯電していない導体球の外部に電荷を置いた場合について考える．この場合は前項で述べたように球全体の総電荷は 0 でなければならないので，鏡像法で求めた $-q'$ の電荷を打ち消す $+q'$ の電荷が生じるはずである．実際には導体球の後ろ側表面に + 電荷が現れるが，これと等価な点電荷を鏡像法で求める．この場合重ね合わせの原理により，導体表面の電気力線が表面に垂直でなければならないという要請から $+q'$ の点電荷は球の中心に置かねばならない．したがって，接地していない導体球から発生する電気力線は球の中心に $+q'$，中心から x' 離れた位置に $-q'$ の点電荷を置いた場合と等価である．

5.3.4　一様な電場中に置いた導体球

　一様な電場中に導体球を置くと導体表面に電荷が現れ，図 5-6 (a) に示すように電気力線が変化する．このときの導体球外部の電位および電場は鏡像法により求めることができる．図 5-6 (b) に示すように，中心を通る線上，中心から等距離で十分離れた位置に正負の電荷を置く．この 2 つの電荷がつくる電場は導体付近ではほぼ一様な電場と見なせる．この 2 つの電荷に鏡像法を適用すると前節で求めた鏡像電荷 $-q'$, $+q'$ が $\pm x'$

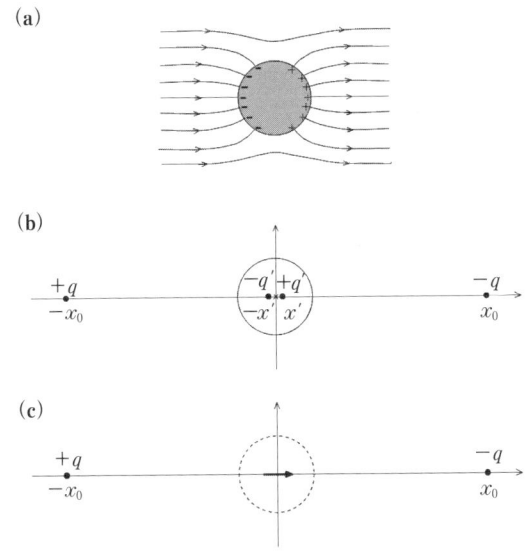

5.3 外部に点電荷を置いたときの電場分布—鏡像法—

図 5-6 一様な電場中に置いた導体球．（a）電気力線の概念図．（b）導体球から十分離れた位置に $+q$, $-q$ の電荷を置くと導体球の周辺では近似的に（a）の状態が得られ，鏡像法を適用すると，（c）導体球を電気双極子と見なすことができる．

の位置に生じる．導体は接地していないので，中心位置にも鏡像電荷 $+q'$, $-q'$ が生じるが，これらは打ち消し合い消失する．その結果，鏡像電荷は長さ $2x'$, 両端の電荷が $\pm q'$ の電気双極子と等価になる（図 5-6(c)）．(5-11)式で求めた結果を使ってこの双極子モーメントを求めると，

$$p = 2x'q' = \frac{2R^2}{x_0}\frac{R}{x_0}q = \frac{2R^3}{x_0^2}q \tag{5-12}$$

となる．一方 $+q$, $-q$ の電荷が中心付近につくる電場は

$$E = \frac{q}{2\pi\varepsilon_0 x_0^2} \tag{5-13}$$

で与えられるので

$$p = 4\pi\varepsilon_0 R^3 E \tag{5-14}$$

と，電場に比例し半径の3乗に比例する電気双極子が誘起されることがわかる．

練習問題 5-1 無限に広がる平板導体に，表面に垂直な方向に電場 E_0 をかけたとき，表面の電荷密度を求めよ．

練習問題 5-2 半径 b の無限に長い導体円筒の中心軸上に，半径 a の導線を通し，外側円筒と導線間に電圧 V をかけたとき，
（1）円筒内部表面と導線表面に生じる電荷密度を求めよ．
（2）この円筒状ケーブルの単位長さ当たの静電容量を求めよ．
（3）円筒内に比誘電率 k の絶縁体を詰めたときの単位長さ当たりの静電容量を求めよ．
（4）$a=0.5\,\mathrm{mm}$，$b=2\,\mathrm{mm}$，$k=2.5$ の同軸ケーブルの単位長さ当たりの静電容量を求めよ．

6 物質の電気的性質 III　定常電流が流れる導体

前章で，静的平衡状態にある導体の内部の電場は 0 であることを示したが，その理由は，もし電場が存在すれば導体内の電荷（実際には自由電子）が導体表面に掃き出され，電場がない状態が実現するというものであった．しかし，もし電子が一方の端からいくらでも補給され，他方に逃げ道をつくってやる，つまり定常的に電子が移動している状態では有限の電場が存在し電子の駆動力となっている．このように定常的な電子の流れを定常電流とよび，その大きさの単位は A（アンペア）で，単位時間当たりに運ばれる電荷量 C/s で定義される．正確には，1.2 節で述べたようにアンペアが基本単位で，C（クーロン）は A·s で定義される補助単位である．この章では電流が流れている状態での導体の性質を調べる．

6.1 電池の原理

導体に電子を補給する一方で，等量の電子を吸い取り，いわば電子に対する循環ポンプのような役割をはたすのが電源である．電源は大きく分けて 2 種類ある．1 つは電池で，2 種類の物質（実際には金属または半導体）の価電子の電位差を利用するもので，もう 1 つは次章以後に述べる磁場変化による誘導起電力を利用する発電機である．ここでは，電池の原理について簡単に触れておく．

6.1.1　接触電位差と熱起電力

1 章で述べたとおり，金属は，正電荷を帯びた内殻イオンの周りを価電子である伝導電子が結晶中を動き回っているというイメージで捉えてよい．内殻イオンと伝導電子の間にはクーロン力が働き，これが電子を結晶内に引きとめて全体として電気的中性を保っている．しかし，このクーロン力は物質により異なり，伝導電子が感じる静電ポテンシャル（電位）は金属の種類により異なる．より正確にいうと，伝導電子のフェルミ準位（= 化学ポテンシャル）に差がある*．化学の言葉ではイオン化エネルギーの差といってよい．したがって，図 6-1 に示すように，2 種の金属を接触させると，よりイオン化

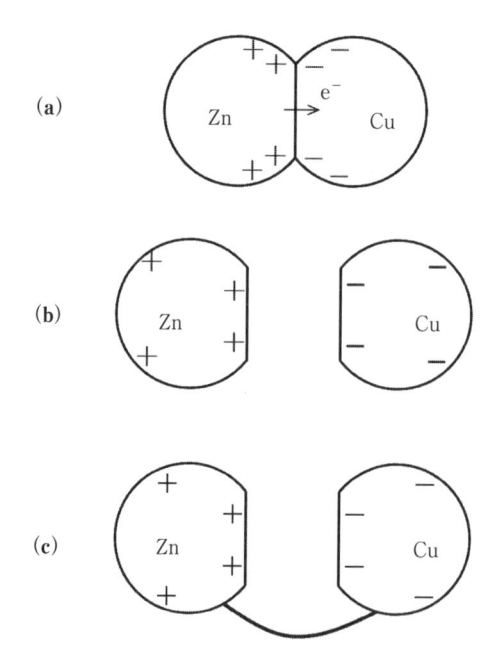

図 6-1 接触電位差の概念図．（a）イオン化傾向の異なる 2 種類の金属（例として Zn と Cu）を接触させると，よりイオン化傾向の高い金属（Zn）から低い金属（Cu）へ電子が移動する．（b）接触後両者を引き離すと，Zn は電子が不足し正に帯電し，Cu は電子過剰になり負に帯電する．すなわち，両金属の間に電位差が生じる．（c）しかし，電位差が生じている 2 種の金属を導線でつないでも，電荷分布が（a）に近い状態に戻るだけで，恒常的な電流は流れない．

傾向の強い金属から弱い金属へ電子が移動し（図 6-1(a)），その後引き離すと前者は正に，後者は負に帯電する．すなわち両金属の間に電位差が生じる．これを接触電位差とよぶが，これを利用して電源とすることはできない．なぜなら，たとえば図(c)に示すように，両金属を導線で結んでも一瞬電子移動が起こるが，その後は電荷密度分布が平衡状態に達するだけであり恒常的な電流は生じない．

単に接触させるだけでなく，**図 6-2** に示すように両端で接触させ，閉じた回路をつくるとどうなるだろうか？　この場合も接触電位差が生じるが，両端の電位差は等しく打ち消し合い，右図の等価回路でわかるように回路に電流は流れない．しかし，一方の端

---

* 志賀：参考書(6)，「材料科学者のための固体電子論入門」参照．

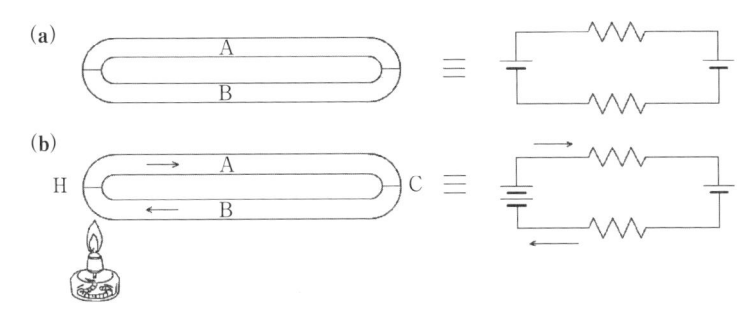

図 6-2 熱起電力の原理．右図は，接触電位差を電池に見立てた等価回路．
（a）A，B 2種類の金属の両端を接触させると，接触電位差が生じる．
しかし，左右端の接触電位差は同じなので打ち消し合い，電流は流れない．
（b）一方の端を加熱すると接触電位差は変化し，両端に電位差が生じ，回路
に定常電流が流れる．

を加熱してやると接触電位差が変化し（正確にはフェルミ準位が変化し），同じ金属の両端（図 6-2（b）の H，C 点間）に電位差が生じて定常電流が流れる．この現象はゼーベック（Zeebeck）効果とよばれ，古くから熱電対として温度測定に使われている．ただこのとき発生する電位差はきわめて小さく（mV のオーダー），電気機器に供給する電源としては使えない．

このように，定常的な電流を得るためには，電位差が生じている所に何らかの手段でエネルギーを注入（この場合は熱エネルギー）するメカニズムをつくってやる必要がある．最近では 2種の金属の代わりに，フェルミ準位に大きな差がある n 型，p 型半導体の接合を使い熱電発電の実用化が試みられている．さらに，熱エネルギーの代わりに光エネルギー（光子）を使う太陽電池が，CO_2 削減の切り札として広く使われている．

6.1.2 化学電池

2種の金属のイオン化エネルギーの差を利用する電源としては，化学電池が古くから使われている．**図 6-3** はもっとも原始的な電池であるボルタ電池の概念図である．亜鉛や銅を硫酸に浸けると水素が発生し，それ自身は正イオンになり溶けてしまうことはよく知られている．このとき，両金属を導線でつなぎ同時に硫酸に浸けると面白い反応が起きる．亜鉛は銅よりイオン化傾向が強く（イオン化エネルギーが小さい），2価の亜鉛イオンとして溶液中に溶け込む．しかしこのとき水素ガスは発生せず，余った電子はまず亜鉛極板中に溜まり亜鉛は負に帯電する．したがって銅極板との間に電位差が生じるが，導線をつなぐと電子が銅極板の方へ移動し，溶液中の水素イオンに与えられ水素ガ

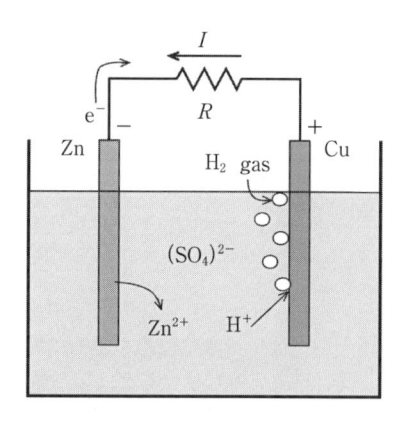

図 6-3 ボルタ電池.

スとなって放出される．この過程を化学反応式で表すと，

亜鉛極板側(負極)　　　Zn → Zn²⁺ + 2e⁻
溶液中　　　　　　　　H₂SO₄ → SO₄²⁻ + 2H⁺
　　　　　　　　　　　Zn²⁺ + SO₄²⁻ → ZnSO₄
銅板側(正極)　　　　　2H⁺ + 2e⁻ → H₂
全体で　　　　　　　　Zn + H₂SO₄ → ZnSO₄ + H₂ + エネルギー

となり，結局，亜鉛が硫酸に溶け水素を発生するときに生じる化学エネルギー(これも元をただせば原子・分子内の静電エネルギーに還元できる)を外部に電気エネルギーとして取り出すことになる．このとき発生する電位差は，主に極板として使用する金属のイオン化エネルギーの差によって決まり(この場合は亜鉛と水素の差)，1 V(ボルト)のオーダーとなり電気機器を駆動する電源となりうる．ただし，ボルタ電池は原理が簡単なので電池の原理を理解するために取り上げたが，効率がきわめて悪く実用電池としては使えない．

6.2　電気抵抗とオームの法則

6.2.1　古典ガスモデルによるオームの法則の導出

導体を電源につなぎ，両端に V の電位差を与えると，回路に電流 I が流れ，その大きさはかけた電圧に比例する．これはオームの法則として知られる関係で，通常

$$V = RI \tag{6-1}$$

で与えられる．比例定数 R をその導体の電気抵抗とよぶ．単位は V/A となるが，Ω

(オーム)という独立した単位が与えられる．抵抗を表すのに，図 **6-4** に示すようにのこぎり刃状の線を使う(最近は細長い長方形で表すように推奨されているが，本書では，実際によく使われている古い表記を使う)．

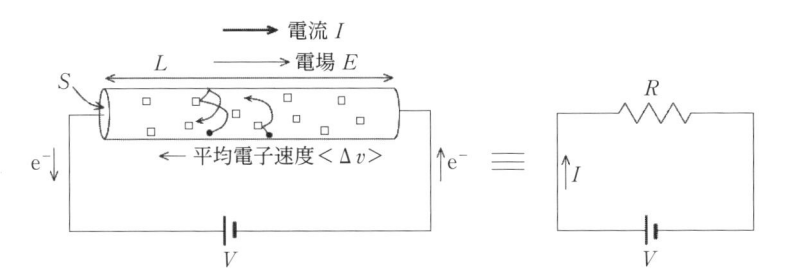

図 6-4 古典ガスモデルによる電流と電子の運動．

オームの法則が成り立つ理由と抵抗値 R を決める因子を，電子を $-e$ の電荷をもった古典的な粒子ガスとして取り扱うモデル(ドルーデのモデル)で考えてみよう．図 6-4 に，断面積 S，長さ L の細長い円筒状の導体試料に電圧 V をかけたときの状態を模式的に示す．試料が均質であれば内部の電場は $E=V/L$ で与えられる．電子が電場から受ける力は $F=-eE$ なので，電子の質量を m とすれば，運動方程式は

$$m\frac{d^2x}{dt^2}=m\frac{dv}{dt}=-eE \tag{6-2}$$

と書ける．電場をかけないときも電子はあらゆる方向に高速に走り回っているが，電場方向の速度は Δt 秒後に

$$\Delta v=-\frac{eE}{m}\Delta t \tag{6-3}$$

増加する．今，平均 τ 秒で障害物(図の □ 印)に衝突し加速された速度が失われるとすると，粒子全体の平均速度の増加は

$$\Delta v=-\frac{eE}{m}\tau \tag{6-4}$$

で与えられる．電場をかけていないとき，すなわち電流が流れていないときの平均速度は 0 なので，電流が流れているときの電子の平均速度は

$$\langle v\rangle=-\frac{eE}{m}\tau \tag{6-5}$$

で与えられる．

一方，単位体積当たり n 個の電子があるとすれば，それによって運ばれる電荷 = 電

流密度 i(導体の断面単位面積当たりの電流値)は

$$i = n(-e)\langle v \rangle = \frac{ne^2\tau E}{m} \tag{6-6}$$

で与えられ，長さ L，断面積 S の試料を考えると，電流 $I=iS$，$V=LE$ なので

$$i = \frac{I}{S} = \frac{ne^2\tau}{m}\frac{V}{L} \Rightarrow I = \frac{S}{L}\frac{ne^2\tau}{m}V = \frac{V}{R} \tag{6-7}$$

が得られる．これはオームの法則に他ならない．したがって，抵抗値 R，電気抵抗率 ρ_R(単位長さ，単位断面積当たりの抵抗値で物質定数．通常は ρ と表記するが電荷密度を ρ と表記しているので，ここでは ρ_R としておく)は

$$R = \frac{L}{S}\frac{m}{ne^2\tau}, \quad \rho_R = \frac{m}{ne^2\tau} \tag{6-8}$$

で与えられる．金属の場合，電子密度 n は価電子数によってほぼ決まり，物質によってそれほど大きく変わらないので，電気抵抗率は**平均衝突時間** τ(**緩和時間**ともいう)によって決まる．

抵抗率の逆数 $1/\rho_R$ を伝導率とよび，通常 σ で表す．これを用いると電流密度は

$$i = \sigma E \tag{6-9}$$

と書ける．なお，これまでの議論は導体試料が十分細長い(端部における電流の乱れが無視できる長さ)，いわゆる導線の場合について成り立ち，塊状の導体試料では物質が均質であっても内部の電場は一定とならず，したがって電流密度も場所によって異なるが，この場合も電流密度，電場をベクトルで表すと，微小部分では

$$\boldsymbol{i} = \sigma \boldsymbol{E} \tag{6-10}$$

が成り立つ．次に示すように，この式より塊状試料内での電流分布を求めることができる．

6.2.2　電流の大きさと電荷の移動速度

(6-6)式の中央項は，電流密度が電子の電荷密度 $n(-e)$ と平均速度 $\langle v \rangle$ の積で与えられることを示す．すなわち

$$i = \rho\langle v \rangle \tag{6-11}$$

と書ける．電子の場合，電荷密度も平均電子速度も負なので電流密度は正となるわけであるが，もともと電磁気学の体系が完成する過程においては，電流の運び手が電子であることは知られておらず，正の電荷が正の方向，つまり電流方向へ動いていると解釈しても差し支えなかった．特に次章以降で展開する電流の磁気作用を議論するとき，電流方向と電流の担い手である電荷の符号が逆なのは混乱を招き理解を妨げるので，電流の

担い手を正の電荷として扱う．ただし，この扱いが常に正しいわけでなく，後に紹介する磁場中で電流が流れているとき導体の表面に現れる電位，いわゆるホール電圧などを扱うときは，実際に電荷を担っている粒子の符号を正しく取り入れる必要があるので注意してほしい．

6.2.3 塊状の導体での電流分布

図 6-5 (a) は，両端がとがった円筒状の導体の両端に電源をつなぎ電流を流したときの電流分布を示す．定常電流が流れているときは，回路中の任意の断面 (S_1, S_2) 内を通過する電流の総量は等しいので，電流はベクトル流量と見なしてよく，電場や電束の分布をそれぞれ電気力線，電束線で表したように電流線で表してもよい．したがって，導体内の電流密度は電流線の密度で表すことができ，場所によって異なる．また，導体内で電流が湧き出すことはないので，ベクトル流量に対するガウスの法則(微分形)が電流密度についても，

$$\nabla \cdot \boldsymbol{i} = \mathrm{div}\, \boldsymbol{i} = 0 \tag{6-12}$$

と成り立つ．ところで，(6-10)式と(6-12)式は4章で求めた誘電体中での電束密度 $\boldsymbol{D}$ と電場 $\boldsymbol{E}$ の関係式 $\boldsymbol{D}=\varepsilon\boldsymbol{E}$ ((4-8)式)，および電束密度に対するガウスの法則(微分形) $\mathrm{div}\,\boldsymbol{D}=0$ と同型である．ここで電場 $\boldsymbol{E}$ は共通なので，どちらの場合も電位 ϕ はラプラスの式 $\nabla^2\phi=0$ ((3-55)式)を満たす必要がある．したがって，電流密度分布は同じ形状をした誘電体の両端に $\pm q$ の電荷を置いたときの電束分布と同じ方程式に従うといっていい．したがって適当な境界条件が求まり，ラプラス方程式の解を数値的に求めれば，$\boldsymbol{E}=-\nabla\phi$，$\boldsymbol{i}=\sigma\boldsymbol{E}$ より任意の形状の電流密度分布が求まるはずである．ただ，物理的に異なるのは，電束密度は誘電体の外部でも有限の値 ($\boldsymbol{D}=\varepsilon_0\boldsymbol{E}$) を取るのに対し，電流

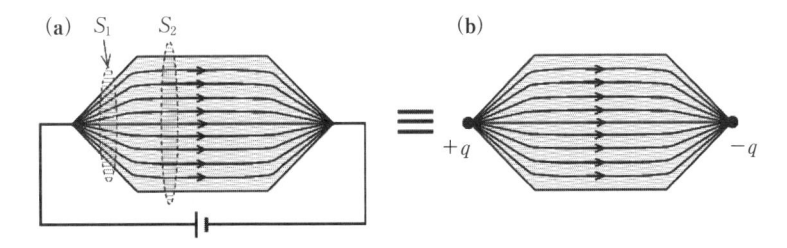

図 6-5　(a)塊状導体内の電流分布．断面 S_1, S_2 を通過する電流値は等しい．(b)同じ形状をした誘電率無限大の誘電体の両端に $+q$, $-q$ の電荷を置いたときの電束線の分布．

密度は導体の外部では完全に 0 でなければならないという違いがある．この違いを取り入れるには，対応する誘電体の誘電率を十分大きく（$\varepsilon \gg \varepsilon_0$）取り計算すればよい．実際に計算を実行するには境界条件の設定が難しく，これ以上立ち入らないで，電束密度と電流密度の類似性を指摘するにとどめておく．

6.2.4 電気抵抗の原因

前節(6-8)式で表せるように，金属導体の抵抗率は動き回る電子の平均衝突（散乱）時間によって決まる．ここでは電子が何によって散乱されるかを考察する．もし電子を単純な荷電粒子と考えるなら，当然結晶を構成する原子によっても散乱されるはずである．しかし，たとえば，きわめて高純度の銅を絶対 0 度近くまで冷やし抵抗を測ると，限りなく 0 に近い値が得られる．このことは，規則正しく配列した原子は電子を散乱しないことを意味しており，古典物理学では説明できない．これを説明するには電子の波動性を考慮した量子力学によらねばならない（たとえば，志賀：参考書(6)，「材料科学者のための固体電子論入門」p.80 参照）．ここでは，とりあえず完全な周期性のある結晶格子は電子を散乱しないことを認めたうえで議論を進める．つまり，電気抵抗の原因としては結晶の周期性を乱す要因を調べればよい．

周期性を乱す原因としてまず挙げられるのは不純物である．実際，合金，特に 2 種の金属が固溶する合金の抵抗率は大きい．この場合，抵抗率は不純物濃度にほぼ比例して増加するが温度には依存しない．もう 1 つの要因は原子の熱振動であり，たとえば導線として用いられる 99.9% くらいの純度をもつ銅の場合，室温での電気抵抗はほとんど熱振動が原因である．こちらは，温度にほぼ比例して増大し，絶対 0 度近くの値と比較すると室温で数百倍となる．この他，金属を加工することによって生じる格子の乱れなども抵抗の原因となるが，それほど大きくない．なお，半導体の場合は，電気伝導を担う電子や正孔（キャリアとよぶ）は熱励起によって生じるので，抵抗率の大きさを決める要因としてはキャリア濃度 n が支配的である．n は温度上昇とともに指数関数的に増加するので伝導率が増加し，したがって，半導体の電気抵抗は一般に温度とともに急激に減少する．

●電気の伝わる速さ

電子の平均速度は，(6-5)式と，(6-6)式から緩和時間 τ を消すことにより $\langle v \rangle = -I/neS$ と容易に求めることができる．具体的に，直径 1 mm の銅線に 1 A の電流が流れているときの $\langle v \rangle$ を求めてみよう．電子密度 n は銅原子 1 個当たり 1 個の電子が伝導にかかわるとすると，格子定数 $a = 3.6 \times 10^{-10}$ m より

$n=4/(3.6\times 10^{-10})^3=8.6\times 10^{28}/\mathrm{m}^3$ と求まり，電子の電荷は $-e=-1.6\times 10^{-19}$ C なので，$\Delta v \sim -0.05$ mm/sec ときわめて小さいことがわかる．これはもちろん電気が伝わる速さではなく，電子移動速度の平均値であり，いわば，電流値を速度の単位で表した値ととらえておいたほうがよい．なお，$\langle v \rangle$ の符号はマイナスとなり，電子の移動の方向は電流の方向と逆方向であることを意味する．これは，電流を実際に運ぶ電子の電荷の符号を負としたためである．電子の絶対速度 $\langle \sqrt{v^2} \rangle$ は量子力学でフェルミ速度として与えられる量で，銅の場合温度によらず約 1.6×10^6 m/sec とかなり高速である．これも電気の伝わる速さでなく，電気の伝わる速さは電場の変化が伝わる速さで，これはいうまでもなく光速である．音速の場合と比べてみるとわかりやすいが，いわゆる音速 (340 m/sec) は空気中を圧力変化が伝わる速さに相当し，絶対速度は空気分子の熱運動速度の平均値に相当し室温では約 500 m/sec くらいである．平均速度は空気が全体として動く速度で，いわば風速に相当する．

6.3 直流電気回路

電池と電気抵抗をつないでつくったループを一般に直流回路とよぶ．図 6-6 に一例を示すが，ループは1つとは限らず，互いにつながった複数のループでもよい．ここで問題とするのは，このようなループをつくったとき各部分に流れる電流値や電圧を求めることである．方法の原理は簡単で，(1) **電流の保存則**，(2) **電圧の加算則** (重ね合わせの原理) に基づけばよい．具体的には図 6-6 を例に取ると，(1) については，回路の分岐点 (A, B 点) に流入する電流 (I_1) と流出する電流の和 (I_2+I_3) は等しい．(2) については，回路中の1つの閉じたループ (loop 1, loop 2 など) に存在する電源の起電力の和は，

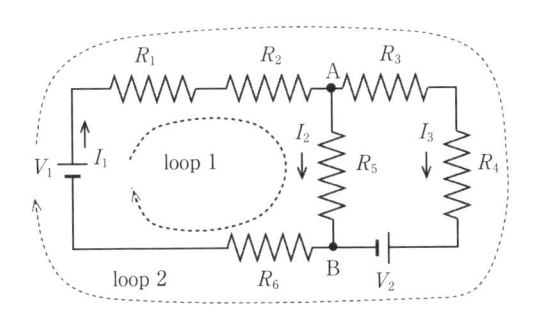

図 6-6 直流電気回路の例．

その閉回路に含まれる抵抗の両端に生じる電圧の和に等しいということであり，一般的には**キルヒホッフの第1法則，第2法則**としてまとめられる．

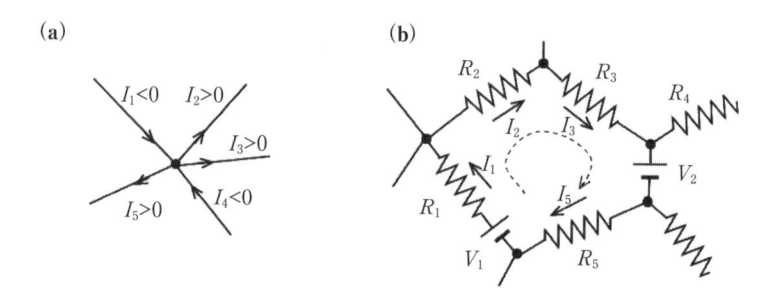

図6-7 キルヒホッフの法則の概念図．（a）第1法則（電流保存の法則）．（b）第2法則（電圧についての重ね合わせの原理）．

図6-7（a）は第1法則の概念図で，数式化すれば単純に

$$I_1+I_2+\cdots+I_N=\sum_{j=1}^{N}I_j=0 \quad \text{キルヒホッフの第1法則} \tag{6-13}$$

と表せる．ただし，分岐点から流出する電流の符号を正とし，流入する電流の符号は負とする．

図6-7（b）は第2法則を表し，

$$V_1+V_2+\cdots+V_N=R_1I_1+R_2I_2+\cdots+R_NI_N \quad \text{キルヒホッフの第2法則} \tag{6-14}$$

と書ける．このとき，各項の符号は回路に沿って時計回り方向を正とし，反時計回り方向を負とする．複雑な回路だと多くの分岐点やループが存在するが，図6-6のように，全体として閉じた回路であれば，V_n, R_n が与えられれば未知数 I_n を求めるのに必要十分な連立方程式が得られる．

キルヒホッフの法則の適用例として最も簡単な2個の抵抗を直列結合（**図6-8**（a））した場合と並列結合（図6-8（b））した場合の合成抵抗を調べる．**直列抵抗**の場合は単純に

$$V=R_1I+R_2I \Rightarrow I=\frac{V}{R_1+R_2} \tag{6-15}$$

合成抵抗は $R=V/I$ で定義できるので，

$$R=R_1+R_2 \tag{6-16}$$

となる．これは抵抗の原因を考えれば自明の結果といってよい．

並列結合の場合は，キルヒホッフの第1法則より，図6-8（b）のA点，B点で

$$I=I_1+I_2 \tag{6-17}$$

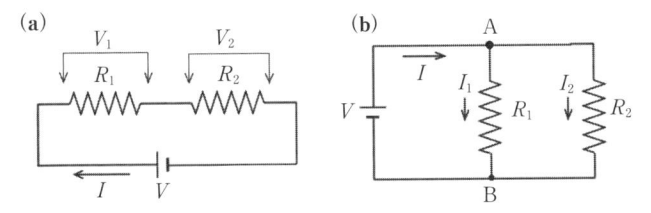

図 6-8 抵抗の直列結合（a）と並列結合（b）．

V と R_1 を含むループと，V と R_2 を含むループに対して第2法則を適用すると

$$V = R_1 I_1, \quad V = R_2 I_2 \quad \Rightarrow \quad I_1 = \frac{V}{R_1}, \quad I_2 = \frac{V}{R_2} \tag{6-18}$$

したがって，これより，よく知られた並列結合の合成抵抗値

$$R = \frac{V}{I} = \frac{V}{V/R_1 + V/R_2} = \frac{R_1 R_2}{R_1 + R_2} \tag{6-19}$$

が得られる．あるいは，逆数の和

$$\frac{1}{R} = \frac{1}{R_1} + \frac{1}{R_2} \tag{6-20}$$

で表せる．なお，この結果は，(1) V と R_1 を含むループと，(2) A→R_1→B→R_2→A というループに第2法則を適用しても得られる．すなわち，(2) のループに対し

$$R_2 I_2 - R_1 I_1 = 0 \quad \Rightarrow \quad I_2 = \frac{R_1}{R_2} I_1 = \frac{V}{R_2} \tag{6-21}$$

となり，(1) のループの式と合せると (6-18) 式と同等の式が得られる．

6.4 電流のする仕事とジュール熱

抵抗 R の両端の電圧が V で，電流 I が流れているとき，電流がする仕事を考えてみよう．抵抗の長さを L とすると内部の電場は $E = V/L$ となり電荷 Q は $F = EQ$ の力を受ける．したがって，その電荷が距離 L 移動したときの仕事量は $U = FL = EQL = VQ$ となる．電流の定義は単位時間当たりに運ばれる電荷の量なので，$I = dQ/dt$．電流が抵抗中で単位時間にする仕事率は

$$W = \frac{dU}{dt} = V \frac{dQ}{dt} = VI = RI^2 = \frac{V^2}{R} \tag{6-22}$$

で与えられる．これを**電力**と呼び，単位は J/s であるが，別に W（ワット）という名称が与えられている．これを微視的観点で見ると，電場による力が電子を加速し運動エネ

ルギーに変換され，電子が障害物に衝突し散乱されると運動量保存則により障害物(不純物など)を振動させ，最終的に熱エネルギーとして環境に放出される．この熱エネルギーを**ジュール熱**とよぶ．また，このときのエネルギーの源泉は電源が電池であれば6.1.2項で述べたように電極化学反応に伴う物質のエネルギー差である．

●電池の内部抵抗とエネルギー効率

ここで，電池の出力電圧と性能について考えてみる．**電池の起電力**は主として極板物質の化学ポテンシャルの差によって決まるが，実際にこれを電気回路の電源として使うときは，出力電圧は電池の**内部抵抗**(電解液の電気抵抗など)により本来の起電力より小さくなる．図6-9は，電池に**負荷抵抗** R をつなぎ電流を流したときの回路図である．r は内部抵抗を表し，V_0 を電池本来の起電力とすると，電池の出力端子の電圧 V はキルヒホッフの第2法則を適用することにより，

$$V_0 = rI + RI \rightarrow I = \frac{V_0}{r+R} \tag{6-23}$$

出力電圧 V は R の両端の電圧なので，オームの法則より

$$V = \frac{R}{R+r} V_0 \tag{6-24}$$

と，内部抵抗が大きいほど電圧出力は低下する．また，このとき，(6-22)式により rI^2 の電力が内部抵抗により消費されるのでエネルギー効率も悪くなる．一般に，電池を長く使用する(長時間電流を流す)と，電解液の濃度変化などにより内部抵抗が増加し出力電圧は低下する．したがって，電池の開発の指標の1つは，できるだけ内部抵抗の小さい電池をつくることである．

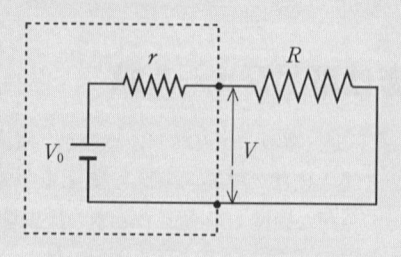

図6-9 電池の内部抵抗．

演習問題 6-1 図に示すようなブリッジ回路について，
(1) 電源から見た回路の全電流値を求めよ．
(2) R_5 を流れる電流を求めよ．
(3) R_5 を流れる電流が 0 となる条件を示せ．

演習問題 6-2 図 6-6 の回路について，$V_1 = 3.0$ V, $V_2 = 1.0$ V, $R_1 = R_2 = R_3 = R_4 = R_5 = R_6 = 10\,\Omega$ として，I_1, I_2, I_3 を求めよ．

演習問題 6-3 起電力 2 V の電池に 3 Ω の抵抗をつないだところ，電池の出力電圧は 1.8 V となった．電池の内部抵抗はいくらか．

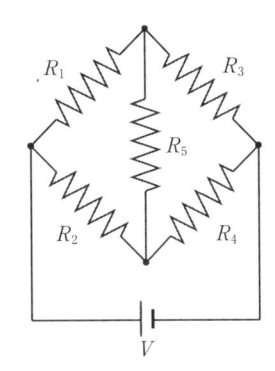

7

静 磁 場

7.1 磁場の存在と単位系

これまでは電荷と電荷がつくる電場について述べてきたが,電気現象のもう1つの側面として磁場の存在がある.現代生活を豊かにしてくれる電気製品,電気機器の大部分はむしろこの磁場の働きを利用しているといってもいいくらいである.歴史的に見ると,古代から磁鉄鉱(マグネタイト)のように,静電気とは考えられない力で互いに引きつけ合う石の存在が知られており,さらに中国では,そのような石でつくった棒に地球の南北方向に向こうとする力が働くことが知られており,方位針(コンパス)として利用されてきた.近代になって電池が発明され,定常電流が得られるようになり,その性質が調べられる過程で,電流が流れている導線の周辺に方位針を動かす力が発生していること,さらに電流が流れている2本の導線間にクーロン力とは考えられない力が働くことが発見され,電場とは別に磁場の存在が明らかになってきた.

では磁場とはいったい何だろうか? これを考える前に,電場とは何であったかを復習してみよう.この本の冒頭で論じたように,電場は電荷がその周りにつくる場であり,別の電荷がこの場中に置かれるとクーロン力を生じるというものであった.さらにさかのぼって電荷とは何かを問い詰めると,結局電子のもつ基本的性質でありこれを静電気現象の出発点とした.

磁場に対してもこれと同じ考えで,**磁荷**の存在を仮定し,これが周りにつくる場を磁場とする立場がある.この場合,磁場を H と表記する.この立場では,これまで静電気現象で論じてきた理論がほとんどそのまま通用し理解しやすく,少し古い教科書はほとんどこの立場に立っていた(現在でも磁性体関係の専門書などではこの立場を取るものが多い).単位系として MKSA 系を採用する場合,電場 E に対して磁場 H が対応するという意味で E-H 対応の MKSA 単位系とよぶ.ただし,この立場では電流がつくる磁場を説明できず,電流を磁場発生のもう1つの原因として導入する必要があり,いわば二元論的な性格をもち,理論体系として好ましくない.さらに,**単独の磁荷は巨視**

的にも微視的にも発見されていないという事実があり，現在では磁荷の存在を仮定せず電流の磁気作用から出発する立場，あるいはさらに進んで**磁場とは電荷が運動するとき，その電荷の進行方向に垂直な方向に力を与える場**として定義するのが主流となっている．この場合，磁場は電場に対する電束密度に相当する磁束密度 B として定義するので $E-B$ 対応の MKSA 単位系とよばれ，これが国際標準単位(SI 単位)として採用されている．本書でもこの定義を採用する．そうはいっても，現実に永久磁石は電流を流さなくても磁場を発生しており，磁荷の存在を仮定するほうがわかりやすい．特に，磁性材料の性質を論じるときは $E-B$ 対応系では扱いにくく，慣例に従い $E-H$ 対応系を使用する．その場合でも，諸量の対応さえ間違えなければ，$E-B$ 対応系と同じ結果が得られる．なお，さらに古い単位系として cgs 単位系があり，現在でも分野によっては使われる．たとえば，磁性関係のデーターブックなどでは cgs 単位系での値が記載されることが多い．これについては，巻末の付録 E で換算の原理と係数についての説明を加えておく．

7.2　$E-B$ 対応系での磁場の定義と電流の磁気作用

1章，1.2節で述べたように，電磁気学の基本単位である A(アンペア)の定義は，**1 m の間隔で平行に配置した導線に流れる電流間に単位長さ(1 m)当たり 2×10^{-7} N の力が働くとき，その電流の強さを 1 A とする**というものであった．このときの力は磁力に他ならず，導線に電流を流せばその周囲に磁場が発生することは初めから組み込まれていたわけである．したがって，磁場の強さの単位を電流のつくる磁場の大きさから定義してもいいわけであるが，ここでは，磁場と電荷の相互作用を記述する基本式であるローレンツ力を出発点として磁場(磁束密度 B)の定義を導く．すなわち，真空中に磁場 B が存在するとき，速度 v で運動する点電荷 q が受ける力 F(ローレンツ力)は

$$F = qv \times B \tag{7-1}$$

で与えられる．F, v, B はそれぞれベクトル量であり，いわゆるフレミングの左手の法則を与える式である．ここで，力の単位を N(ニュートン)，電荷の単位を C(クーロン)，速度は m/s とする MKSA 単位系を採用し，「**1 C の点電荷が B と垂直方向に，1 m/s で動いているとき，その点電荷に 1 N の力を与える磁場(磁束密度 B)の大きさを 1 T(テスラ)とする**」を磁場 B の定義とする．この定義から電流のつくる磁場の大きさと方向を調べてみよう．

今，図 7-1 に示すように断面積 $S \mathrm{m}^2$ の無限に長い直線導線が水平面上に r m の間隔で平行に 2 本張られており，それぞれに I A の電流が逆方向に流れているとする(ただ

7.2 E-B対応系での磁場の定義と電流の磁気作用　85

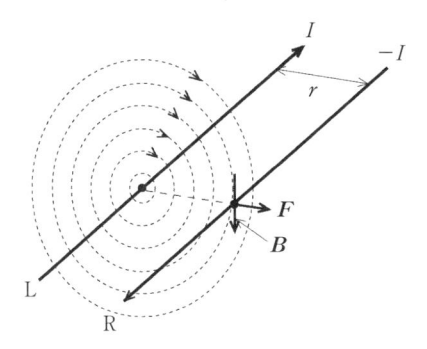

図 7-1 2本の無限に長い平行導線間の引力．導線 L, R は平面上にあり互いに逆方向の電流 $I, -I$ が流れているとする．導線 L がその周りを同心円状に取り巻く磁場 B をつくり，導線 R を流れる電荷がローレンツ力を受け導線間に反発力 F が働く．

し，導線の半径は間隔 r に対し無視できる太さとする）．

電流 I は (6-11) 式で与えられるように，$I = iS = \rho vS$ と電流を運ぶ荷電粒子の密度と速度の積で与えられる．したがって，荷電粒子の速度は $v = I/\rho S$ となる．実際の荷電粒子は電子であり，個々の電子は，6章，6.2節の網かけ部分コラム「電気の伝わる速さ」で述べたように，高速で動き回っており，電流が流れていない状態ではその平均速度は 0 で，電流が流れるとその逆方向に微小な平均速度 $-\langle v \rangle$ で移動するというものであるが，ここでは簡単のため，正の電荷が電流を担うとし，個々の荷電粒子も速度 v で電流方向に動くとして考える．これは，実際とはかけ離れたイメージであるが，もともと，電磁気学は電子の存在や，そのふるまいについてよくわかっていなかった時代に発展したものであり，ほとんどの現象は微視的なイメージに関係なく成り立つと考えてよい．

さて，荷電粒子の電荷を $+q$ とすると電荷密度が ρ なので，粒子密度は $n = \rho/q$ で与えられる．今，左側の導線 L が磁場 B をつくり，右側の導線 R がその磁場を感じ，力 F を受けるとすると，力の方向は 2 本の線が互いに反発する方向なので，図に示すように導線に垂直で水平面上にある．ローレンツの式 (7-1) と比較すると，導線 R 内の電荷が感じる磁場の方向は下向きである．この磁場は導線 L がつくるものなので，直線 L を回転中心とする回転対称性があるはずである．つまり，L が発生する磁束線は図に点線で示すように直線 L を中心とする同心円上に回転する．電流の大きさの定義と比較するため，$I = 1$ A, $r = 1$ m としたときの導線 1 m 当たりの F の大きさをローレンツ

の式から求めてみよう．導線 R の位置での磁場(磁束密度)の大きさを B とすると，1個の点電荷 q の受ける力は(7-1)式より $f=qvB$ となり，1 m の導線内には $N=nS$ 個の粒子が存在するので，1 m 当たりの力は $F=Nf=nSqvB$ となる．一方，電流は $I=\rho vS=qnvS$ で与えられるので，F は単純に $F=IB$ と電流と磁束密度の積で与えられる．電流値の定義より，導線 L，R 双方に $I=1$ A の電流が流れているときは，$F=2\times 10^{-7}$ N でなければならないので，$B=2\times 10^{-7}$ T となる．

以上，かなり回りくどい議論であったが，要約すると，無限に長い直線導線に 1 A の電流が流れているとき，1 m 離れた位置に 2×10^{-7} T の磁場(磁束密度)が生じていることになる．

次に，その磁場の大きさが電流の大きさ，導線からの距離によってどう変化するかを考えよう．重ね合わせの原理により発生する磁場は電流値に比例すると考えてよい．距離依存性についてはどうだろうか．当然，導線から離れるほど磁場は弱くなるだろう．しかし，その関数形は実験的に定めるしかない．

7.3　アンペールの法則

直線電流がその周りにつくる磁場の大きさは，電流に比例し導線からの距離に反比例することは実験的に容易に確かめられる．アンペール(Ampère)(1775〜1836)は，その関係を次式に示すように，中心を流れる電流 I A は半径 r m の円周に沿って発生する磁場の大きさと円周長の積に等しいとして表現した．

$$2\pi r\times H=I \quad\Rightarrow\quad H=\frac{I}{2\pi r} \tag{7-2}$$

この関係式をここでは「反比例則」とよぶことにする．この式に基づき，1 A の電流が $r=1$ m の位置につくる磁場の強さを $1/(2\pi)$ A/m とするよう磁場 H の単位が定められた．この単位は，後に示す E-H 対応の単位系では磁場の単位として使われている．以下では，磁場の強さを単に磁場 H と表記し，E-B 対応系の磁場 B (磁束密度)と区別する．先に定めた，ローレンツ力((7-1)式)から定めた磁場 B の単位ではこの値が $B=2\times 10^{-7}$ T であったので，1 A/m の磁場 H の強さは $4\pi\times 10^{-7}$ T の磁束密度 B に相当する．すなわち，磁場 B (磁束密度)と磁場 H の関係は

$$B=4\pi\times 10^{-7}H=\mu_0 H \tag{7-3}$$

となる．ここで，$\mu_0=4\pi\times 10^{-7}=1.2567\times 10^{-6}$ を真空の透磁率とよぶ．単位は T・m/A となるが，SI 単位系では通常電磁誘導の単位 H(ヘンリー)を使って H/m と表す．

アンペールは電流が周りにつくる磁場について，直線電流のみならず，任意の形状を

した電流を取り巻く任意の閉曲線に対し，以下の積分式が成り立つことをいくつかの巧みな実験を元に導出した．

$$\oint_{閉曲線} \boldsymbol{H} \cdot d\boldsymbol{s} = I \tag{7-4}$$

すなわち，「閉曲線の接線方向の長さ素片 $d\boldsymbol{s}$ の磁場方向成分にその場所における磁場の強さを掛け閉曲線に沿って積分すると，その値は閉曲線内を通過する任意の形状の電流の大きさに等しい」という関係式が成り立つことを示した．これを積分表示でのアンペールの法則という．

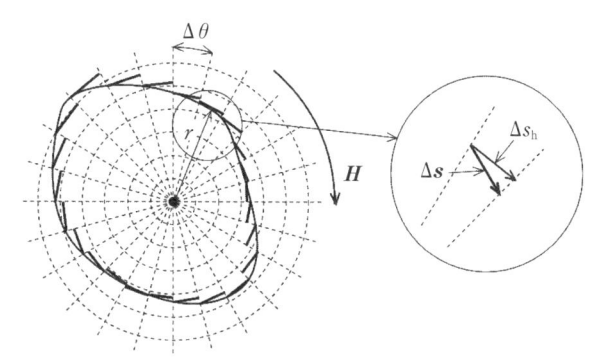

図 7-2 アンペールの法則の説明．$\Delta \boldsymbol{s}$ は閉曲線のベクトル素片．Δs_h は $\Delta \boldsymbol{s}$ の磁場方向成分．

特殊な場合として，直線電流については以下のように反比例則と関連づけ説明できる．図 7-2 に示すように，導線と垂直な面上にある閉曲線を等角度 $\Delta \theta$ に分割し，その角度変化に相当する曲線の素片を $d\boldsymbol{s}$ とすると，磁場方向成分は $\Delta s_\mathrm{h} = r\Delta\theta$ であり，その位置での磁場の強さは反比例則により $H = I/(2\pi r)$ で与えられるのでその微小部分の積分への寄与は $(I/2\pi)\Delta\theta$ となり，(7-4)式は

$$\oint_{閉曲線} \boldsymbol{H} \cdot d\boldsymbol{s} = \frac{I}{2\pi}\oint \frac{ds_\mathrm{h}}{r} = \frac{I}{2\pi}\oint d\theta = I \tag{7-5}$$

と直線電流を取り囲む閉曲線に対するアンペールの法則が導出できる．なお，直線に平行な磁場成分も 0 なので，閉曲線は直線に垂直な面上にある必要はなく任意の形状の閉曲線に対して(7-5)式は成り立つ．しかし，任意の形状の電流については反比例則だけでは説明できず，他の実験事実と合せ説明する必要があるが，導出法はかなり複雑で，詳しくは参考書(例えば，高橋：参考書(3)，p.184)にまかせ，ここではこれ以上立ち入らないことにする．

磁場 H の代わりに磁束密度 B で表せば当然

$$\oint_{\text{閉曲線}} \boldsymbol{B} \cdot d\boldsymbol{s} = \mu_0 \oint_{\text{閉曲線}} \boldsymbol{H} \cdot d\boldsymbol{s} = \mu_0 I \tag{7-6}$$

が得られる．閉曲線内部に複数の直線電流が流れている場合は重ね合わせの原理により

$$\oint_{\text{閉曲線}} \boldsymbol{B} \cdot d\boldsymbol{s} = \mu_0 \sum_i I_i \tag{7-7}$$

となり，さらに閉曲線内に電流密度 i で連続的に流れている場合は，

$$\oint_{\text{閉曲線}} \boldsymbol{B} \cdot d\boldsymbol{s} = \mu_0 \iint_{\text{平曲面内}} \boldsymbol{i} \cdot \boldsymbol{n} \, dS \tag{7-8}$$

と書ける．右辺の積分範囲は閉曲線が囲む導体内の閉曲面であり，n はその閉曲面内の面積素片 dS の垂線方向を表す単位ベクトルで，$\boldsymbol{i} \cdot \boldsymbol{n} \, dS$ はその面積素片を通過する電流値である．

7.4 微分形式のアンペールの法則とストークスの定理

　ガウスの法則を微小部分に当てはめて微分形式のガウスの法則，すなわち，マクスウェルの第 1 方程式 $\operatorname{div} \boldsymbol{E} = \rho/\varepsilon_0$ を導いたのにならって，微小領域にアンペールの法則を適用し微分形式のアンペールの法則を導き出す．

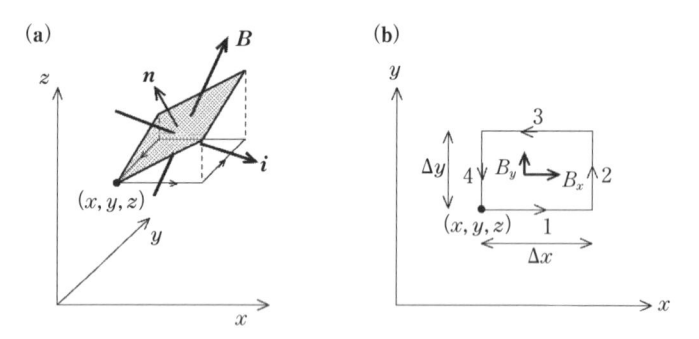

図 7-3　微小領域にアンペールの法則を適用する．（a）磁場 B が存在する空間の微小面素片．i は面素片を貫く電流密度ベクトル．n は面素片の方向を表す単位ベクトル．（b）左の面素片を x-y 平面に投影した微小区画．外辺 1 →2→3→4 に沿って(7-8)式の左辺の積分を計算する．

　図 7-3 に示すように，磁場 B，電流密度 i が存在する空間に微小な面素片を置き，その縁を径路 1→2→3→4 に沿って一周する長方形に対しアンペールの式(7-8)の左辺

を実行する．簡単のため，まずこの面素片を x-y 平面へ射影した長方形に沿って積分 (足し合わせ) をする．

$$\oint_{x,y} \boldsymbol{B} \cdot d\boldsymbol{s} = B_x(1)\Delta x + B_y(2)\Delta y - B_x(3)\Delta x - B_y(4)\Delta y$$
$$= [B_x(1) - B_x(3)]\Delta x + [B_y(2) - B_y(4)]\Delta y \tag{7-9}$$

ここで，$B_{x,y}(i)$ は径路 i (1, 2, 3, 4) での磁場の x, y 成分を表し，各径路内での変化分は高次の微小量となるので無視する．そうすると，

$$B_x(3) = B_x(1) + \frac{\partial B_x}{\partial y}\Delta y, \quad B_y(2) = B_y(4) + \frac{\partial B_y}{\partial x}\Delta x \tag{7-10}$$

と近似でき，(7-9) 式は

$$(7\text{-}9) = \left(\frac{\partial B_y}{\partial x} - \frac{\partial B_x}{\partial y}\right)\Delta x \Delta y \tag{7-11}$$

となる．x-y 面を貫く電流は面積素片を貫く電流の z 成分であり，$I_z = i_z \Delta x \Delta y$ なので，アンペールの法則を適用すると，

$$\left(\frac{\partial B_y}{\partial x} - \frac{\partial B_x}{\partial y}\right)\Delta x \Delta y = \mu_0 i_z \Delta x \Delta y \quad \Rightarrow \quad \left(\frac{\partial B_y}{\partial x} - \frac{\partial B_x}{\partial y}\right) = \mu_0 i_z \tag{7-12}$$

と書ける．この関係式は y-z, z-x 投影面についても同様に成り立ち，$\hat{\mathbf{x}}$, $\hat{\mathbf{y}}$, $\hat{\mathbf{z}}$ をそれぞれ，x, y, z 座標の基底ベクトルとしてベクトル表示すると，

$$\left(\frac{\partial B_z}{\partial y} - \frac{\partial B_y}{\partial z}\right)\hat{\mathbf{x}} + \left(\frac{\partial B_x}{\partial z} - \frac{\partial B_z}{\partial x}\right)\hat{\mathbf{y}} + \left(\frac{\partial B_y}{\partial x} - \frac{\partial B_x}{\partial y}\right)\hat{\mathbf{z}} = \mu_0 (i_x\hat{\mathbf{x}} + i_y\hat{\mathbf{y}} + i_z\hat{\mathbf{z}}) \tag{7-13}$$

また，ベクトル演算子

$$\nabla = \hat{\mathbf{x}}\frac{\partial}{\partial x} + \hat{\mathbf{y}}\frac{\partial}{\partial y} + \hat{\mathbf{z}}\frac{\partial}{\partial z} \tag{7-14}$$

を使うと，

$$\nabla \times \boldsymbol{B} = \mathrm{rot}\, \boldsymbol{B} = \begin{vmatrix} \hat{\mathbf{x}} & \hat{\mathbf{y}} & \hat{\mathbf{z}} \\ \dfrac{\partial}{\partial x} & \dfrac{\partial}{\partial y} & \dfrac{\partial}{\partial z} \\ B_x & B_y & B_z \end{vmatrix} = \mu_0 \boldsymbol{i} \tag{7-15}$$

と書ける．これが微分表示でのアンペールの法則であり，磁束が時間変動しない場合のマクスウェルの第 4 方程式に他ならない．この式を物理的に解釈すると，電流方向を中心軸としてその周りの回転方向への磁場 $\boldsymbol{B}$ の大きさが電流値に比例すると解釈してもいいだろう．その意味で演算子 $\nabla \times$ を**回転**(**rotation** または **curl**) 演算子とよぶ．

微分形でのアンペールの式 (7-15) の電流密度 $\boldsymbol{i}$ を (7-8) 式に代入すると，

$$\oint_{\text{閉曲線}} \boldsymbol{B} \cdot d\boldsymbol{s} = \iint_{\text{平曲面内}} (\nabla \times \boldsymbol{B}) \cdot \boldsymbol{n}\, dS \tag{7-16}$$

いう等式が得られるが，これは磁束密度に限らず一般のベクトル場を囲む線積分を面積分に変換する数学公式であるストークス(Stokes)の定理と同等の関係式である．

7.5 ビオ-サバールの法則

アンペールの法則(7-6)，(7-7)，(7-8)式は導線の周りに生じる磁場の積分値を与えるものであったが，電流が存在するとき，任意の位置 r における磁場を求めるには適さない．その根拠はしばらくおくとして，ビオとサバールは，電流 I が流れる導線の微小部分 ds が r の位置につくる磁束密度は以下の式で与えられることを示した．

$$d\boldsymbol{B} = \frac{\mu_0}{4\pi}\frac{I}{r^2}d\boldsymbol{s}\times\frac{\boldsymbol{r}}{|\boldsymbol{r}|} = \frac{\mu_0}{4\pi}\frac{Id\boldsymbol{s}\times\boldsymbol{r}}{|\boldsymbol{r}|^3} \tag{7-17}$$

ここで，ds は図 7-4 に示す導線上の微小素片で，r は Q 点から見た P 点の位置ベクトルである．したがって，P 点での磁場 $\boldsymbol{B}$ は導線に沿って ds について積分することにより，

$$\boldsymbol{B} = \frac{\mu_0 I}{4\pi}\int_{導線上}\frac{d\boldsymbol{s}\times\boldsymbol{r}}{|\boldsymbol{r}|^3} = \frac{\mu_0 I}{4\pi}\int_{導線上}\frac{d\boldsymbol{s}\times(\boldsymbol{R}-\boldsymbol{s})}{|\boldsymbol{R}-\boldsymbol{s}|^3} \tag{7-18}$$

と求まる．

まず初めにこの式から，無限に長い直線の場合の解が，アンペールの反比例則 $B = \mu_0 I/(2\pi r)$ と一致することを調べてみよう．図 7-4(b) に示すように電流 I が z 軸に沿って流れており，線上の電流素片 dz が観測点 P に及ぼす磁場 dB を積分し P での

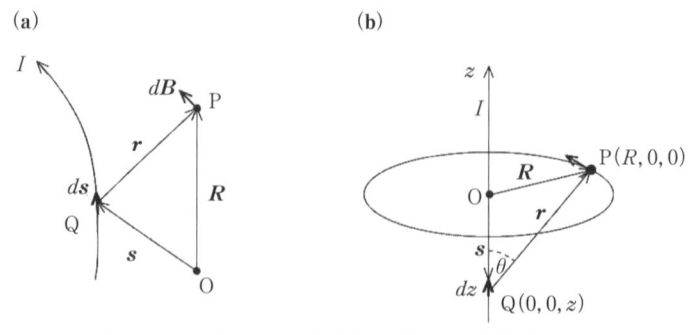

図 7-4 ビオ-サバールの法則．(a) 電流 I が流れる導線上の素片 ds が，座標 r の位置につくる磁場 dB を与える式．(b) 直線電流の場合．電流は z 軸上を上向きに流れており，座標の原点を O とし，観測点 P は x, y 面にあるとする．

磁場を求める．ここで，観測点 P は x 軸上にあるとする．$d\bm{s}=d\bm{z}$ と $\bm{r}$ の外積は

$$d\bm{z}\times\bm{r}=|\bm{r}|\sin\theta dz=\sqrt{R^2+z^2}\frac{R}{\sqrt{R^2+z^2}}dz=Rdz \tag{7-19}$$

なので，

$$B=\frac{\mu_0 IR}{4\pi}\int_{-\infty}^{+\infty}\frac{dz}{(R^2+z^2)^{3/2}}=\frac{\mu_0 I}{4\pi R}\left|\frac{z}{(R^2+z^2)^{1/2}}\right|_{-\infty}^{+\infty}=\frac{\mu_0 I}{2\pi R} \tag{7-20}$$

と反比例則(7-2)式と一致する．

　さて，このようにして導いた計算式を，3章，3.3.2項で導いた無限に長い直線電荷のつくる電場を計算したときの式(3-17)式と比較してみよう．このときは電場の z 方向成分はキャンセルするので直線と垂直方向の電場の大きさ E を直線からの距離 R の関数としてスカラー量で書き直すと

$$E(R)=\frac{\rho R}{4\pi\varepsilon_0}\int_{-\infty}^{+\infty}\frac{dz}{(R^2+z^2)^{3/2}}=\frac{\rho}{2\pi\varepsilon_0 R} \tag{7-21}$$

と表せ，これは比例定数を除いて(7-20)式と一致する．電場の計算では $1/r^2$ に比例するクーロン力を線に沿って積分することにより得られたが，ビオ-サバールの式も，ベクトルの方向は90度異なるが，$Id\bm{s}$ に相当する電流素片がつくる磁場が $1/r^2$ に比例する距離依存性をもって P 点につくる磁場を積分したものと解釈できる．ただ，この説明はベクトル方向については何も語らないので，より厳密な証明は次節で導入するベクトルポテンシャルを媒介として導く必要がある．

7.6　ベクトルポテンシャル

　2章，3章で，空間中に電荷が分布しているとき，それらがつくる電位を求め，それを微分することにより，任意の位置での電場が求まることを学んだが磁場の場合はどうだろうか？　電場の場合，電位は空間の位置だけで決まるスカラー関数であったが，磁場の場合は，磁荷の存在を認めない E-B 対応系では磁場の発生原因をベクトル量である電荷の運動に求めているのでスカラーポテンシャルの勾配だけでは決まらない．そこで，その空間微分(回転微分 rot)が磁場を与えるようなベクトルポテンシャルを定義する．このとき，そのポテンシャルが満たすべき条件として，磁場 $\bm{B}$ は電場と同じベクトル流であり，かつ磁荷が存在しないということから，電場についてのガウスの法則の微分形(3-52)式に対応して

$$\nabla\cdot\bm{B}=\mathrm{div}\,\bm{B}=0 \tag{7-22}$$

でなければならない．このような条件を満たすベクトルとして次式で与えられるベクト

ルポテンシャル $A(x, y, z)$ が定義される．

$$B = \nabla \times A = \text{rot}\, A \tag{7-23}$$

行列式を用いて座標成分ごとに具体的に書き下すと，

$$B = B_x \hat{x} + B_y \hat{y} + B_z \hat{z} = \begin{vmatrix} \hat{x} & \hat{y} & \hat{z} \\ \dfrac{\partial}{\partial x} & \dfrac{\partial}{\partial y} & \dfrac{\partial}{\partial z} \\ A_x & A_y & A_z \end{vmatrix} \tag{7-24}$$

となる．このように定義されたベクトルポテンシャルが(7-22)式を満足することは，以下のようにベクトルの各成分について展開すると容易に証明できる．

$$\nabla \cdot B = \nabla \cdot (\nabla \times A) = \left(\frac{\partial}{\partial x}\hat{x} + \frac{\partial}{\partial y}\hat{y} + \frac{\partial}{\partial z}\hat{z} \right) \cdot \begin{vmatrix} \hat{x} & \hat{y} & \hat{z} \\ \dfrac{\partial}{\partial x} & \dfrac{\partial}{\partial y} & \dfrac{\partial}{\partial z} \\ A_x & A_y & A_z \end{vmatrix}$$

$$= \frac{\partial}{\partial x}\left(\frac{\partial A_z}{\partial y} - \frac{\partial A_y}{\partial z} \right) + \frac{\partial}{\partial y}\left(\frac{\partial A_x}{\partial z} - \frac{\partial A_z}{\partial x} \right) + \frac{\partial}{\partial z}\left(\frac{\partial A_y}{\partial x} - \frac{\partial A_x}{\partial y} \right) = 0 \tag{7-25}$$

ただこのとき，同じ B を与えるベクトルポテンシャルは一義的には決まらない．なぜなら，A に任意のスカラー関数 $\phi(x, y, z)$ の発散 $\nabla\phi$ を加えても

$$\nabla \times \nabla\phi = \begin{vmatrix} \hat{x} & \hat{y} & \hat{z} \\ \dfrac{\partial}{\partial x} & \dfrac{\partial}{\partial y} & \dfrac{\partial}{\partial z} \\ \dfrac{\partial \phi}{\partial x} & \dfrac{\partial \phi}{\partial y} & \dfrac{\partial \phi}{\partial z} \end{vmatrix}$$

$$= \left(\frac{\partial^2 \phi}{\partial y \partial z} - \frac{\partial^2 \phi}{\partial z \partial y} \right)\hat{x} + \left(\frac{\partial^2 \phi}{\partial x \partial z} - \frac{\partial^2 \phi}{\partial z \partial x} \right)\hat{y} + \left(\frac{\partial^2 \phi}{\partial x \partial y} - \frac{\partial^2 \phi}{\partial y \partial x} \right)\hat{z} = 0 \tag{7-26}$$

なので，$A' = A + \nabla\phi$ は同じ B を与えるからである．これは，静電ポテンシャル（電位）に任意の定数を加えても，$\phi' = \phi + c$ は $E = \nabla(\phi + c) = \nabla\phi$ より同じ電場を与えるのと同等である．このようにベクトルポテンシャルには任意性があるので，具体的に計算するためには何かの規則を決めておく必要がある．静電ポテンシャルの場合は無限遠，あるいは接地電位を 0 としたわけだが，ベクトルポテンシャルの場合は通常 $\nabla \cdot A = 0$ となるように定める．また，$\nabla\phi$ 項によるベクトルポテンシャルの違いをゲージの違いとよび，古典論の範囲では任意に選んでもよいが，電磁気学を電子の運動を記述する量子力学に適用する際は波動関数の位相に影響を与え重要な役割を担う．

このように，ベクトルポテンシャルの概念は抽象的でわかりにくく初学者が頭を悩ますところであるが，具体的な例を取り説明しよう．初めに z 方向に一様な磁場 B が存在する場合を考えよう．

(7-24)式より $\boldsymbol{B}$ の各成分は

$$B_x = \frac{\partial A_z}{\partial y} - \frac{\partial A_y}{\partial z} = 0$$
$$B_y = \frac{\partial A_x}{\partial z} - \frac{\partial A_z}{\partial x} = 0 \qquad (7\text{-}27)$$
$$B_z = \frac{\partial A_y}{\partial x} - \frac{\partial A_x}{\partial y} = B_0$$

となり，この式を満足する最も簡単な解として，$(A_x = -yB_0, A_y = 0, A_z = 0)$ および $(A_x = 0, A_y = xB_0, A_z = 0)$ が存在し，これらの1次結合 $\boldsymbol{A} = -\alpha y B_0 \hat{\mathbf{x}} + (1-\alpha) x B_0 \hat{\mathbf{y}}$ もまた解となっている．いずれの場合も条件式 $\nabla \cdot \boldsymbol{A} = 0$ も満たしており，一様な磁場の場合は解は一義的には決まらないので，この場合は通常対称性がよい

$$\boldsymbol{A} = -\frac{1}{2} y \boldsymbol{B}_0 \hat{\mathbf{x}} + \frac{1}{2} x B_0 \hat{\mathbf{y}} \qquad (7\text{-}28)$$

を採用する．

　次に電流がつくる磁場に対するベクトルポテンシャルを求めよう．出発点はすでに学んだ微分形式のアンペールの式 $\nabla \times \boldsymbol{B} = \mu_0 \boldsymbol{i}$（(7-15)式）である．ここで，ベクトル $\boldsymbol{i}$ は座標 (x, y, z) 位置での電流密度である．$\boldsymbol{B} = \nabla \times \boldsymbol{A}$ なので，

$$\nabla \times (\nabla \times \boldsymbol{A}) = \mu_0 \boldsymbol{i} \qquad (7\text{-}29)$$

さらに，ベクトル微分の公式 $\nabla \times (\nabla \times \boldsymbol{X}) = \nabla(\nabla \cdot \boldsymbol{X}) - \nabla^2 \boldsymbol{X}$（付録A参照）を適用して(7-29)式を変形すると

$$\nabla \times (\nabla \times \boldsymbol{A}) = \nabla(\nabla \cdot \boldsymbol{A}) - \nabla^2 \boldsymbol{A} = \mu_0 \boldsymbol{i} \qquad (7\text{-}30)$$

となり，さらにベクトルポテンシャルの約束で $\nabla \cdot \boldsymbol{A} = 0$ と決めたので，

$$\nabla^2 \boldsymbol{A} = -\mu_0 \boldsymbol{i} \qquad (7\text{-}31)$$

と簡単な式となる．この式は，電位（静電ポテンシャル）と電荷密度の関係式(3-54)と同型である．ただ，基本的に異なるところは，電位の場合はポテンシャル ϕ も電荷密度もスカラー量であったのに対し，この場合はどちらもベクトル量であることである．この式を x, y, z 成分に分解すると，数学公式 $(\nabla^2 \boldsymbol{X})_x = \left(\frac{\partial^2}{\partial x^2} + \frac{\partial^2}{\partial y^2} + \frac{\partial^2}{\partial z^2}\right) X_x = \nabla^2 X_x$ より，

$$\nabla^2 A_x = -\mu_0 i_x, \quad \nabla^2 A_y = -\mu_0 i_y, \quad \nabla^2 A_z = -\mu_0 i_z \qquad (7\text{-}32)$$

なので，原理的には，x, y, z 成分についてそれぞれポアソンの方程式(3-54)を解けばよいことになる．実際には，(7-32)式が定数を除いて電荷と電位の関係式(3-54)と等しいことに注目し，電荷分布が与えられたとき任意の位置での静電ポテンシャルを計算する式(3-7)と同様の計算を各成分について行えばよい．

ベクトルポテンシャルの概念を用い，ビオ-サバールの法則を導くため，**図7-5**に示すような太い導線に電流が流れているとき，任意の点Pでのベクトルポテンシャルを求めてみよう．

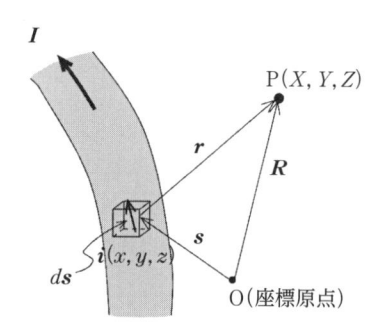

図7-5 電流Iが流れている導体中で，電流密度iの微小部分がP点につくるベクトルポテンシャルを求める．

導体内の位置(x, y, z)にある体積素片を流れる電流の密度を$i(x, y, z)$とすると，点Pにつくるベクトルポテンシャルのx方向成分は，スカラーポテンシャルとの対応関係に留意すると，(3-7)式と同様に，

$$A_x(X, Y, Z) = \frac{\mu_0}{4\pi} \iiint_{導体内} \frac{i_x(x, y, z)}{r} dxdydz$$

$$= \frac{\mu_0}{4\pi} \iiint_{導体内} \frac{i_x(x, y, z) dxdydz}{\sqrt{(X-x)^2 + (Y-y)^2 + (Z-z)^2}} \quad (7\text{-}33)$$

y方向，z方向成分も合せてベクトルで書けば

$$A(X, Y, Z) = \frac{\mu_0}{4\pi} \iiint_{導体内} \frac{i(x, y, z)}{|R-s|} dxdydz \quad (7\text{-}34)$$

で与えられる．導体が太さが無視できる細い導線で電流Iが流れているときは，導線の径路に沿った線積分，

$$A(X, Y, Z) = \frac{\mu_0 I}{4\pi} \int \frac{ds}{|R-s|} \quad (7\text{-}35)$$

を求めればよい．

ベクトルポテンシャルAが求まれば，$B = \nabla \times A$より磁場Bが求まり，電流密度分布が与えられれば，任意の位置での磁場を計算することができる．細線を流れる電流に対する(7-35)式について適用すると，ビオ-サバールの式(7-18)が導ける（砂川：参考書（2），p.143参照）．

7.7 いろいろな形状の電流がつくる磁場

これまでに，電流がつくる磁場の分布を計算するためのいろいろな方法を学んできた．初めにアンペールの法則，次にビオ-サバールの法則，そして最後にベクトルポテンシャルから求める方法を紹介してきたが，それぞれ一長一短があり与えられた問題について最適な方法を選ぶ必要がある．アンペールの法則は，静電場のガウスの法則のように，対称性のよいきわめて限られた場合しか使えない．ビオ-サバールの法則はより一般的で，細い導線を流れる電流がつくる磁場分布を計算するのに便利だが，これも解析的に解が求まる例は限られている．最後のベクトルポテンシャルはどのような形状の電流分布にも適用できるが概念がつかみにくく敬遠されがちである．ただ，任意の形状の電流がつくる磁場を求めるには，解析的な方法が使えず数値計算により求めなければならないが，この場合，静電気の場合のポアソン方程式を解くのと同じで，有限要素法などすでに計算物理の分野で確立した手法が使えるので実際的であるといえる．ただし，永久磁石のつくる磁場など強磁性体がからむ場合は，最後の章で述べる磁荷の存在を仮定する E-H 対応の電磁気学の方がずっと扱いやすく有効である．以下に，簡単な例についてもっとも適した方法を使って電流がつくる磁場を計算する．

7.7.1 無限に長い直線

これはすでに何度も取り上げているが，いわばアンペールの法則の原型のようなもので(7-2)式で与えられる．磁束密度で表すと，

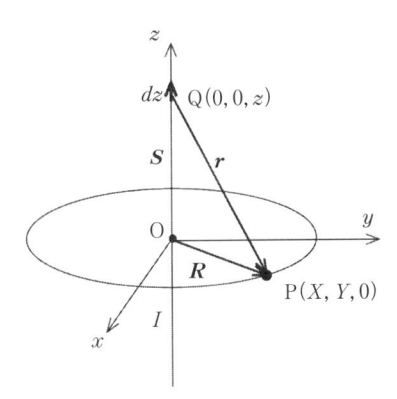

図 7-6 z 軸に沿って流れる電流が，x, y 面上の点 $P(X, Y, 0)$ につくるベクトルポテンシャルを求める．

$$B = \mu_0 \frac{I}{2\pi R} \tag{7-36}$$

となる．ここで，R は電流からの距離で磁場の方向は電流方向を中心軸とした円周上で右ネジ方向である．

ビオ-サバールの法則からも計算できるが，これについても 7.5 節で述べた通り，より煩雑な計算を実行する必要があるがもちろん結果は同じである．

ベクトルポテンシャルを求めるには，**図 7-6** に示す配置について，(7-35)式を実行すればよい．すなわち

$$\boldsymbol{A} = \frac{\mu_0 I}{4\pi} \int \frac{d\boldsymbol{s}}{|\boldsymbol{R}-\boldsymbol{s}|} = \left(\frac{\mu_0 I}{4\pi} \int_{-\infty}^{+\infty} \frac{dz}{|\boldsymbol{r}|} \right) \hat{\boldsymbol{z}} = \left(\frac{\mu_0 I}{4\pi} \int_{-\infty}^{+\infty} \frac{dz}{\sqrt{X^2+Y^2+z^2}} \right) \hat{\boldsymbol{z}} \tag{7-37}$$

から求まる．ただし，計算は簡単そうに見えるが結構面倒なので，結果だけ示しておく（詳しい計算法は，砂川：参考書（2），p.143 参照）．電流方向を z 軸に取り，$R=\sqrt{X^2+Y^2}$ とすると，

$$A_x = A_y = 0, \quad A_z = -\frac{\mu_0 I}{2\pi} \ln R \tag{7-38}$$

となり，磁場 $\boldsymbol{B}$ の各成分は

$$B_x = -\frac{\mu_0 I}{2\pi} \frac{\partial}{\partial Y} \ln \sqrt{X^2+Y^2} = -\frac{\mu_0 I}{2\pi} \frac{Y}{R^2}$$

$$B_y = \frac{\mu_0 I}{2\pi} \frac{\partial}{\partial X} \ln \sqrt{X^2+Y^2} = \frac{\mu_0 I}{2\pi} \frac{X}{R^2}$$

$$B_z = 0 \tag{7-39}$$

したがって，$|\boldsymbol{B}| = \sqrt{B_x^2 + B_y^2} = \mu_0 I/2\pi R$ となり，当然アンペールの法則から求めた値（(7-36)式）と一致する．

7.7.2 ソレノイドコイル

ソレノイドコイルとは**図 7-7** に示すように導線を円筒状に巻いたものである．ここではソレノイドコイルがつくる磁場を求める．初めに，簡単のため長さは無限大で，巻線（リング）の間隔は十分狭く，したがってリングのつくる円盤は長さ方向に垂直な平面上にあるとする．この場合考えられる対称性は円筒の中心軸の周りの回転対称と軸方向への並進対称がある．磁場は，電流方向と垂直方向に発生するので，対称性より軸方向に向いているはずである．したがって，図 7-7(b)のような長方形の閉曲線に対してアンペールの法則を適用する場合，軸に垂直な方向の磁場成分は 0 としてよい．コイルは単位長さ当たり n 回巻かれており，電流 I が流れているとしてアンペールの法則(7-6)式を適用すると，

7.7 いろいろな形状の電流がつくる磁場

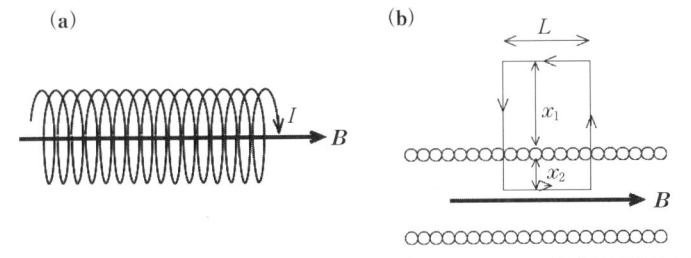

図 7-7 ソレノイドコイル．（a）概念図．（b）アンペールの法則を適用するための径路．

$$\oint \boldsymbol{B} \cdot d\boldsymbol{s} = B_{\text{in}} L - B_{\text{out}} L = \mu_0 n L I \tag{7-40}$$

ここで，B_{in} はソレノイド内部の磁場，B_{out} は外部の磁場とする．ソレノイド外部の垂直方向の径路長 x_1 を十分大きくとると，$B_{\text{out}} = 0$ としてよいので，内部の磁場は

$$B_{\text{in}} = \mu_0 n I \tag{7-41}$$

と容易に求まる．このとき，磁場の強さは x_2 に依存しないので，ソレノイド内部の磁場は，中心軸からの距離に依存せず一定である．また，外部の磁場も x_1 に依存せず(7-40)式は内部の磁場の項だけで満たされるので，B_{out} は常に 0 である．すなわち，**無限に長いソレノイドコイルは，内部に一様な磁場 $B = \mu_0 n I$ をつくり外部には磁場は存在しない．**

ビオ–サバールの法則ではどう計算すればよいか？　これは，次節に示すリング状の電流がつくる磁場に重ね合わせの原理を適用することにより中心軸上の磁場が求まるが，かなり煩雑な計算となりメリットはない．

ベクトルポテンシャルはどうか？　原理的には(7-35)式を適用すればよいわけだが，かなり面倒な積分計算が必要になる．そこで，逆に磁場からベクトルポテンシャルを求めてみよう．内部の磁場は(7-41)式で与えられる一様磁場なので，中心軸を z 軸とすると(7-28)式より，$\nabla \cdot \boldsymbol{A} = 0$ のゲージでは，

$$\boldsymbol{A} = -\frac{1}{2} y B_{\text{in}} \hat{\boldsymbol{x}} + \frac{1}{2} x B_{\text{in}} \hat{\boldsymbol{y}} \tag{7-42}$$

で表せる．コイルの外部ではどうだろうか？　$\boldsymbol{B} = 0$ なので当然 $\boldsymbol{A}$ も 0 だと思いがちだが，そうではない．こちらも，原理的には(7-35)式を適用すればいいわけだが，計算の実行は難しく，ソレノイドコイルを導体の円筒と見なし，その表面を円周方向に単位長

さ当たり表面電流密度 $i_0=nI$ の電流が流れていると見なすことにより計算が簡単化される．この場合，表面電流の x, y 成分は $i_x=-i_0\sin\phi$, $i_y=i_0\cos\phi$, $i_z=0$ で与えられる．そうすると，ベクトルポテンシャルの各成分を与える式(7-34)の電流密度 i_x, i_y を表面電流密度に置き換え，(7-32)式に立ち返ると，A_x, A_y が満たすべき式は静電ポテンシャルについてのポアソン方程式(3-54)と同型となる．したがって，比例定数を除いて，A_x については円筒表面に $\sigma_x=-\sigma_0\sin\phi$, A_y については $\sigma_y=-\sigma_0\cos\phi$ と分布する電荷が外部に与える静電ポテンシャルの計算と同様に比較的容易に求まる．とはいっても，計算の実行は面倒で，結果を示すと(ファインマン他：参考書(1), p.178)，

$$A_x=-C\frac{y}{r^2}, \quad A_y=C\frac{x}{r^2}, \quad A_z=0 \tag{7-43}$$

となり，コイルの外部でも距離の2乗に反比例して減衰するベクトルポテンシャルが存在することがわかる．もちろん，この場合も外部での磁場は $\boldsymbol{B}=\nabla\times\boldsymbol{A}$ を計算することにより0となることは容易に確かめられる．ところで，どうせ磁場が0になるのにベクトルポテンシャルにどのよう物理的な意味があるのかという疑問が生じるであろう．確かに古典電磁気学の範囲では $\boldsymbol{B}$ のみを考えておけばよいわけだが，量子力学に電磁気学を当てはめるとき波動関数の位相に影響を与え，アハラノフ-ボーム効果として知られる奇妙な干渉現象の原因となり実験的にも確かめられている．また，量子効果が巨視的に現れる超伝導体において，超伝導電流は $\boldsymbol{J}=K\boldsymbol{A}$ とベクトルポテンシャルによって駆動されることが知られている．

7.7.3 有限長ソレノイドコイル

以上は，無限に長いソレノイドを仮定していたが実際には有限長である．その場合図7-8(a)に示すように，両端から磁束線がもれ，外部でループをつくり閉曲線をつくる．このような場合の磁場を，これまで学んできた電流がつくる磁場として求めるのはかな

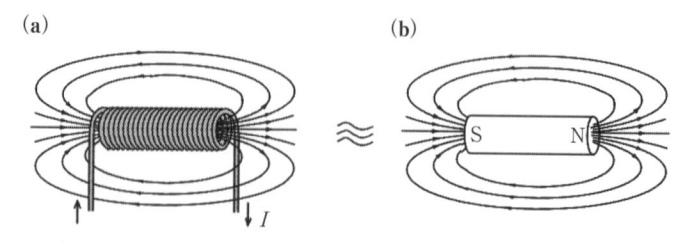

図7-8 有限長のソレノイドコイルがつくる磁束線は同型の永久磁石がつくる磁束線にほぼ等しい．

り難しい問題である．ところが，後に述べるように，磁荷の存在を認める $E\text{-}H$ 対応の電磁気学を適用すると，ソレノイドコイルが発生する磁束線は図 7-8（b）に示すように，同型の永久磁石がつくる磁場とほぼ等価である．$E\text{-}H$ 対応系では磁場を電場と同じよう扱え，N極に存在する正磁荷 $+q_\mathrm{m}$ から湧き出した磁力線がS極に存在する $-q_\mathrm{m}$ の負磁荷に吸い込まれると見なしてよく，その分布は電気双極子がつくる電場を与える (3-11) 式と同様に容易に計算できる (12 章，演習問題 12.1 参照)．

7.7.4 円 電 流

この場合アンペールの法則は任意の位置での磁場を求めるには役立たない．ビオ-サバールの法則によるかベクトルポテンシャルから求める方法によらねばならない．ただし，上に示した有限長のソレノイドコイルの場合と同様，微小な円電流は微小な磁気双極子と等価であることが証明されており，後に述べるように $E\text{-}H$ 対応の電磁気学の手法でも計算できる．

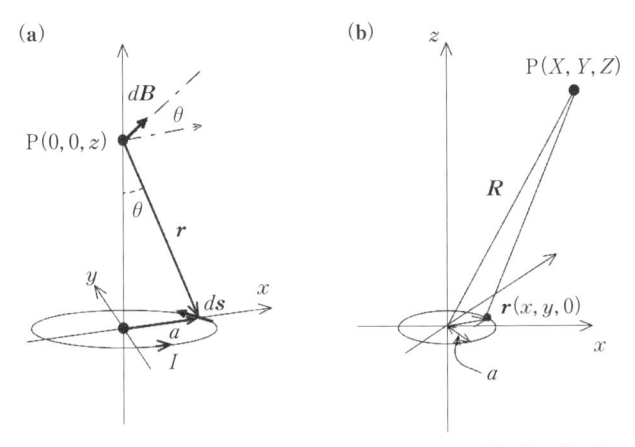

図 7-9　円電流がつくる磁場．(a) 中心軸上の磁場，(b) 任意の位置での計算．

初めにビオ-サバールの法則により見積もってみよう．この場合も任意の位置での磁場を求めるのは面倒で中心軸上での磁場を求める．図 7-9（a）に示すように，z 軸を中心に $x\text{-}y$ 面内を回っている半径 a の円電流の素片が z 軸上のP点につくる磁場はビオ-サバールの法則により

$$d\boldsymbol{B} = \frac{\mu_0}{4\pi}\frac{1}{r^2}d\boldsymbol{s}\times\frac{\boldsymbol{r}}{|\boldsymbol{r}|} \tag{7-44}$$

で与えられる．ここで，ベクトル $d\boldsymbol{B}$ の方向は $d\boldsymbol{s}$ と $\boldsymbol{r}$ に垂直方向である．したがって，$d\boldsymbol{s}$ を円環に沿って積分すると，x-y 面内成分はキャンセルして 0 となり，z 方向成分のみ値をもつ．その結果，

$$B_x = B_y = 0$$

$$B_z = \frac{\mu_0 I}{4\pi} \frac{\sin\theta}{a^2+z^2} \oint ds = \frac{\mu_0 I}{4\pi} \frac{a}{(a^2+z^2)^{3/2}} 2\pi a = \mu_0 I \frac{a^2}{2(a^2+z^2)^{3/2}} \quad (7\text{-}45)$$

が得られる．

次に，図 7-9（b）に示すように，原点から R 離れた任意の位置 $P(X, Y, Z)$ における磁場をベクトルポテンシャルから求めてみよう．この場合も計算はかなり煩雑となるが，円の半径 a が R より十分小さい微小円環電流について近似計算をする．これは，後に示すように，微小円電流がつくる磁場は微小磁気双極子モーメントがつくる磁場に等しいことを証明する根拠となる重要な結果なので少し詳しく調べる．

P 点のベクトルポテンシャルは(7-35)式から求まり，この場合に適用すると

$$\boldsymbol{A}(X, Y, Z) = \frac{\mu_0 I}{4\pi} \oint \frac{d\boldsymbol{s}}{|\boldsymbol{R}-\boldsymbol{r}|} \quad (7\text{-}46)$$

積分は円環に沿って行う．微小円環の場合，少し離れた位置では $r \ll R$ なので

$$\frac{1}{|\boldsymbol{R}-\boldsymbol{r}|} = (R^2 + r^2 - 2\boldsymbol{R}\cdot\boldsymbol{r})^{-1/2} = \frac{1}{R}\left(1 + \frac{\boldsymbol{R}\cdot\boldsymbol{r}}{R^2} + \cdots\right) \quad (7\text{-}47)$$

と近似できる．これを(7-46)式に代入すると，

$$\boldsymbol{A}(\boldsymbol{R}) = \frac{\mu_0 I}{4\pi}\left(\frac{1}{R}\oint d\boldsymbol{s} + \frac{1}{R^3}\oint(\boldsymbol{R}\cdot\boldsymbol{r})d\boldsymbol{s}\right) \quad (7\text{-}48)$$

ここで，積分径路は x-y 面内にあることに留意し，直交座標で表すと $d\boldsymbol{s} = dx\hat{\boldsymbol{x}} + dy\hat{\boldsymbol{y}}$，$(\boldsymbol{R}\cdot\boldsymbol{r}) = Xx + Yy$ なので，各積分は，

$$\oint d\boldsymbol{s} = \left(\oint dx\right)\hat{\boldsymbol{x}} + \left(\oint dy\right)\hat{\boldsymbol{y}},$$

$$\oint(\boldsymbol{R}\cdot\boldsymbol{r})d\boldsymbol{s} = \oint(Xx+Yy)d\boldsymbol{s} = \left(X\oint xdx + Y\oint ydx\right)\hat{\boldsymbol{x}} + \left(X\oint xdy + Y\oint ydy\right)\hat{\boldsymbol{y}} \quad (7\text{-}49)$$

となり，さらに x-y 面上での極座標に変換すると，$x = a\cos\phi$，$dx = -a\sin\phi d\phi$，$y = r\sin\phi$，$dy = r\cos\phi d\phi$ より，

$$\oint dx = -a\int_0^{2\pi}\sin\phi d\phi = 0, \quad \oint dy = a\int_0^{2\pi}\cos\phi d\phi = 0 \quad (7\text{-}50\text{a})$$

$$\oint xdx = -a^2\int_0^{2\pi}\cos\phi\sin\phi d\phi = -\frac{a^2}{2}\int_0^{2\pi}\sin 2\phi d\phi = 0 \quad (7\text{-}50\text{b})$$

$$\oint ydy = a^2\int_0^{2\pi}\sin\phi\cos\phi d\phi = \frac{a^2}{2}\int_0^{2\pi}\sin 2\phi d\phi = 0 \quad (7\text{-}50\text{c})$$

7.7 いろいろな形状の電流がつくる磁場

$$\oint x dy = a^2 \int_0^{2\pi} \cos^2\phi d\phi = \frac{a^2}{2}\int_0^{2\pi}(1+\cos 2\phi) = \pi a^2 = S \tag{7-50d}$$

$$\oint y dx = -a^2 \int_0^{2\pi} \sin^2\phi d\phi = -\frac{a^2}{2}\int_0^{2\pi}(1-\cos 2\phi) = -\pi a^2 = -S \tag{7-50e}$$

ここで，S は円環の面積である．これらの式を(7-48)式に代入することにより，

$$\boldsymbol{A}(\boldsymbol{R}) = \frac{\mu_0 I}{4\pi}\frac{1}{R^3}\oint(\boldsymbol{R}\cdot\boldsymbol{r})d\boldsymbol{s} = \frac{\mu_0 I}{4\pi}\frac{-Y\hat{\mathbf{x}}+X\hat{\mathbf{y}}}{(X^2+Y^2+Z^2)^{3/2}}S \tag{7-51}$$

と，P点のベクトルポテンシャルが求まる．したがって磁束密度 $\boldsymbol{B}$ は

$$\boldsymbol{B} = \nabla\times\boldsymbol{A} = \frac{\mu_0 IS}{4\pi}\begin{vmatrix} \hat{\mathbf{x}} & \hat{\mathbf{y}} & \hat{\mathbf{z}} \\ \dfrac{\partial}{\partial X} & \dfrac{\partial}{\partial Y} & \dfrac{\partial}{\partial Z} \\ \dfrac{-Y}{(X^2+Y^2+Z^2)^{3/2}} & \dfrac{X}{(X^2+Y^2+Z^2)^{3/2}} & 0 \end{vmatrix}$$

$$= \frac{\mu_0 IS}{4\pi}\left[\frac{3XZ}{R^5}\hat{\mathbf{x}} + \frac{3YZ}{R^5}\hat{\mathbf{y}} + \frac{3Z^2-2(X^2+Y^2+Z^2)}{R^5}\hat{\mathbf{z}}\right]$$

$$= \frac{\mu_0 IS}{4\pi}\left[-\frac{1}{R^3}\hat{\mathbf{z}} + \frac{3Z\boldsymbol{R}}{R^5}\right] \tag{7-52}$$

と求まる．

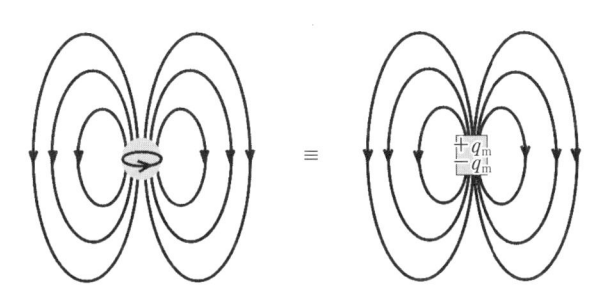

図 7-10 微小円電流のつくる磁束線と磁気双極子がつくる磁場．少し離れた位置では両者は一致する．すなわち微小円電流と微小磁気双極子モーメントは等価である．

ところで，この結果を，3章で求めた電気双極子がつくる電場の式(3-13)と比較してみよう．比例定数を除いて同じ式であることに気づくであろう．このことは，**図 7-10** に示すように，**小さな円電流がつくる磁場 B は短い棒の両端に正負の磁荷を配した磁気双極子がつくる磁場と等価である**ことを意味し，その磁気双極子の大きさは円電流の面積と電流の積に相当することがわかる．したがって，磁荷に適当な単位を与えてやれ

ば複雑なベクトルポテンシャルを求めるまでもなく，静電場を求めたのと同じ方法で容易に磁場の分布を求めることができる．具体的な方法は，12章，12.1.3項で改めて説明する．

●動く座標系から見た電磁場―電磁気学から相対性理論へ―

　この章の冒頭部7.2節で磁場の定義を論じたとき，電気と磁気を結ぶ基本式としてローレンツの式 $F = qv \times B$ を用いた．このとき，磁場 B は導線Lを流れる電流 I がつくる磁場で，v はその磁場を感じながら導線R内を移動する荷電粒子の速度とした．ところで，古典物理学においては，速度は本来観測者に対する速度であり，観測者が一定速度で動いているかぎり，運動方程式はそのまま適用できるというものであった．磁場の定義に用いた2本の導線間に働く力も，暗黙の了解として，2本の導線と観測者は共に静止しており v は荷電粒子の絶対速度と考えていた．ここで，観測者が導線R内の荷電粒子と同じ速度 v で動いている座標系にあるとしよう．そうすると，荷電粒子の相対速度は0となり，ローレンツ力は発生せず，観測者は磁場が存在しないと判断することになる．あるいは，すでに見積もったように荷電粒子の平均速度は意外と低速で，観測者が少し動いただけで感じる磁場が大きく変動してしまうことになる．これは，実際と合わずどこかに考え違いがあるはずである．実はアインシュタインが特殊相対性理論を導き出したのも，この矛盾点を追求した結果だといわれており，少し詳しく考察してみよう．

　いま，現実に即し自由に動く荷電粒子は電子であるとする．ただし，個々の電子でなく，その速度が電子の平均速度と見なしてよい程度の一定の領域を取り，これを負電荷をもった1個の荷電粒子と考えておく．また，図7-1とは逆に電流は両方の導線に同じ方向に流れているものとする．したがって，導線間には引力が働くことになる．そうすると，観測者のいる導線Rにおいては，導線に固定した+イオンからなる結晶格子が電流方向に動くことになり，導線Rには電流 I が流れていると観測される．次に，この観測者から導線Lをながめると，電子は静止して見え，やはり電流は導線Lの+イオン格子が担っていると観測される．ところが，観測者の相対速度は0なので，ローレンツ力は働かず，やはり磁場は観測されない．もちろん，導体内の電荷は+−等量なので電荷は打ち消しクーロン力も働かない．では，導線間に実際に働く力は何なのか？　実はこれに答えるためには，特殊相対性理論で重要な役目を果たすローレンツ収縮を考慮する必要がある．すなわち，導線R内の観測者から見ると，導線Lの正電荷は相対速度 v で動いているわけなので，+電荷を帯びた結晶格子はわずかに縮んで見え，したがって正電荷の電荷密度が静止した電子の電荷密度より大きくなり，導線Lはわずかに正電荷を帯びること

になる．この正電荷がつくる電場が観測者が乗っている電子の負電荷に働き，導線間に引力が生じる．すなわち，電子とともに動く観測者は，導線Lから磁場でなく電場を感じることになる．いいかえれば，ローレンツの式に電場による力も加えた一般式

$$F = q(v \times B + E) \tag{7-53}$$

は常に成り立ち，力の成分が磁場によるものか電場によるものかは，観測者の立つ座標系に依存することになるが，その大きさは常に一定となる．このように考えると，電場や磁場は本来同一の起源をもち，多くの共通点があるのも当然のこととして理解でき，また場の本質が一種の時空間の歪に由来するという考えも理解しやすくなる．なお，定量的な解析などさらに詳しい議論は，たとえば参考書(ファインマン他：参考書(1)，電磁気学)を見てほしい．

なお，古典電磁気学の範囲ではここまでは立ち入らず，観測者はつねに大地と共にあるか，あるいは，導線などの電気を伝える枠組の速度を0とする座標系にあると考えておけばよく，日常的な力学現象を取り扱うにはニュートン力学で十分正確な解が得られるのと同様，電磁気現象を記述するにも相対性理論を取り入れない古典電磁気学でもまず問題は生じない．

演習問題 7-1 半径 a の無限に長い円柱状の導線に電流 I が一様に流れているとき，中心軸からの距離を r とし，
(1) 導線の外部 ($r > a$) での磁場 $B(r)$ を求めよ．
(2) 導線の内部 ($r < a$) での磁場 $B(r)$ を求めよ．

演習問題 7-2 間隔 l で張られている無限に長い平行導線に電流 I が互いに反対方向に流れている．
(1) 導線を最短距離で結ぶ線上，片方の導線から x 離れた位置の磁場を求めよ．
(2) 導線を結ぶ線の中点から，その線，および導線に垂直な方向に z 離れた位置での磁場 B を求めよ．なお，導線の半径は十分に小さいものとする．

演習問題 7-3 外半径 a，内半径 b の無限に長い導体管の中心に半径 c の導線が張られている．内外の導線には電流 I が一様に互いに反対方向に流れている．中心軸から r 離れた位置での磁場を求めよ．

演習問題 7-4 無限に長いソレノイドコイル外部のベクトルポテンシャルは

$$A_x = -C \frac{y}{r^2}, \quad A_y = C \frac{x}{r^2}, \quad A_z = 0 \tag{7-43}$$

で与えられる．これより，外部の磁場が0であることを確かめよ．

8 電磁誘導

電流が磁場をつくるなら，逆に磁場が電流の発生をもたらすことが考えられる．実際にこのような現象が生じることを発見したのはファラデー(1791〜1867)である．ファラデーが最初に見つけたのは2つのコイルを用意し，1つのコイルに電流を流すともう1つの閉じたコイルに電流が誘起されるという現象であった．ただ，このとき2つ目のコイルに電流が流れるのは1つ目のコイルに電流を流し始めたときのみで，電流値が一定(定常電流)になると磁場は存在するはずなのに，2つ目のコイルの電流は流れなくなることも見いだした．すなわち，磁場による電流(起電力)の発生は磁場そのものでなく磁場の時間変化によるものであることがわかった．この現象を電磁誘導とよぶ．この章では，歴史的経過には沿わないが，すでに前章で紹介した電気現象と磁気現象を結びつける基本式であったローレンツの式 $\boldsymbol{F}=q\boldsymbol{v}\times\boldsymbol{B}$ ((7-1)式)から出発し，電磁誘導について考える．

8.1 磁場中を動く導線による起電力とファラデーの電磁誘導則

図8-1に示すように，z方向にかかる静磁場B中で，x-y面上にU字形の導線を配置し，その上をなめらかに滑る導線を置いたモデルを考える．可動片をx方向へ速度vで動かすと，内部の電子も速度vで動くので$-e$の電荷をもった電子はy方向にローレンツ力$F=evB$を受ける．電子から見るとこれは$-vB$の電場を受けたと見なすことができる．平行線間の間隔をlとすると，電位差はElなので，接触点間の電位差すなわち誘導起電力は$V=vBl$となる．したがって，閉回路の電気抵抗をRとすると，上から見て時計回り方向に$I=V/R$の電流が流れる．この誘導起電力の原因を導線がつくる閉回路中を貫く磁束の時間変化によると見なすと，総磁束Φは$\Phi=lxB$なので，その時間微分は

$$\frac{d\Phi}{dt}=l\frac{dx}{dt}B=lvB=V \tag{8-1}$$

8章 電磁誘導

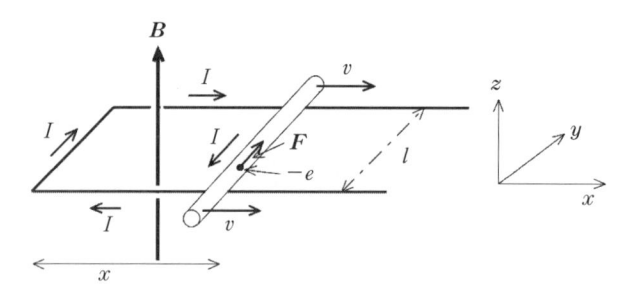

図 8-1 静磁場中に置いたU字形平行導線上を滑る導線による起電力．可動導線中の電子はx方向に速度vで動きローレンツ力Fを受け，閉じた回路に電流が流れる．

と先に求めたモデルの起電力に等しくなる．誘導起電力の符号は磁束の方向に対して右ネジ方向，すなわちこのモデルでは下から見て時計回り方向と定義するので負となる．物理的には「閉じた回路を貫く磁束線が変化するとき，その変化を妨げる方向に起電力が生じる」ということで，これを**レンツの法則**という．このモデルでは，可動線が右に動くと総磁束数が増えるので，下から見て反時計回りの電流が流れる方向に起電力が生じる．これを数式化すると，誘導起電力は

$$V = -\frac{d\Phi}{dt} \tag{8-2}$$

で与えられる．ここで，Φは閉回路を貫く総磁束量で，一様な磁場の場合は磁束密度をB，閉回路の面積をSとすれば$\Phi = BS$となる．この式は，ファラデーが実験的に求めた誘導起電力の式と一致する．しかし，上記のモデルによる考察で一般的な誘導起電力についてのファラデーの法則を証明したわけではないことに注意する必要がある．

図 8-2 に，閉じた回路（リング）中を貫く総磁束数が変化する3つのケースを示す．(a)はソレノイドコイルで磁場をつくりその電流を変化させる場合で，ソレノイドコイルもリングも静止したままである．(b)は磁場を発生する永久磁石（これと同等な一定電流が流れるソレノイドコイルであってもよい）とリングの位置を相対的に変化させる場合，(b′)は磁石の方をリングに近づける場合で，(b″)はリングを磁石に近づける場合である．いずれの場合もリングに磁束変化を妨げる方向に誘導起電力が生じる．これらの中で，最初にあげたモデルのように，閉じた回路中の電子が動くことで生じるローレンツ力による説明が可能なのは(b″)のみである．ただ，(b′)も相対的な位置変化は(b″)と同じなので，同じ大きさの起電力が生じることは容易に理解できる．しかし，(a) → (a′)の変化は磁束数が変化するのみで速度vに相当する成分はなく，ローレンツ力では

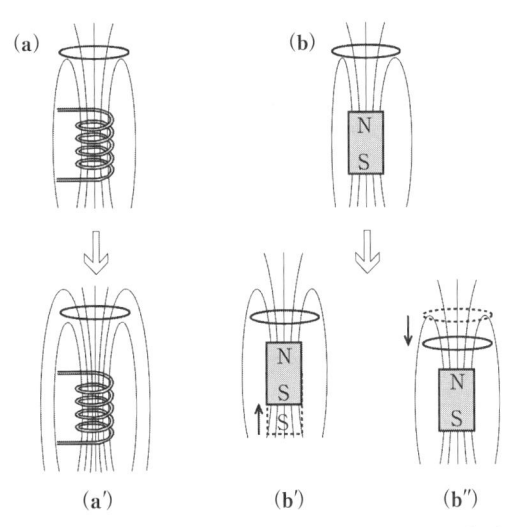

図 8-2 閉回路を貫く磁束線の数が変化する3つのケース．(a)→(a′)ソレノイドコイルの電流が変化する場合．磁束線の密度のみが変化する．(b)永久磁石と閉回路の距離を変化させる場合．(b′)磁石を動かす．(b″)閉回路を動かす．磁束線の数だけでなく分布形状も変化する．

説明できない．この場合も**レンツの法則**を適用すると，リングに誘導起電力が生じることは予想される．しかし，(a)，(b)のケースで総磁束数の変化量は同じであっても，(a)→(a′)の場合磁束線の分布の形状は変化せずその密度のみが変化するのに対し，(b)→(b′)，(b)→(b″)の場合は形状も変化するのでその大きさが(b)の場合と同じである必然性はない．ファラデーは実験を重ねることにより，これらのケースにおいても，**発生する誘導起電力は閉回路を貫く総磁束量の変化率のみに比例**することを明らかにした．これを数式化したものが(8-2)式の誘導則であり，ローレンツ力により説明できるケースも含む一般的な法則である．

8.2 任意の形状のループでの電磁誘導則

ここで，ファラデーの法則を表す(8-2)式をもう少し一般化しておこう．今，磁束が時間的に変動している空間においては $E(r,t)$ の電場が発生しているとする．任意の閉回路 C を1周したときの起電力はその電場の回路に沿った成分の径路積分に等しいので，(8-2)式は

8章 電磁誘導

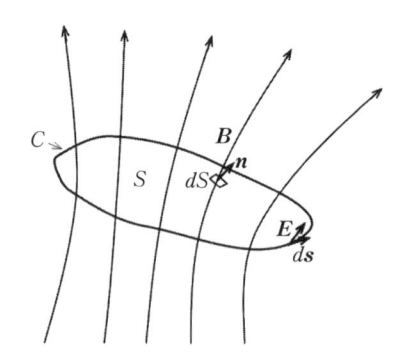

図 8-3 任意の閉じた曲線 (C) 内を貫通する磁束. ds は曲線に沿った径路素片. E はその位置に働く電場. dS は曲線で囲まれた任意の曲面 (S) の面積素片. n はその方向ベクトル.

$$V = \oint_C E \cdot ds = -\frac{d\Phi}{dt} \tag{8-3}$$

で表せる．一方，回路を貫通する磁束の大きさは閉曲線を縁とする任意の曲面 S を考え，磁束が貫通する位置での面積素片を dS，その方向の単位ベクトルを n とすると，

$$\Phi = \iint_S B \cdot n \, dS \tag{8-4}$$

で与えられる．したがって，ファラデーの法則は

$$\oint_C E \cdot ds = -\iint_S \frac{dB}{dt} \cdot n \, dS \tag{8-5}$$

と書ける（**図 8-3**）．この式は，7章7.3節で求めたアンペールの法則（(7-8)式）と同等の関係式で，(8-5)式における E は (7-8)式の B に，dB/dt が $\mu_0 i$ に相当する．したがって，この場合，アンペールの法則の微分形に対応し，(7-15)式を導いたのと同様の方法で，ファラデーの法則の微分形

$$\nabla \times E = -\frac{dB}{dt} \tag{8-6}$$

が導ける．この式は，時間的に変動する磁場があるとき，導線の有無にかかわらず，その位置に(8-6)式で表せる方向および大きさをもった電場が発生していることを意味している．また，磁場 B をベクトルポテンシャルで表すと，(8-6)式は

$$\nabla \times E = -\frac{\partial}{\partial t}(\nabla \times A) = -\nabla \times \frac{\partial A}{\partial t} \tag{8-7}$$

と書け，静電場と変動磁場が共存する空間では，電位を ϕ とすると，電場は

$$E = -\nabla \phi - \frac{\partial A}{\partial t} \tag{8-8}$$

で与えられる．

8.3 発電機

図 8-4 に示すように大きさ B の一様な磁場中でリング状の導線(回転子)を回すと起電力が生じ，外部に取り付けた抵抗を含めた閉回路に電流が流れる．これが交流発電機の原理である．ここで，リングは長方形とし半径方向の長さを a，両端片の長さを b として，回転軸は磁場と垂直方向にあるとする．ある瞬間，半径方向が垂直軸から θ 傾いているとき(図 8-4(b))，リングを貫通する総磁束は $\varPhi = ab\cos\theta$ であり，リングが角振動数 ω で回転していると $\theta = \omega t$ なので，回路に生じる起電力は，

$$V(t) = -\frac{d\varPhi}{dt} = -abB\frac{d}{dt}\cos\omega t = abB\omega\sin\omega t \tag{8-9}$$

で与えられる．

このように，その符号が時間とともに変化する電圧を交流電圧といい，またそれによって回路に流れる電流を交流電流とよぶ．外部に付けた負荷抵抗を含めた閉回路の電気抵抗値を R とすると回路を流れる電流は $I(t) = V(t)/R$ なので，単位時間に電流のなす仕事率は (6-22) 式より

$$W(t) = V(t)I(t) = \frac{V^2(t)}{R} = \frac{(abB\omega)^2}{R}\sin^2\omega t \tag{8-10}$$

となる．リングが 1 周する間になす仕事は，回転周期を τ とすると，

$$W_1 = \int_0^\tau W(t)dt = \frac{(abB\omega)^2}{R}\int_0^\tau \sin^2\omega t\,dt = \frac{(abB\omega)^2}{R\omega}\int_0^{2\pi}\sin^2\theta\,d\theta = \frac{(abB)^2\omega\pi}{R} \tag{8-11}$$

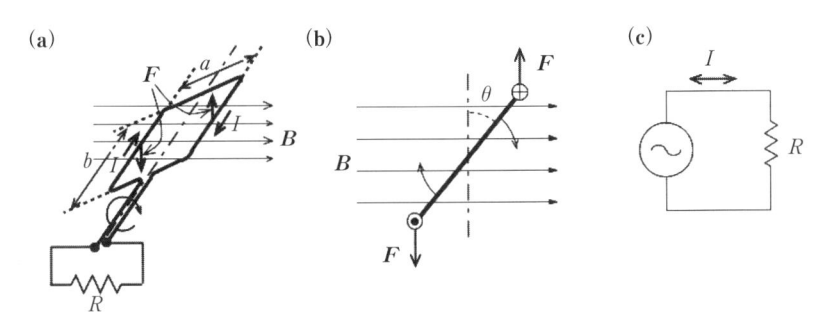

図 8-4 発電機．(a) 原理図．磁場中で閉じた導線回路が回転すると，内部を貫通する総磁束量が増減し起電力が生じ電流が流れる．(b) 横断面図．(c) 回路図．

となり，1秒間の回転数は $f=1/\tau=\omega/2\pi$ なので，この発電機が1秒間になす平均仕事率は

$$W = \frac{(abB\omega)^2}{2R} \tag{8-12}$$

で与えられる．この仕事率は，当然回転子を動かすのに必要な力学的仕事率に等しい（演習問題 8-1）．

8.4 インダクタンス

8.4.1 相互インダクタンス

図 8-5 に示すように，近接して2つの閉回路あるいはコイルがあるとき，一方の閉回路（1）に電流 I_1 を流すと他方の閉回路（2）内に生じる磁束 ϕ_2 は I_1 に比例し，その比例定数を相互インダクタンス L_{21} とよぶ．このとき，コイル2の巻数が n_2 回の場合は貫通する総磁束は $\Phi_2=n_2\phi_2$ として計算する．またその逆の場合の相互インダクタンスを L_{12} と記す．すなわち，

$$\Phi_2 = L_{21}I_1, \quad \Phi_1 = L_{12}I_2 \tag{8-13}$$

と相互インダクタンスを定義する．当然，一方の電流が変化したとき他方のコイルに発生する誘導起電力は L_{21} あるいは L_{12} に比例する．この現象は，電気回路におけるトランスの原理として重要であり，L_{12}, L_{21} の求め方について述べておく．

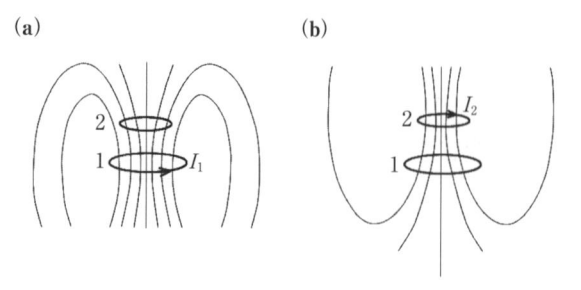

図 8-5 相互インダクタンス．2つの閉回路が近接して置かれているとき，（a）リング1に電流 I_1 が流れるとリング2内に生じる磁束は電流 I_1 に比例する．その比例係数を相互インダクタンス L_{21} とする．（b）またその逆も考えられ比例係数を相互インダクタンス L_{12} とする．

8.4.2　無限に長い二重ソレノイドコイルの相互インダクタンス

今簡単のため，図 8-6 に示すように，互いに同心円状に入れ子になった無限に（十分に）長い 2 つのソレノイドコイルについて考えてみよう．コイル 1 に電流 I_1 を流したとき，内部に発生する磁束密度は (7-41) 式より $B=\mu_0 n_1 I_1$ となる．したがって，コイル 2 内の単位長さ当たりの総磁束は

$$\Phi_2 = \mu_0 n_1 n_2 S_2 I_1 \tag{8-14}$$

したがって，このコイルの単位長さ当たりの相互インダクタンスは

$$L_{21} = \frac{\Phi_2}{I_1} = \mu_0 n_1 n_2 S_2 \tag{8-15}$$

となる．一方，コイル 2 に電流 I_2 を流したときは，コイル 2 の外側に磁束ははみ出さないので，

$$\Phi_1 = B S_2 n_2 \cdot n_1 = \mu_0 S_2 n_2 I_2 \cdot n_1 = \mu_0 n_1 n_2 S_2 I_2 \tag{8-16}$$

より，単位長さ当たりの相互インダクタンスは

$$L_{12} = \frac{\Phi_1}{I_2} = \mu_0 n_1 n_2 S_2 \tag{8-17}$$

となり，L_{12} は L_{21} に等しい．これは相反定理とよばれ，付録 B に示すように，ベクトルポテンシャルを媒介にして一般的に成り立つ．

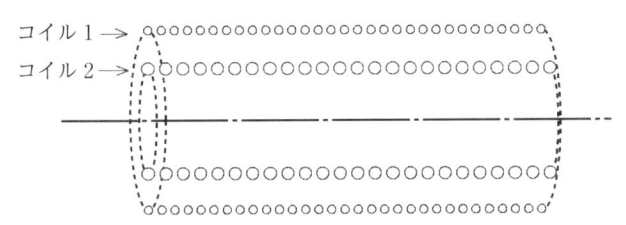

図 8-6　二重ソレノイドコイル．外側のコイルを 1，内側のコイルを 2 とする．各々の断面積をそれぞれ S_1, S_2，単位長さ当たりの巻数をそれぞれ，n_1, n_2 とする．

8.4.3　トランスの原理

トランス（変圧器）は，相互インダクタンスを利用した回路素子である．図 8-7 (a) はその原理を示す．コイル 1（1 次コイル）に交流電流 $I(t)=I_0 \cos \omega t$ を流すと，コイル 2（2 次コイル）内に $\Phi_2(t) = L_{21} I_0 \cos \omega t$ の磁束が発生する．ここで，L_{21} は 2 つのコイル

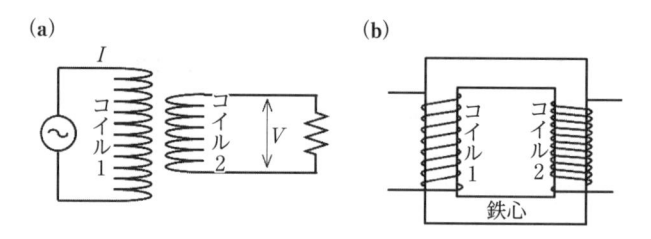

図 8-7 トランス．（a）原理図．コイル1に交流電流を流すと，コイル2に相互インダクタンス L_{21} に比例する電圧が発生する．（b）実際のトランスでは2つのコイルに強磁性体の鉄心を入れ，コイル1で発生した磁束をコイル2に誘導する．

の相互インダクタンスである．そうすると，誘導起電力の公式よりコイル2の両端に

$$V_2(t) = -\frac{d\Phi_2}{dt} = \omega L_{21} I_0 \sin \omega t \tag{8-18}$$

で与えられる誘導起電力が発生する．このとき，(8-15)式で与えられるように，L_{21} の値はコイルの巻数に比例するので，巻数を調整することにより発生する交流電圧を制御することができる．また，2次コイルに発生する電圧は，1次コイルに流れる電流に対し位相が 90 度遅れることもトランスの重要な特性である．なお，実際のトランスは，図 8-7(b)に示すように，1次コイルと2次コイルを強磁性体でできた鉄心でつなぎ，磁束を増幅すると同時に外部にもれないように工夫してある．強磁性体を利用する機器については章を改め説明する．

8.5 自己インダクタンス

8.5.1 自己インダクタンスの定義とソレノイドコイルのインダクタンス

ループ状の導線やコイルに電流 I を流し始めると，発生する磁場がそのループ自身に起電力 V_R を誘起する．この起電力は電流を流すためにかけた電圧を打ち消す方向に発生し逆起電力とよぶことがある．ループ内に生じる磁束は電流に比例し，その比例定数を自己インダクタンス(自己誘導係数)とよび，次式で定義される．

$$\Phi = LI \tag{8-19}$$

ただし，複数回巻かれたコイルの場合，コイルを貫通する総磁束 Φ は巻数を掛けた値を取る必要があり，(8-19)の定義式の Φ は巻数も含めた値を取る必要がある．そうす

ると，逆起電力は

$$V_R = -\frac{d\Phi}{dt} = -L\frac{dI}{dt} \tag{8-20}$$

で与えられる．

断面積 S，単位長さ当たりの巻数 n の無限に（十分に）長いソレノイドコイルの場合，(7-41)式より，磁束密度は $B=\mu_0 nI$ で与えられるので $\Phi=nBS=\mu_0 n^2 IS$，したがって，単位長さ当たりの自己インダクタンスは

$$L = \mu_0 n^2 S \tag{8-21}$$

で与えられる．インダクタンスの単位は，(8-19)式から $T \cdot m^2/A$ となるが，独立に H（ヘンリー）という単位が与えられている．

ソレノイドコイルはインダクタンスを与える素子として電気機器でよく使われるが，もちろん長さは有限である．その場合でも直径に比べ長さが十分長ければ，近似的に(8-21)式は使える．直径 D，長さ l の円筒に緊密かつ一様に N 回巻いたコイルの自己インダクタンスは，$n=N/l$, $S=\pi(D/2)^2$ なので，

$$L \approx \mu_0 NnS = \frac{\pi\mu_0 N^2}{l}\left(\frac{D}{2}\right)^2 \tag{8-22}$$

で与えられる．ただし，末端では磁束が広がるので，実際のインダクタンスはこれより小さくなり，その減少率は長さと直径の比 l/D が小さいほど顕著になる．

8.5.2 平行導線の自己インダクタンス

図 8-8 に示すような平行に配置した半径 r の 2 本の無限に長い導線に，互いに逆方向に流れる電流がつくる磁場を求めてみよう．上側の導線が，その中心から x 離れた位置につくる磁場は(7-2)式より，

$$B = \frac{\mu_0 I}{2\pi x} \tag{8-23}$$

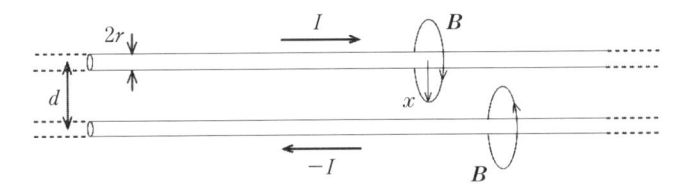

図 8-8 無限に長い平行導線に互いに反対方向に流れる電流がつくる磁場．単位長さの導線に囲まれた面を通る磁束量を電流で割った量が自己インダクタンスとなる（ただし，$d \gg r$ とする）．

で与えられる．したがって，単位長さの導線に囲まれた平面を通る総磁束量は

$$\Phi = \frac{\mu_0 I}{2\pi} \int_r^d \frac{dx}{x} = \frac{\mu_0 I}{2\pi} \ln\left(\frac{d}{r}\right) \tag{8-24}$$

となる．下側の導線を逆方向に流れる電流も同じ方向の磁場を発生するので磁束量はこの2倍になり，したがって，平行導線の自己インダクタンスは

$$L = \frac{2\Phi}{I} = \frac{\mu_0}{\pi} \ln\left(\frac{d}{r}\right) \tag{8-25}$$

で与えられる．厳密には導線内の磁場の寄与もあるが $d \gg r$ の場合は無視できる．具体的に，$r=0.5$ mm，$d=5$ mm の平行2芯線の1 m当たりの自己インダクタンスを見積もると，0.4 mH となる．

●真空の透磁率の単位

7.3節，アンペールの法則で定義された，磁場の強さ H と磁束密度 B を結ぶ関係式 $B=\mu_0 H$ の比例定数である真空の透磁率 μ_0 の単位は T·m/A の次元をもつが，通常，インダクタンスの単位 H を使い H/m で表すとした．ここにきて，初めてインダクタンスの単位を導入したわけであるが，H は T·m²/A と同等であり，したがって，μ_0 の単位 T·m/A を T·m²/Am ≡ H/m としてよいことになる．

8.5.3 過渡特性

ここで，図8-9に示すような自己インダクタンスを含む回路に流れる電流を調べてみよう．ある瞬間($t=0$)にスイッチを入れると電流が流れ出すが，その電流によりコイルに(逆)起電力 V_L が生じる．ここで，回路の時計回り方向を正とすると，発生する電圧

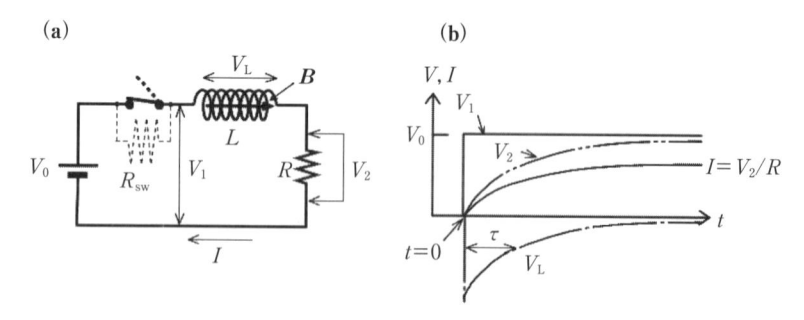

図8-9 インダクタンスを含んだ回路の過渡特性．（a）回路図，（b）回路の過渡特性．$V_1, V_2, V_\mathrm{L}, I$ は，それぞれ（a）に示した電圧，電流．τ は時定数．

V_L は

$$V_\mathrm{L}=-\frac{d\Phi}{dt}=-L\frac{dI}{dt} \tag{8-26}$$

で与えられる．この回路にキルヒホッフの第2法則((6-14)式)を適用すると，

$$V=V_0+V_\mathrm{L}=V_0-L\frac{dI}{dt}=RI \tag{8-27}$$

となり，電流 I は微分方程式

$$L\frac{dI}{dt}+RI-V_0=0 \tag{8-28}$$

を解くことによって求まる．この微分方程式の一般解はよく知られており

$$I=\frac{V_0}{R}+ae^{-\frac{R}{L}t} \tag{8-29}$$

で与えられる．定数 a は境界条件により求まり，$t\to 0$ で $I=0$ より，$a=-V_0/R=-I_\infty$ でなければならない．すなわち，電流は

$$I(t)=I_\infty\left(1-e^{-\frac{t}{\tau}}\right) \tag{8-30}$$

と指数関数的に変化し，$t\to\infty$ でオームの法則で与えられる電流値 $I_\infty=V_0/R$ に落ち着く．また，τ は $\tau=L/R$ で定義される時間の次元をもつ定数で，時定数または緩和時間とよばれ，$t=\tau$ で $e^{-1}\approx 0.37$ なので，ほぼ電流の立ち上がりが終了する時間と考えてよい．

　今度は，十分時間が経った後にスイッチを切るときのことを考える．スイッチを切るということは回路の電流をいきなり0にすることであり，$-dI/dt$ が無限大に発散することで，無限大の起電力が発生してしまう．実際には図8-9(a)に点線で示したように，スイッチの端子間には空気の絶縁抵抗 R_SW が存在する．したがって，スイッチを切った直後は R_SW の両端に $V=R_\mathrm{SW}/I_\infty$ の電圧が発生する．R_SW はきわめて大きいので，発生する電圧もきわめて高い．ただし，その時間経過はやはり(8-30)式に従うので，時定数 $\tau=L/R_\mathrm{SW}$ はきわめて短い．インダクタンスを含む回路の電源スイッチを切ろうとすると一瞬放電が生じるのはこのためである．

8.6　磁場のエネルギー

　前節の自己インダクタンスを含む回路でスイッチを切ったときの考察からわかるように，インダクタンスは電気エネルギーを蓄えており，電源を切るとそれを放出するとして説明できる．このエネルギーは磁場のエネルギーと考えてよく，ここで具体的にその

116　8章　電磁誘導

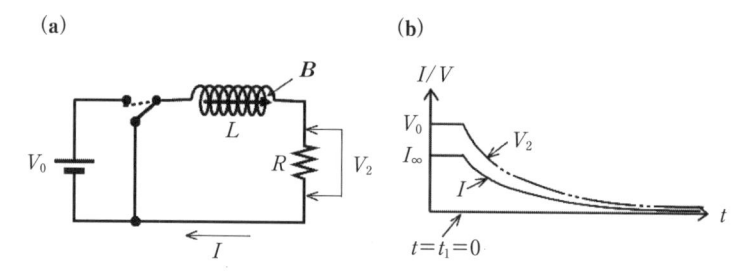

図 8-10　ソレノイドコイルに蓄えられた磁場のエネルギー．電池によりエネルギーを供給した回路を瞬間的に切り替え，閉じた回路をつくると，内部の磁場が減少することにより起電力が生じ電流が流れ続ける．この電流がなす仕事は磁場のエネルギーに等しい．

値を求めてみよう．

図 8-10 は図 8-9 で用いた回路であるが，十分長い時間かけ $I_\infty = V_0/R$ の電流を流しておく．そして，$t = t_1$ で電池を切り離し，閉じた回路をつくる(図8-10(a))．そうすると，インダクタンスがない回路であればその瞬間に電流は 0 となるが，この場合は(8-30)式に従って電流は減少していく．ただし，スイッチを閉じた状態では $V_0 = 0$ となるので，(8-28)式はより簡単に，

$$L\frac{dI}{dt} + RI = 0 \tag{8-31}$$

となる．初期条件は $t=0$ で $I(0) = I_\infty = V_0/R$ であるが，ここではこの値を改めて初期電流値 I_0 とする．そうすると，解は

$$I(t) = I_0 e^{-\frac{R}{L}t} \tag{8-32}$$

で与えられる．この電流は抵抗 R で消費され熱エネルギーに変換される．R で消費されるエネルギー(電力)は単位時間当たり $W = VI = RI^2$ なので，最終的に消費されるエネルギーは

$$U = \int_0^\infty RI^2 dt = RI_0^2 \int_0^\infty e^{-\frac{2R}{L}t} dt = -\frac{I_0^2 L}{2}\left|e^{-\frac{2R}{L}t}\right|_0^\infty = \frac{I_0^2}{2}L \tag{8-33}$$

となる．次に，このソレノイドが，断面積 S，単位長さ当たり n 回の巻数をもつ無限に長いソレノイドコイルとして $t=0$ での内部の磁束密度 B_0 を求めると，(7-41)式より，$B_0 = \mu_0 n I_0$，したがって $I_0 = B_0/\mu_0 n$ となる．また，ソレノイドコイルの単位長さ当たりのインダクタンスは(8-21)式より，$L = \mu_0 n^2 S$ と求まっており，単位長さ，したがって体積 $S\,\mathrm{m}^2$ 内の空間に蓄えられた磁束のエネルギー U は，(8-33)式にこれらの値を代入

して，

$$U = \frac{I_0^2}{2}L = \frac{B_0^2}{2\mu_0^2 n^2}\mu_0 n^2 S = \frac{B_0^2}{2\mu_0}S \tag{8-34}$$

となり，単位体積当たりのエネルギー，すなわち磁束のエネルギー密度は

$$u = \frac{B_0^2}{2\mu_0} \tag{8-35}$$

となる．磁場の強さ H を用いて表すと，$B=\mu_0 H$ の関係から，

$$u = \frac{\mu_0 H^2}{2} \tag{8-36}$$

と書け，3章で示したコンデンサーに蓄えられた電場のエネルギー密度 $u=\varepsilon_0 E^2/2$ と同じ形をしていることがわかる．

8.7 その他の現象

8.7.1 渦 電 流

図 8-11 に示すように導体に磁場を作用させ，その大きさを変化させると導体内に生じる誘導起電力により磁場の変化を押さえる方向に電流が流れ，これを**渦電流**とよぶ．渦電流の効果として，（1）電流によりジュール熱を発生する．（2）電流がつくる磁場とかけた磁場の相互作用により導体に力がかかる．ジュール熱の発生はエネルギー損失につながるが，逆にこれを利用して電磁調理器など加熱器として利用できる．渦電流によ

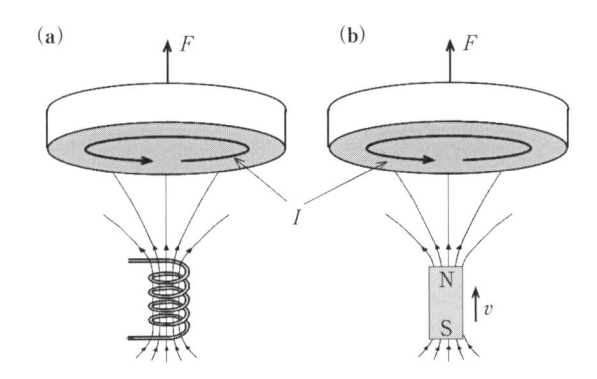

図 8-11 渦電流．（a）コイルがつくる磁場が増加する場合，（b）磁石を導体に近づける場合．いずれの場合も，導体中を透過する磁場の増加をおさえる方向に電流が流れる．これを渦電流とよぶ．

る力を利用する例としては交流誘導モーターやリニアモーターなどがある．渦電流の大きさを見積もるのは少し難しいが，簡単なモデルとして図 8-12 に示すような，半径 R の長い円筒状の導体試料に，長さ方向に磁場 $B(t)$ を作用させた場合を考える．

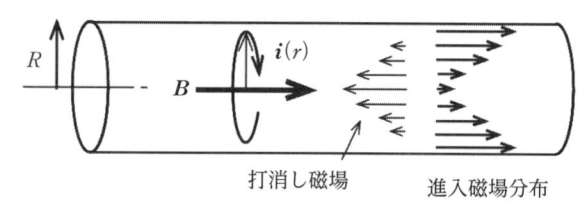

図 8-12 円筒状の導体試料に交流磁場をかけたときに生じる渦電流．

初めに，簡単のため磁場の強さは導体内で一様であると仮定する．今中心から r の距離にある円周に沿って生じる誘導起電力 $E(r)$ は，(8-3)式を適用することにより

$$2\pi r E(r) = -\frac{d\Phi}{dt} = -\pi r^2 \frac{dB}{dt} \tag{8-37}$$

したがって，

$$E(r) = -\frac{r}{2}\frac{dB}{dt} \tag{8-38}$$

と求まる．この導体の伝導率を σ とすると(抵抗率 $\rho = 1/\sigma$)，この円周に沿って流れる電流密度は

$$i(r) = \sigma E(r) = -\sigma \frac{r}{2}\frac{dB}{dt} \tag{8-39}$$

で与えられる．この電流によって導体単位体積当たりで消費されるエネルギー P(消費電力)を見積もると，

$$P = \frac{1}{\pi R^2}\int_0^R 2\pi r E(r) i(r) dr$$

$$= \frac{\sigma}{2R^2}\left(\frac{dB}{dt}\right)^2 \int_0^R r^3 dr = \frac{R^2}{8\rho}\left(\frac{dB}{dt}\right)^2 \tag{8-40}$$

となる．この結果から，渦電流によるエネルギー損失は試料の半径と磁場変化率の 2 乗に比例し，抵抗率に反比例することがわかる．磁場が角振動数 ω の交流磁場であれば ω の 2 乗に比例し急激に増大する．また，導体が透磁率 μ の強磁性体であれば $B=\mu H$ なので，渦電流損失は $\bar{\mu}^2 = (\mu/\mu_0)^2$ と比透磁率の 2 乗に比例して増大する．

ただし，以上の計算では磁場が r に依存せず試料中で一定であると仮定したが，この仮定は一般には正しくない．なぜなら，誘導起電力は磁場の変化を阻止するように発生

するわけだが，誘導起電力によって生じる円環電流を半径の異なる無限に長いソレノイドコイルの重ね合わせと考えると，7.7.2項で求めたように，磁場はソレノイドコイルの内部にのみ発生するので，外部磁場の増加を打ち消す磁場は図8-12に示すように，中心ほど大きくなる．したがって，試料に進入する磁場の強さは中心ほど小さくなる．詳しい計算は省略するが，磁場は中心に向かって指数関数的に減衰し，その減衰係数（大きさが$1/e$になる表面からの距離で**表皮深さ**とよぶ）は，角振動数ωの交流磁場に対して，

$$d=\sqrt{\frac{2\rho}{\omega\mu}} \tag{8-41}$$

となることがわかっている（近角：参考書（4），p.315）．具体的に，60 Hzの交流磁場をかけたときの表皮深さは，銅（$\rho=17.2\times10^{-9}\ \Omega$m，$\mu=\mu_0$）については，$d\sim10$ mmとなり，通常の導線であればほぼ一様な磁場と考えてよいが，1 MHzの高周波磁場だと$d\sim0.07$ mmとなり，磁場はごく表面にしか侵入しない．

8.7.2 表皮効果

　渦電流とよく似た現象として表皮効果がある．これは導線に交流電流を流したとき，導体内に発生する磁場により試料中心部の電流密度が減少し，電流が表面付近のみに流れるという現象である．そのメカニズムを説明するため，前節と同様に簡単なモデルとして図8-13に示すような，半径Rの長い円柱状の導体試料に，長さ方向に変動する電流$\tilde{I}$を流したときに生じる現象を定性的に考察する．（1）アンペールの法則に従って電流に垂直方向に同心円状に磁場が発生する（図の一点鎖線）．（2）磁場は時間的に変動しているので，磁力線の周りに誘導起電力が生じる（図の楕円状ループ）．この起電力による電場は，ループの内側（中心に近い側）では常に電流を打ち消す方向に生じるので，円筒の中心線上では，すべての磁力線による起電力は電流を打ち消す方向に働き，外皮部では，電流と同じ方向に働く．（3）その結果，中心からrの位置での電流密度

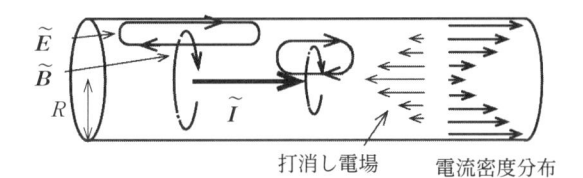

図8-13 表皮効果の概念図．円柱状の導体試料に交流電流$\tilde{I}$を流したときに誘起される磁場．その磁場によって生じる誘導起電力．

$i(r) = \sigma E(r) = (1/\rho) E(r)$ は中心に向かって減少する．この電流密度を定量的に解析すると(高橋：参考書(3)，p.295)，渦電流の場合と同じく指数関数的に減少し，角振動数 ω の交流電流に対する表皮深さはやはり(8-41)式で与えられる．両者が一致するのはもちろん偶然でなく，磁場，電場，電流の関係を支配する方程式(9章で述べるマクスウェルの方程式)が共通で，変換される順序が異なるだけだからである．具体的には，渦電流の場合は，初めに変動する磁場が $\nabla \times \boldsymbol{E} = -\partial \boldsymbol{B}/\partial t$ に従って電場をつくり，その電場が $\boldsymbol{i} = \sigma \boldsymbol{E}$ ((6-10)式)により電流を生み出し，その電流が $\nabla \times \boldsymbol{B} = \mu_0 \boldsymbol{i}$ ((7-15)式)に従って打消し磁場を誘起するのに対し，表皮効果の場合は，初めに変動する電流が $\nabla \times \boldsymbol{B} = \mu_0 \boldsymbol{i}$ に従って変動する磁場をつくり，その磁場により $\nabla \times \boldsymbol{E} = -\partial \boldsymbol{B}/\partial t$ に従って打消し電場が生じ，最後に $\boldsymbol{i} = \sigma \boldsymbol{E}$ に従って電流の減少を招く，といった具合である．なお，この表皮効果により，周波数が高くなると電流は表面付近にしか流れなくなるため，導体としての実効断面積が減少し，抵抗値が増大する．たとえば，直径 1 mm の銅線に 1 MHz の高周波電流を流そうとした場合，表皮深さは先の計算通り 0.07 mm となり，実効断面積は約 1/8 に減少し，したがって抵抗値は約 8 倍になる．

演習問題 8-1 図 8-4 に示した発電機において，発生した電気がなす仕事は回転子が受ける力学的仕事に等しいことを示せ．

演習問題 8-2 外径 10 cm，長さ 50 cm の円筒状ボビンに導線を 2000 回巻いたソレノイドコイルの自己インダクタンスの概略値を求めよ．コイルは一重に一様に巻かれているとして，末端効果を無視して計算せよ．

演習問題 8-3 銅の抵抗率は $\rho = 17.2 \times 10^{-9}$ Ωm である．直径 1 mm の導線に最大振幅 0.1 T の振動磁場を長さ方向にかけたとき，
(1) 振動数 100 Hz，10 kHz，1 MHz の場合について単位時間単位長さ当たりに発生するジュール熱を求めよ．このとき，磁場は試料中を均一に分布するものとして計算せよ．
(2) それぞれの場合について表皮深さを求めよ．

9

マクスウェルの方程式と電磁波

9.1 変位電流

前章 8.5.3 項に，インダクタンス(コイル)を含む回路の過渡特性を解析し磁場のエネルギーを求めたが，ここでは，コンデンサーを含む回路の過渡特性を調べ，回路を流れる電流と発生する磁場を解析し，マクスウェルの第 4 方程式の基礎となる変位電流の概念を導く．

9.1.1 コンデンサーを含む回路の過渡特性

図 9-1(a)に，容量 C のコンデンサーと抵抗 R を直列につないだ回路を示す．$t<0$ では回路を閉じておき，コンデンサーに溜まった電荷 Q を放電し，$Q=0$ としておく．$t=0$ でスイッチを切り替え，電圧 V_0 をかけると電流が流れ出しコンデンサーに電荷が溜まる．電流 I は単位時間に運ばれる電荷の量なので

$$I = \frac{dQ}{dt} \tag{9-1}$$

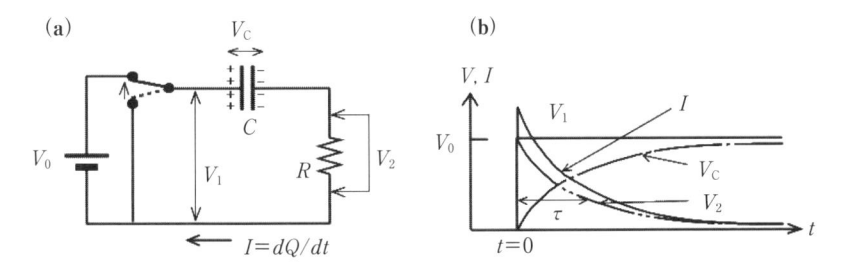

図 9-1 コンデンサーを含む回路の過渡特性．(a)回路図 $t=0$ にスイッチを切り替えコンデンサーに V_0 の電圧をかける．(b)$t=0$ にスイッチを入れた後の各部の電圧および回路に流れる電流の時間変化．

で与えられる．一方，コンデンサーの両端の電位差は静電容量の定義式((3-34)式)より $V_c=Q/C$ で与えられるので，この閉回路にキルヒホッフの第2法則を適用し，

$$V_0=V_c+RI=\frac{Q}{C}+R\frac{dQ}{dt} \quad \Rightarrow \quad R\frac{dQ}{dt}+\frac{Q}{C}-V_0=0 \tag{9-2}$$

の関係式が成り立つ．この式は，インダクタンスの過渡特性を求めた(8-28)式と同型であり，一般解は

$$Q=CV_0-Ae^{-\frac{t}{RC}} \tag{9-3}$$

で与えられる．$t=0$ では $Q=0$ なので，定数 A は $0=CV_0-A$ より $A=CV_0$．したがって，

$$Q(t)=CV_0\left(1-e^{-\frac{t}{RC}}\right)=Q_\infty\left(1-e^{-\frac{t}{\tau}}\right) \tag{9-4}$$

が得られる．ここで緩和時間は $\tau=RC$ で与えられる．電流は(9-1)式より

$$I(t)=\frac{dQ}{dt}=\frac{V_0}{R}e^{-\frac{t}{RC}}=I_0\,e^{-\frac{t}{\tau}} \tag{9-5}$$

で与えられ，図9-1(b)に示すように，初期値 $I_0=V_0/R$ から，緩和時間 τ で減衰し0に近づいてゆく．

9.1.2 CR回路が発生する磁場と変位電流

　前節に示したように，コンデンサーを含む回路は電圧をかけた直後にはコンデンサーを充電するため電流が流れ，少なくとも，導線の周りには，アンペールの法則を適用することにより磁場が発生することは容易にわかる．しかし，コンデンサーの内部(極板間の間隙)ではどうだろうか？　この部分には，本来電子の移動として定義される電流は流れていない．したがって，単純にアンペールの法則を適用すると，極板の間隙には磁場が存在しないように思われる．しかし，以下に示すように，アンペールの法則を適用する閉曲面を注意深く選ぶと，この部分にも磁場が発生していると考えないと矛盾が生じ，極板間にも，電流に相当するベクトル流の存在を仮定する必要が生じる．これを最初に導き出したのはマクスウェルである．これは**変位電流**とよばれ，微分表示でのアンペールの法則((7-15)式)の右辺の付加項として加わり，マクスウェルの第4方程式として定式化されている．この式を他のマクスウェルの式と組み合わせることにより電磁波の存在が予言されるきっかけになった重要な現象であり少し詳しく調べる．

　図9-2にコンデンサーを含む回路に通電した直後，充電の過程で流れる電流に伴う磁場発生の様子を示す．図(a)で示すように，導線の周りにはアンペールの法則に従って $B=\mu_0I/2\pi r$ の磁場が発生するだろう．一方，コンデンサーの極板間の空隙は真空なの

9.1 変位電流　123

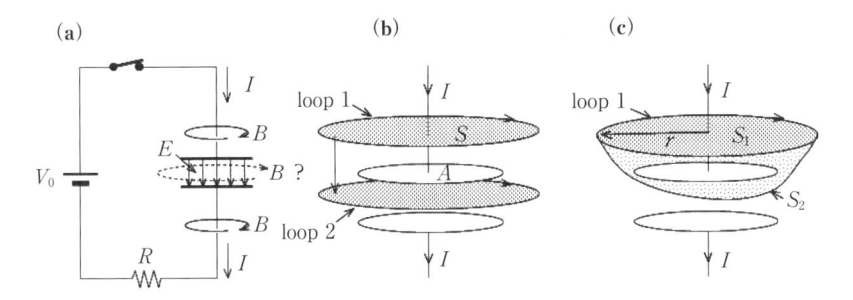

図 9-2　(a) コンデンサーを含む回路で通電直後に発生する磁場．(b) 導線を含むリングと空隙内のリングでアンペールの法則を適用する．(c) 導線を含むリングにストークスの定理を適用する．

で，荷電粒子の流れとしての電流は存在しないので $I=0$ となり，磁場は存在しないことになる．今，図(b)に示すように，コンデンサーの上部からアンペールの法則を適用するループ(loop 1)を平面円盤として，その位置を下げていくと円盤が空隙内に入ったとたん内部を貫く電流が 0 となり，磁場が急激に減少することになり不自然である．あるいは図(c)に示すように，コンデンサーの外部を回転するループ(loop 1)に沿っての線積分に対しストークスの定理((7-16)式)を適用し，電流が貫通するコンデンサーの上部を通る面 S_1 に対する面積分に変換し，さらに，微分形式のアンペールの法則((7-15)式)を適用すると，

$$\oint_{\text{loop1}} \boldsymbol{B}\cdot d\boldsymbol{s} = \iint_{S_1}(\nabla\times\boldsymbol{B})\cdot\boldsymbol{n}\,dS = \mu_0\iint_{S_1}\boldsymbol{i}\cdot\boldsymbol{n}\,dS = \mu_0 I \tag{9-6}$$

となり，$B=\mu_0 I/2\pi r$ と正しい磁場が求まる．一方，同じループに沿っての線積分をコンデンサーの間隙部分を通る曲面 S_2 に対する面積分に変換すると，この曲面内を貫通する電流は存在しないので，

$$\oint_{\text{loop1}} \boldsymbol{B}\cdot d\boldsymbol{s} = \iint_{S_2}(\nabla\times\boldsymbol{B})\cdot\boldsymbol{n}\,dS = \mu_0\iint_{S_2}\boldsymbol{i}\cdot\boldsymbol{n}\,dS = 0 \tag{9-7}$$

となり，(9-6)式と矛盾する．ストークスの定理はベクトル流束について常に成り立つ数学公式なので真空であるはずの空隙内に，周辺に磁場をつくる原因が存在しなければならない．まず考えられるのは，極板に溜まった電荷がつくる電場 E であるが，電場は充電が終了し導線の電流が 0 になっても残るので今度は(9-7)式が有限になり，(9-6)式が 0 となり矛盾は解消しない．そこで，これまでに学んだように電場と磁場の間には常に対応関係があることに注目し，誘導起電力を表す公式(8-6)式に対応し，電場の時

間変動が磁場を作り出すと考えてみよう．すなわち，

$$\nabla \times \boldsymbol{B} = k\frac{d\boldsymbol{E}}{dt} \tag{9-8}$$

が成り立つと仮定すれば矛盾が解消される．さらに，比例定数 k を以下のように定めると定量的にも(9-6)式で求めた磁場と一致する．

ここで，今考えているコンデンサーの極板の面積は，周辺部の電場の乱れが無視できるほど十分広いとして，3.3.4 項で求めた 2 枚の平面電荷がつくる電場の公式(3-22)式が適用できるとする．極板の面積を A，極板に溜まっている電荷を $\pm Q$ とすると，面電荷密度は，(3-22)式より(符号が逆に取ってあるので注意)$\sigma = Q/A$ となり，極板間の電場は

$$E = \frac{Q}{\varepsilon_0 A} \tag{9-9}$$

で与えられる．また導線に流れる電流は $I = dQ/dt$ なので，

$$\frac{dE}{dt} = \frac{1}{\varepsilon_0 A}\frac{dQ}{dt} = \frac{I}{\varepsilon_0 A} \tag{9-10}$$

となる．すなわち，(9-8)式の比例定数 k を $\mu_0 \varepsilon_0$ とし，図 9-2(b) の loop 2 について(9-7)式を計算すると，

$$\oint_{\text{loop2}} \boldsymbol{B} \cdot d\boldsymbol{s} = \iint_S (\nabla \times \boldsymbol{B}) \cdot \boldsymbol{n}\, dS$$
$$= \mu_0 \varepsilon_0 \iint_S \frac{\partial \boldsymbol{E}}{\partial t} \cdot \boldsymbol{n}\, dS = \mu_0 \varepsilon_0 \frac{\partial E}{\partial t} A = \mu_0 I \tag{9-11}$$

となり，導線を含む場合の計算式(9-6)と一致する．

以上の結果を微分表示でまとめると，変位電流も含めてアンペールの法則 $\nabla \times \boldsymbol{B} = \mu_0 \boldsymbol{i}$ を拡張し，

$$\nabla \times \boldsymbol{B} = \mu_0 \boldsymbol{i} + \mu_0 \varepsilon_0 \frac{\partial \boldsymbol{E}}{\partial t} \tag{9-12}$$

とすれば，途中にコンデンサーが入っている回路についても発生する磁場は正しく記述される．なお，コンデンサーの極板間が真空でなく誘電率 ε の誘電体で満たされている場合は，真空の誘電率の代わりに誘電体の誘電率を使えばよく，電束密度 $\boldsymbol{D} = \varepsilon \boldsymbol{E}$ を使えば，(9-12)式は

$$\nabla \times \boldsymbol{B} = \mu_0\left(\boldsymbol{i} + \frac{\partial \boldsymbol{D}}{\partial t}\right) \tag{9-13}$$

と表せる．

9.2 マクスウェルの方程式

これまでに電磁気学の基礎として，電荷と電荷がつくる電場 E，電荷が動くことによって生じる電流 I，電流がつくる磁場 B，磁場の時間変化がつくる電場，そして最後に電場の時間変化がつくる磁場について学んできたが，空間の任意の微小部分においてこれらの量間に成り立つ関係式を，マクスウェルは以下の4つの微分関係式にまとめ上げた．これらの関係式の導出法はすでに該当する各章で述べたが，改めて列挙しておくと，

第1式 $\nabla \cdot \boldsymbol{E} = \dfrac{\rho}{\varepsilon_0}$　　　　← ガウスの法則，3章(3-52)式　　　(9-14)

第2式 $\nabla \times \boldsymbol{E} = -\dfrac{\partial \boldsymbol{B}}{\partial t}$　　　　← 誘導起電力，8章(8-6)式　　　(9-15)

第3式 $\nabla \cdot \boldsymbol{B} = 0$　　　　← 7章(7-22)式　　　(9-16)

第4式 $\nabla \times \boldsymbol{B} = \mu_0 \boldsymbol{i} + \mu_0 \varepsilon_0 \dfrac{\partial \boldsymbol{E}}{\partial t}$　　　　← 拡張されたアンペールの法則，(9-13)式

(9-17)

本書では，これらの関係式は，たとえば3章でクーロンの法則から第1式を導いたように，実験で求められる関係式を出発点としてこれらの微分表示の関係式を導いてきた．しかし，最近の電磁気学の教科書では，これら微分表示のマクスウェル方程式を出発点として，ガウスの法則やアンペールの法則などの，実験より導き出された法則を導き出すという手法をとることが多い．そこで，ここでは復習もかねて簡単にこの手法による理論を紹介しておく．このとき，電場や磁場などのいわゆるベクトル流束（C とする）に関する一般的な数学公式である**ガウス**(Gauss)**の定理**，**ストークス**(Stokes)**の定理**を知っておく必要がある．これらの公式の導出もすでに具体例に沿って説明してあるが，もう一度数学公式として説明を加えておく．

9.2.1 ガウスの定理とストークスの定理

（1）ガウスの定理

$$\iint_{\text{閉曲面上}} \boldsymbol{C} \cdot \boldsymbol{n}\, dS = \iiint_{\text{閉曲面内部}} \nabla \cdot \boldsymbol{C}\, dV \quad ← 3章(3\text{-}53)式 \quad (9\text{-}18)$$

ガウスの定理は，任意の閉曲面から湧き出すベクトル流の面積分をその閉曲面で囲まれる領域の体積積分に変換する公式である．意味するところは，任意の閉曲面から湧き

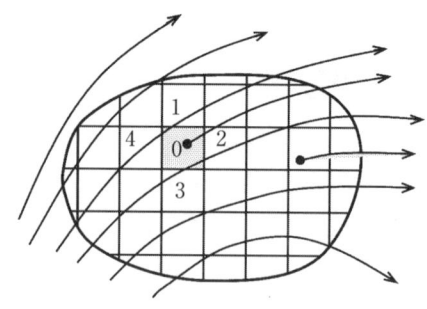

図 9-3 ガウスの定理の概念図．たとえば，微小領域 0 から出る（＋の寄与）ベクトル流は隣接する微小領域で吸収（－の寄与）され互いに打ち消し合い，体積積分には寄与しない．

出す（または吸い込まれる）ベクトル流線の和は，その閉曲面内に含まれる微小領域から湧き出すベクトル流線の和に等しいというものである．数学的には**図 9-3** に示すように，微小領域の積分を実行する際領域内で湧き出しがなければ，流出するベクトル流（正の寄与）は，隣接する領域に流入する（負の寄与）量に等しく互いに打ち消し合い体積積分に寄与せず，領域内で湧き出す成分のみが積分として残り，表面から流出（または流入）する正味のベクトル流となるというものである．

（2） ストークスの定理

$$\oint_{\text{閉曲線}} \boldsymbol{C}\cdot d\boldsymbol{s} = \iint_{\text{閉曲面内}} (\nabla\times\boldsymbol{C})\cdot\boldsymbol{n}\,dS \quad \leftarrow 7\text{章}(7\text{-}16)\text{式} \tag{9-19}$$

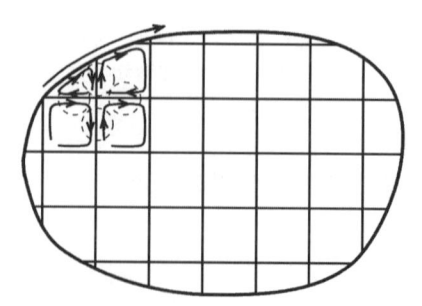

図 9-4 ストークスの定理の概念図．微小領域外周に回転するベクトル流がある場合，隣接する微小領域の回転ベクトルと境界では逆方向になるので互いに打ち消し合い，面積積分には寄与せず，打ち消しのない周辺部にある微小領域の回転ベクトルのみが全体の線積分として残る．

ストークスの定理は，任意の閉曲線の外周部に存在するベクトル流の接線方向成分の線積分をその閉曲線で囲まれる曲面内での面積分に変換する公式である．意味するところは，空間に回転するベクトル流をつくる原因が存在している場合，発生するベクトル流の閉曲線に沿った成分の和はその閉曲線内に含まれる微小領域の外周にあるベクトル流線($\nabla \times \boldsymbol{C}$)の和に等しいというものである．数学的には図 9-4 に示すように，微小領域についての面積分を実行する際，隣接する領域の回転ベクトルは境界において互いに打ち消し合い積分には寄与せず，隣接領域によって打ち消されない外周部にある微小領域のみが全体の積分に寄与するというものである．

9.2.2 マクスウェルの式から電磁気学の諸法則を導く

（1） ガウスの法則とクーロンの法則

ガウスの定理((9-18)式)において，ベクトル流束を電場 $\boldsymbol{E}$ とし，マクスウェルの第 1 式 $\nabla \cdot \boldsymbol{E} = \rho/\varepsilon_0$ を使うと，直ちに 3.2 節で求めたガウスの法則の積分表示である(3-10)式が得られる．閉曲面として半径 R の球を取り中心に点電荷 q_1 を置くと，ガウスの法則の左辺は，電場の方向が球表面に垂直なので

$$\iint_{球面} \boldsymbol{s} \cdot \boldsymbol{E} \, dS = 4\pi R^2 E(R) \tag{9-20}$$

となり，電荷密度分布は，$\delta(\boldsymbol{r})$ を

$$\iiint \delta(\boldsymbol{r}) dV = 1 \tag{9-21}$$

を満たすデルタ関数とすると，$\rho(\boldsymbol{r}) = q_1 \delta(\boldsymbol{r})$ と書け，ガウスの法則の右辺は

$$\iiint_{球内} \frac{\rho(\boldsymbol{r})}{\varepsilon_0} dV = \frac{q_1}{\varepsilon_0} \tag{9-22}$$

となり，(9-20) = (9-22)式より，中心から R 離れた位置での電場は

$$E(R) = \frac{q_1}{4\pi\varepsilon_0 R^2} \tag{9-23}$$

と求まる．したがってその位置に q_2 の点電荷を置けば，q_1, q_2 間に働く力は

$$F = \frac{q_1 q_2}{4\pi\varepsilon_0 R^2} \tag{9-24}$$

となり，クーロンの法則((2-3)式)が導ける．

（2） 電磁誘導とファラデーの法則

マクスウェルの第 2 式からはファラデーの法則が導ける．ベクトル流として電場を選

び，ストークスの定理と第2式 $\nabla \times \boldsymbol{E} = -\partial \boldsymbol{B}/\partial t$ より，

$$\oint_{閉曲線} \boldsymbol{E} \cdot d\boldsymbol{s} = \iint_{閉曲面内} (\nabla \times \boldsymbol{E}) \cdot \boldsymbol{n} \, dS = -\iint_{閉曲面内} \frac{\partial \boldsymbol{B}}{\partial t} \cdot \boldsymbol{n} \, dS \tag{9-25}$$

と，直ちにファラデーの法則((8-5)式)が導ける．さらに，閉曲線 C 内の総磁束は $\Phi = \iint_C \boldsymbol{B} \cdot \boldsymbol{n} \, dS$，$C$ に沿って生じる起電力は $V = \oint_C \boldsymbol{E} \cdot d\boldsymbol{s}$ なので，電磁誘導則((8-2)式)を求めることができる．

（3） アンペールの法則

導線に流れる電流がつくる磁場はマクスウェルの第4式の右辺の第1項のみを取り，ベクトル流として磁束密度 $\boldsymbol{B}$ を選びストークスの定理を使うと，

$$\oint_{閉曲線} \boldsymbol{B} \cdot d\boldsymbol{s} = \iint_{閉曲面内} (\nabla \times \boldsymbol{B}) \cdot \boldsymbol{n} \, dS = \mu_0 \iint_{閉曲面内} \boldsymbol{i} \cdot \boldsymbol{n} \, dS \tag{9-26}$$

とアンペールの法則((7-8)式)が求まる．さらに，閉曲線として半径 r の円を選び，中心に電流 I が流れている場合は，直線電流の周りに発生する磁場((7-2)式)が求まる．なお，最終章で詳しく説明するが，空間が真空でなく，透磁率 μ の磁性体が存在するときは，(9-26)式を拡張し，真空の透磁率 μ_0 に代わって磁性体の透磁率 μ を使えばよく，大きな透磁率をもつ強磁性体を，たとえばソレノイドコイルの芯に使えば，大きな磁束密度を得ることができる．

（4） 変位電流

この章の冒頭で導いた変位電流と変位電流がつくる磁場は，前項にならってマクスウェルの第4式の右辺の第2項にストークスの定理を適用すれば，変位電流が周辺につくる磁場を与える(9-11)式が得られる．

（5） その他

残るはマクスウェルの第3式，$\nabla \cdot \boldsymbol{B} = 0$ であるが，この式から特に新しい法則が導かれるわけでなく，磁束の湧き出しがない，いいかえれば真電荷に対応する単極磁荷は存在しないという実験事実を定式化したものと考えておけばよい．

9.3 電磁波

マクスウェルは4つの方程式から導かれる重要な結果として電磁波の存在を予言し

た．以下にその理由を記すが，マクスウェル自身が理論的考察により導入した変位電流の存在が電磁波の発生に大きな役割を果たしている．電磁波の存在は，後にヘルツにより実験的に確かめられ，無線による通信が可能となった．さらに，光やX線，ガンマ線などの放射線も電磁波であることがわかり，きわめて重要な概念となった．ここでは，波動一般の性質を理解するため，はじめに固体中を伝搬する音波を例に取って説明する．

9.3.1 固体を伝搬する音波（古典力学の波動方程式）

図 **9-5** に示すように，密度 ρ，弾性率（ヤング率）E，断面積 S の金属棒の一端をハンマーで叩くと，その部分が圧縮され，圧縮・膨張歪みが縦波音波となって伝わっていく．歪みによって x 位置に生じる長さ方向の変位を $u(x,t)$ とし，これがどのように固体中を伝わるかを調べるため，図に示すように棒中の dx 部分の運動方程式を考える．

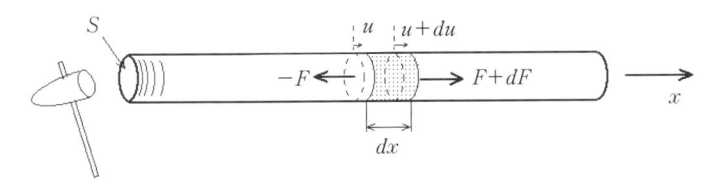

図 9-5 棒を伝わる弾性波．

なお，振動は周波数 ν の連続正弦波として与えられ，これが右方向（$x>0$ の方向）に伝わってゆく．このとき棒は右方向に無限長であるとして右端での反射は考えないことにする．dx 部分の運動方程式は

$$\rho S dx \frac{\partial^2 u}{\partial t^2} = \frac{\partial F}{\partial x} dx \tag{9-27}$$

で与えられる．ここで，F は応力を表す．一方，ヤング率の定義は

$$\frac{F}{S} = E \frac{du}{dx} \tag{9-28}$$

であり，これを x で微分すると，

$$\frac{\partial F}{\partial x} = SE \frac{\partial^2 u}{\partial x^2} \tag{9-29}$$

を得る．(9-29)式を(9-27)式に代入することにより，変位 $u(x,t)$ に対する波動方程式

$$\frac{\rho}{E} \frac{\partial^2 u}{\partial t^2} = \frac{\partial^2 u}{\partial x^2} \tag{9-30}$$

を得る．(9-30)式は，変数 x, t についての2階の線形微分方程式であり，その解は

$$u(x,t)=\xi\cos\left\{\omega\left(\frac{x}{v}-t\right)\right\} \tag{9-31}$$

で与えられる．ここで，ξ は波の振幅，v は音速，ω は角振動数を表し，(9-31)式は固体中を角振動数 ω，音速 v で伝搬する波の波動方程式を表す．あるいは波数 K を用い，

$$u(x,t)=\xi\cos(Kx-\omega t) \tag{9-32}$$

と書いてもよい．この場合 $\omega=vK$ の関係がある．(9-32)式を(9-30)式に代入することにより，音速は $v=\sqrt{E/\rho}$ で与えられることがわかる．したがって，波動方程式(9-30)は

$$\frac{1}{v^2}\frac{\partial^2 u}{\partial t^2}=\frac{\partial^2 u}{\partial x^2} \tag{9-33}$$

と書ける．ただし，この場合は x 方向に進行する縦波平面波の解で，ずれ弾性による横波平面波も存在する．また，液体や固体ではずれ弾性が0なので横波は存在しないことも知られている．すなわち，どのような波が生じるかは物理的背景で決まり，いろいろな場合があり得るがいずれも場合も，波動方程式は振動する物理量の位置座標と時間に対する2次微分方程式で与えられる．逆にいえば，(9-33)式のような関係式(波動方程式)が成り立つ場合，その物理量の変化は速度 v の波動として伝搬すると考えてよい．

9.3.2 電磁波の波動方程式

では，真空中を伝搬する電磁場の波動方程式を導いてみよう．真空中なので，マクスウェル方程式において電荷密度 ρ や電流密度 i はいずれも0とする．

初めに，マクスウェル第2方程式の両辺に回転演算子 $\nabla\times$ を作用させる．このとき，ベクトル微分の公式(付録A参照)$\nabla\times(\nabla\times C)=\nabla(\nabla\cdot C)-\nabla^2 C$ を援用すると

$$\nabla\times(\nabla\times E)=\nabla(\nabla\cdot E)-\nabla^2 E=-\frac{\partial}{\partial t}\nabla\times B \tag{9-34}$$

を得る．真空中なので，第1式より $\nabla\cdot E=0$，第4式より $\nabla\times B=\varepsilon_0\mu_0(\partial E/\partial t)$ を(9-34)式に代入すると，E についての方程式

$$\nabla^2 E=\varepsilon_0\mu_0\frac{\partial^2}{\partial t^2}E \tag{9-35}$$

を得る．同様に，マクスウェル第4方程式の両辺に回転演算子を作用させ，$\nabla\cdot B=0$，および $\nabla\times E=-\partial B/\partial t$ を用いると，磁場 B についての波動方程式

$$\nabla^2 B=\varepsilon_0\mu_0\frac{\partial^2}{\partial t^2}B \tag{9-36}$$

を得る．

これらの式を音波の波動方程式(9-33)と比較すると，電場・磁場の空間・時間変化が速度 $v=1/\sqrt{\varepsilon_0\mu_0}$ で伝わる波動方程式になっていることがわかる．ただ，この場合変化する物理量がベクトル量なので，具体的に電場・磁場ベクトルの各成分についての波動関数を得るにはもう少し条件を付ける必要がある．

そこで，簡単のため z 方向に進行する平面波を考える．平面波とは波面が平面上にあるモードで，具体的には z 方向に垂直な面，すなわち，x, y 面内では電場・磁場とも x, y 座標に依存せず同じ値をもつ場合である．このような条件下では，電場・磁場の各座標成分は次のように表せる．

$$\boldsymbol{E}(z,t) = E_x(z,t)\hat{\mathbf{x}} + E_y(z,t)\hat{\mathbf{y}} + E_z(z,t)\hat{\mathbf{z}}$$
$$\boldsymbol{B}(z,t) = B_x(z,t)\hat{\mathbf{x}} + B_y(z,t)\hat{\mathbf{y}} + B_z(z,t)\hat{\mathbf{z}} \tag{9-37}$$

一方，マクスウェルの第2式を各成分に分解すると，

$$\nabla \times \boldsymbol{E} = \left(\frac{\partial E_z}{\partial y} - \frac{\partial E_y}{\partial z}\right)\hat{\mathbf{x}} + \left(\frac{\partial E_x}{\partial z} - \frac{\partial E_z}{\partial x}\right)\hat{\mathbf{y}} + \left(\frac{\partial E_y}{\partial x} - \frac{\partial E_x}{\partial y}\right)\hat{\mathbf{z}}$$
$$= -\frac{\partial B_x}{\partial t}\hat{\mathbf{x}} - \frac{\partial B_y}{\partial t}\hat{\mathbf{y}} - \frac{\partial B_x}{\partial t}\hat{\mathbf{z}} \tag{9-38}$$

平面波の場合，電場の各成分は z 方向にのみ微分値をもつので，

$$-\frac{\partial E_y}{\partial z} = -\frac{\partial B_x}{\partial t}, \quad \frac{\partial E_x}{\partial z} = -\frac{\partial B_y}{\partial t}, \quad 0 = -\frac{\partial B_z}{\partial t} \tag{9-39}$$

同様に，第4式についてみると，

$$-\frac{\partial B_y}{\partial z} = \varepsilon_0\mu_0\frac{\partial E_x}{\partial t}, \quad \frac{\partial B_x}{\partial z} = \varepsilon_0\mu_0\frac{\partial E_y}{\partial t}, \quad 0 = \varepsilon_0\mu_0\frac{\partial E_z}{\partial t} \tag{9-40}$$

さらに，第1式からは $\rho=0$ なので，

$$\frac{\partial E_z}{\partial z} = 0 \tag{9-41}$$

第3式からは，

$$\frac{\partial B_z}{\partial z} = 0 \tag{9-42}$$

といった関係式が得られる．

これらの関係式からまずわかることは，(9-39)式の第3式，(9-40)式の第3式，(9-41)式，(9-42)式より，電場・磁場の z 方向成分 E_z, B_z は時間微分，z 方向微分ともに0，すなわち常に一定値をもつことになり，空間中に一定の電場・磁場が存在しないならその絶対値も0，すなわち $E_z=0, B_z=0$ と考えてよい．このことは，z 方向に伝搬する電磁波はその伝搬方向には振動成分をもたない，すなわち**電磁波は横波であること**を意味する．

次に，具体的な解を求めるため，電場の方向は x 軸方向を向いているものとし，$E_y(z,t)=0$ と置く．すると，(9-39)式の第1式，(9-40)式の第2式より，

$$\frac{\partial B_x}{\partial t}=0, \quad \frac{\partial B_x}{\partial z}=0 \tag{9-43}$$

となり，磁場の x 成分は一定値となり，振動成分は y 方向のみとなる．すなわち，電場と磁場の振動方向は互いに直交する．

最後に，電場と磁場それぞれについての波動方程式を導く．そのため，(9-39)式の第2式，(9-40)式の第1式，すなわち，

$$\frac{\partial E_x}{\partial z}=-\frac{\partial B_y}{\partial t}, \quad -\frac{\partial B_y}{\partial z}=\varepsilon_0\mu_0\frac{\partial E_x}{\partial t} \tag{9-44}$$

より，左の式を z で微分し，右の式を t で微分することにより

$$\frac{\partial^2 E_x}{\partial z^2}=-\frac{\partial^2 B_y}{\partial t\partial z}=\varepsilon_0\mu_0\frac{\partial^2 E_x}{\partial t^2} \tag{9-45a}$$

また，(9-44)式の右の式を z で，左の式を t で微分することにより，

$$\frac{\partial^2 B_y}{\partial z^2}=-\varepsilon_0\mu_0\frac{\partial^2 E_x}{\partial t\partial z}=\varepsilon_0\mu_0\frac{\partial^2 B_y}{\partial t^2} \tag{9-45b}$$

が得られ，$v^2=1/(\varepsilon_0\mu_0)$ と置き整理すると，E_x と B_y に対する波動方程式

$$\frac{1}{v^2}\frac{\partial^2 E_x}{\partial t^2}=\frac{\partial^2 E_x}{\partial z^2} \tag{9-46a}$$

$$\frac{1}{v^2}\frac{\partial^2 B_y}{\partial t^2}=\frac{\partial^2 B_y}{\partial z^2} \tag{9-46b}$$

を得る．音波の場合と同じように，z の正方向に伝搬する E_x と B_y についての波動関数は，それぞれ

$$E_x(z,t)=E_0\cos\left\{\omega\left(\frac{z}{v}-t\right)\right\} \tag{9-47a}$$

$$B_y(z,t)=B_0\cos\left\{\omega\left(\frac{z}{v}-t\right)\right\} \tag{9-47b}$$

となる．E_0，B_0 は，それぞれ電場成分と磁場成分の振幅であるが独立には決まらず，E_x と B_y の間の関係式，たとえば(9-44)式の左の式，$\partial E_x/\partial z=-\partial B_y/\partial t$ を満たす必要があり，

$$\frac{\partial E_x}{\partial z}=-\frac{\omega}{v}E_0\sin\left\{\omega\left(\frac{z}{v}-t\right)\right\}=-\frac{\partial B_y}{\partial t}=-\omega B_0\sin\left\{\omega\left(\frac{z}{v}-t\right)\right\} \tag{9-48}$$

より，

$$B_0=\frac{E_0}{v} \tag{9-49}$$

となる．ここで，波動の伝搬速度 $v=1/\sqrt{\varepsilon_0\mu_0}$ は，2.1 節で与えた真空の誘電率，$\varepsilon_0=8.854\times10^{-12}$ F/m および，7.3 節で与えた真空の透磁率，$\mu_0=4\pi\times10^{-7}=1.2567\times10^{-6}$ H/m を用いると，2.9979×10^8 m/s と，当然のことながら光速 c となる．逆に，真空の誘電率 ε_0 は

$$\varepsilon_0 = \frac{1}{\mu_0 c^2} = \frac{1}{4\pi c^2}\times 10^7 = 8.854\times 10^{-12}\,\text{F/m} \tag{9-50}$$

と，真空の透磁率の定義式と光速より求められる．

さらに，(9-47a, b)式を角振動数 ω と波数 K で表すと，$v=c=\omega/K$ に留意して

$$E_x(z,t) = E_0 \cos(Kz-\omega t) \tag{9-51a}$$

$$B_y(z,t) = \frac{E_0}{c}\cos(Kz-\omega t) \tag{9-51b}$$

と書ける．ここで，波長 λ と波数は $K=2\pi/\lambda$ の関係にある．**図 9-6** は，こうして求めた解を図に示したものである．

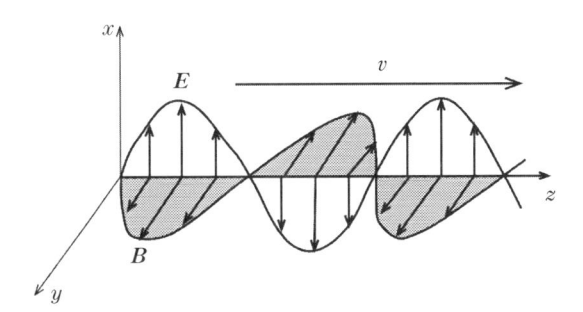

図 9-6 z 方向へ伝搬する電磁波の電場成分と磁場成分．互いに垂直となる．

なお，(9-47)式あるいは(9-51)式は，$v>0$ すなわち $+z$ 方向へ進行する波を表すが，v の符号を変えた解，すなわち

$$E_x(z,t) = E_0 \cos(-Kz-\omega t) \tag{9-52a}$$

$$B_y(z,t) = -\frac{E_0}{c}\cos(-Kz-\omega t) \tag{9-52b}$$

も，波動方程式(9-46a, b)を満たし，こちらの解は $-z$ 方向に進行する平面波を表す．したがって，特に境界条件を設けないかぎり，振動数 ω，速度 c の電磁波の一般解は両者の和

$$E_x(z,t) = E_0[\alpha\cos(Kz-\omega t)+\beta\cos(-Kz-\omega t)] = \alpha E_x^f(z,t)+\beta E_x^b(z,t) \tag{9-53a}$$

$$B_y(z,t) = \frac{E_0}{c}[\alpha \cos(Kz-\omega t) - \beta \cos(-Kz-\omega t)] = \alpha B_x^f(z,t) - \beta B_x^b(z,t) \quad (9\text{-}53\text{b})$$

で表せる．ここで，f は入射波，b は反射波を表し，α, β は振幅一定の条件 $\alpha^2 + \beta^2 = 1$ を満たす定数である．

9.3.3 電磁波が運ぶエネルギー

電場・磁場が存在するとその空間がエネルギーをもつ．単位体積当たりのエネルギーすなわちエネルギー密度は，電場については(3-27)式で，磁場については(8-35)式で与えられる．電磁波が存在するところでは電場・磁場がともに存在するので，エネルギー密度は

$$u(r,t) = \frac{\varepsilon_0}{2}E^2(r,t) + \frac{1}{2\mu_0}B^2(r,t) \quad (9\text{-}54)$$

で与えられ，エネルギーも波動とともに運ばれる．ここで，簡単のため前節で求めた平面電磁波について，z 方向に運ばれるエネルギー流の大きさを調べてみよう．(9-54)式に(9-51a, b)式を代入すると，

$$u(z,t) = \frac{\varepsilon_0}{2}E_0^2\left\{\cos^2(Kz-\omega t) + \frac{1}{\varepsilon_0\mu_0 c^2}\cos^2(Kz-\omega t)\right\} \quad (9\text{-}55)$$

となる．$\cos^2\theta$ の平均値は $1/2$ であり，また $1/\varepsilon_0\mu_0 = c^2$ を使うと，

$$\langle u(z,t) \rangle = \frac{\varepsilon_0}{2}E_0^2 \quad (9\text{-}56)$$

となる．これが光速 $c = \sqrt{1/\varepsilon_0\mu_0}$ m/s で運ばれるので，単位時間に単位面積を通過するエネルギー流の大きさ S は

$$S = c\langle u(z,t) \rangle = \frac{1}{2}\sqrt{\frac{\varepsilon_0}{\mu_0}}E_0^2 \quad (9\text{-}57)$$

となる．

練習問題 9-1 太陽から放射される電磁波の単位時間当たりのエネルギーの総量は，3.85×10^{26} W である．
(1) 地上にあって太陽光線と垂直な面 1 m² 当たりに到達するエネルギーを求めよ(地球と太陽の距離を 1.49×10^{11} m とし，大気による吸収は無視する)．
(2) 地上における太陽からの電磁波の電場および磁場の振幅を求めよ．

10 過渡特性とインピーダンス―交流回路理論の基礎―

すでに 8.5.3 項や 9.1.1 項で述べてきたように，コイル（インダクタンス）やコンデンサー（キャパシタンス）を含む電気回路に電圧をかけたとき流れる電流には時間遅れがあり，いわゆる**過渡特性**を示す．また，実際にいろいろな電気機器は交流で使われることが多く，回路中にインダクタンスやキャパシタンスが含まれると，かけた交流電圧と流れる電流の間に位相差や周波数依存性が生じる．交流回路における抵抗に相当する量を**インピーダンス**とよび，電気回路の働きを理解する上で重要な役割を果たす．インピーダンスと過渡特性の間には密接な関係があり，前者は**周波数領域**における応答，後者は**時間領域**における応答である．この章では，初めに代表的な回路の過渡特性を復習し，同じ回路に正弦波の電圧をかけたとき流れる電流を解析し回路のインピーダンスを求める．

10.1　コイルやコンデンサーを含む回路の過渡特性

（1）　LR 回路の過渡特性

図 10-1 に示すような，コイル（インダクタンス L）と抵抗（R）を直列につないだ回路に $t=0$ に電圧 V_0 をかけると電流が流れ始めるが，その電流によってコイルに生じた磁

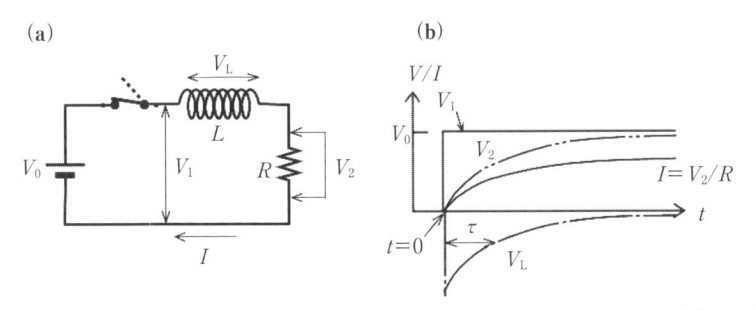

図 10-1　（a）直列 LR 回路．（b）$t=0$ にスイッチ on にしたときの各部の電圧，電流の変化．

場により誘導起電力 $V_L=-L(dI/dt)$ が生じ((8-26)式），電流の増加にブレーキがかかる．(8-27)式で示したように，このときの電流 I の変化は，方程式

$$L\frac{dI}{dt}+RI-V_0=0 \tag{10-1}$$

で記述され，その解は

$$I(t)=I_\infty\left(1-e^{-\frac{t}{\tau}}\right) \tag{10-2}$$

となる．ここで τ は，$\tau=L/R$ で与えられる時間の次元をもつ量で**緩和時間**または**時定数**とよばれ，電流の立ち上がり時間の目安を与える．各部の電圧は図 10-1(b)に示したように，いずれも指数関数的に変化し，$t\to\infty$ で電流は $I_\infty=V_0/R$，抵抗両端の電圧 V_2 は V_0 に等しくなる．

（2） CR 回路の過渡特性

図 10-2 は，コンデンサーと抵抗を直列につないだ回路である．$t<0$ ではスイッチを短絡側に接続しコンデンサーに溜まった電荷を 0 にしておき，$t=0$ で電源側に切り替える．そうすると，コンデンサーを充電するため電流 $I=dQ/dt$ が流れる．また，コンデンサー両端の電圧は $V_C=Q/C$ であり，9.1.1 項で示したように，この回路にキルヒホッフの法則を当てはめると，電荷 Q についての方程式

$$R\frac{dQ}{dt}+\frac{Q}{C}-V_0=0 \tag{10-3}$$

が成り立ち，$t=0$ で $Q=0$，$t\to\infty$ で $Q_\infty=CV_0$ という境界条件を満たす解として

$$Q(t)=Q_\infty\left(1-e^{-\frac{t}{\tau}}\right) \tag{10-4}$$

を得る．したがって，電流は

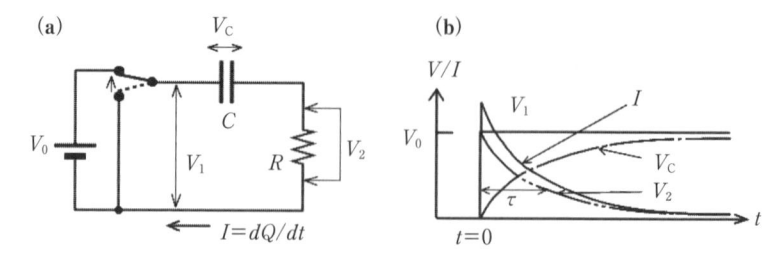

図 10-2 （a）直列 CR 回路．（b）$t=0$ にスイッチを電源側に切り替えたときの各部の電圧，電流の変化．

$$I(t) = \frac{dQ}{dt} = \frac{Q_\infty}{\tau} e^{-\frac{t}{\tau}} = I_0 e^{-\frac{t}{\tau}} \tag{10-5}$$

で与えられる．ここで，初期電流は $I_0 = V_0/R$，緩和時間は $\tau = RC$ で定義される．また，各部の電圧の変化は図 10-2(b) に示した変化をする．

(3) LCR 回路の過渡特性

次に，コイル，コンデンサー，抵抗を直列につないだ回路の過渡特性を考える．この場合は，回路を記述する方程式がコンデンサーの電荷 Q に対する 2 階の微分方程式になるので，解くのが少し面倒であるが，後に述べるインピーダンスの周波数依存性を考えるとき共振回路を構成するので重要である (**図 10-3**)．

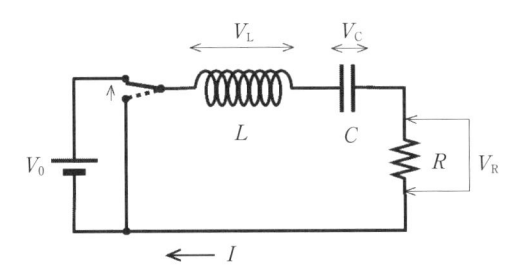

図 10-3 直列 LCR 回路．初めにスイッチを短絡側に接続しておきコンデンサーの電荷を 0 とした後，$t=0$ にスイッチを電源側に切り替える．

この回路について，物理的考察でわかることは，(i) スイッチを電源側に切り替えた直後は L 成分により，図 10-1(b) に示したように，電流は 0 から徐々に増えていくこと，(ii) 十分時間が経ち定常状態に達すると，コンデンサーには $Q = CV_0$ の電荷が溜まり，電流は 0 に近づくことである．したがって，電流変化は，途中で少なくとも 1 つの極大値を取ることが予想されるが，振動しながら減衰していく可能性もある．

電流変化に対する方程式は次のようにして得られる．$t>0$ では，

$$V_0 = V_L + V_C + V_R = L\frac{dI}{dt} + \frac{Q}{C} + RI \tag{10-6}$$

これを，t で微分すると，

$$\frac{dV_0}{dt} = L\frac{d^2I}{dt^2} + R\frac{dI}{dt} + \frac{1}{C}\frac{dQ}{dt} = L\frac{d^2I}{dt^2} + R\frac{dI}{dt} + \frac{1}{C}I = 0 \tag{10-7}$$

と，$I(t)$ についての 2 階線形微分方程式となる．この方程式の解法はよく知られており，係数によって振動解と非振動解が得られる．微分方程式の解法は付録 C に示すが，

先に述べた物理的考察により得られる境界条件 $I(0)=0$, $I(\infty)=0$ を満たす解として，臨界抵抗値 $R_\mathrm{C}=2\sqrt{L/C}$ を定義すると，$R<R_\mathrm{C}$ で振動解が，$R>R_\mathrm{C}$ で非振動解が得られる．$R=R_\mathrm{C}$ の場合を臨界制動解という．以下にその具体的な関数形を列挙する．また，図 10-4 に振動解と非振動解の一例を示す．

（ⅰ）　振動解：$R<R_\mathrm{C}$

$$I(t)=\frac{V_0}{L\omega_\mathrm{f}}e^{-\frac{t}{\tau}}\sin(\omega_\mathrm{f}t) \tag{10-8}$$

ここで，τ は，$\tau=2L/R$ で与えられる緩和時間，ω_f は，$\omega_\mathrm{f}=\sqrt{1/LC-(R/2L)^2}$ で与えられる角振動数である．この場合，$R\to 0$ の極限では，解は単振動となる．物理的にはコンデンサーの極板間の電場のエネルギーとコイルがつくる磁場のエネルギーが交互に入れかわり振動すると見なしてよい．

（ⅱ）　臨界制動解：$R=R_\mathrm{C}$

$$I(t)=\frac{V_0}{L}te^{-\frac{t}{\tau}}=\frac{V_0}{L}te^{-\frac{t}{\tau}} \tag{10-9}$$

（ⅲ）　非振動解（過制動解）

$$I(t)=\frac{V_0}{L\omega_\mathrm{h}}e^{-\frac{t}{\tau}}\sinh(\omega_\mathrm{h}t) \tag{10-10}$$

ここで，$\tau=2L/R$, $\omega_\mathrm{h}=\sqrt{(R/2L)^2-(1/LC)}$ である．

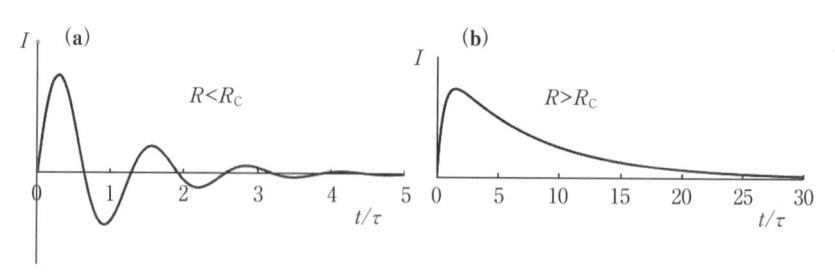

図 10-4　直列 LCR 回路の過渡特性．（a）振動解，（b）非振動解．

10.2　交流回路とインピーダンス

10.2.1　交流回路の周波数特性

　L や C を含む回路に，電池の代わりに $V(t)=V_0\cos\omega t$ で与えられる交流電源を使った場合の電流応答特性を過渡特性と同じような手法で調べてみよう．

(1) LR 回路(図 10-5)

電圧と電流の関係式は前節(10-1)式に対応し,

$$V_0 \cos \omega t = L\frac{dI}{dt} + RI \tag{10-11}$$

と書ける．この微分方程式は，関数 $I(t)$ について線形なので，解も角振動数 ω で振動する関数となり容易に求まる．すなわち，

$$I(t) = I_0 \cos(\omega t + \phi) \tag{10-12}$$

と置き，これを(10-11)式に代入し，I_0, ϕ を求めればよい．この式は，三角関数の加法定理 $\cos(\omega t + \phi) = \cos\phi \cos\omega t - \sin\phi \sin\omega t$ を使うと

$$I(t) = I_1 \cos\omega t + I_2 \sin\omega t$$
$$\phi = \tan^{-1}\left(-\frac{I_2}{I_1}\right) \tag{10-13}$$

と書ける．第1項は電源と同位相成分，第2項は位相が $90°(=\pi/2)$ ずれた成分を表す．(10-13)式を(10-11)式に代入すると,

$$V_0 \cos\omega t = \omega L(-I_1 \sin\omega t + I_2 \cos\omega t) + R(I_1 \cos\omega t + I_2 \sin\omega t) \tag{10-14}$$

となり，書き換えると，恒等式

$$(-V_0 + RI_1 + \omega LI_2)\cos\omega t + (-\omega LI_1 + RI_2)\sin\omega t = 0 \tag{10-15}$$

が成り立つ．したがって，I_1, I_2 を変数とする連立方程式

$$RI_1 + \omega LI_2 = V_0$$
$$-\omega LI_1 + RI_2 = 0 \tag{10-16}$$

を満たす必要がある．(10-16)式を解くことにより，

$$I_1 = \frac{R}{R^2 + \omega^2 L^2} V_0, \quad I_2 = \frac{\omega L}{R^2 + \omega^2 L^2} V_0 \tag{10-17}$$

が求まる．得られた解を，三角関数の公式を使って(10-12)型の解に戻すと，

$$I_0 = \frac{V_0}{\sqrt{R^2 + \omega^2 L^2}}, \quad \phi = \tan^{-1}\left(-\frac{\omega L}{R}\right) \tag{10-18}$$

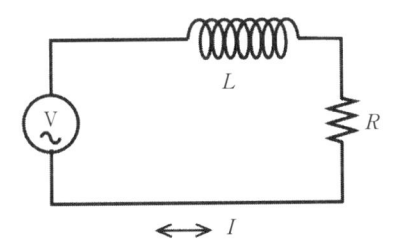

図 10-5 交流 LR 回路．

が得られる．以上の結果からわかることは，$R \gg \omega L$ では $I_0 \approx V_0/R$，かつ $\phi \approx 0$ と通常のオームの法則となるが，角振動数の増加とともに電流が減少し，かつ位相が遅れる．$R \ll \omega L$ の極限では $I_0 \approx V_0/\omega L$, $\phi \approx -\pi/2$ となり，角振動数の増加に反比例して電流が減少し，かつ位相が 90° 遅れ正弦波に近づく．図 10-7 に示すように，このような傾向が顕著になる境界は**臨界角振動数** $\omega_c \approx R/L$ で与えられるが，この値は LR 回路の過渡特性の緩和時間 $\tau = L/R$ の逆数となっており，2 つの現象が密接に関係していることがわかる．

（2） CR 回路（図 10-6）

この場合の電流に関する微分方程式は，電荷 Q に対する微分方程式 (10-3) の V_0 を $V(t)$ に置き換え時間で微分した式，

$$\frac{dV}{dt} = \frac{1}{C}\frac{dQ}{dt} + R\frac{d^2Q}{dt^2} = \frac{1}{C}I + R\frac{dI}{dt} \tag{10-19}$$

より，

$$-\omega V_0 \sin \omega t = R\frac{dI}{dt} + \frac{1}{C}I \tag{10-20}$$

となり，LR 回路の場合と同じ手法により

$$I_1 = \frac{R}{R^2 + 1/\omega^2 C^2}V_0, \quad I_2 = \frac{1/\omega C}{R^2 + 1/\omega^2 C^2}V_0 \tag{10-21}$$

$$I_0 = \frac{V_0}{\sqrt{R^2 + 1/\omega^2 C^2}}, \quad \phi = \tan^{-1}\left(\frac{1}{\omega CR}\right) \tag{10-22}$$

が得られる．この場合は LR 回路とは逆に，$\omega \gg 1/RC$ の極限でオームの法則に近づき，$\omega \approx \omega_c = 1/RC$ より低振動数側では電流は角振動数の低下とともに減衰する．この場合も臨界角振動数は CR 回路の過渡特性の緩和時間 $\tau = RC$ の逆数となっている．

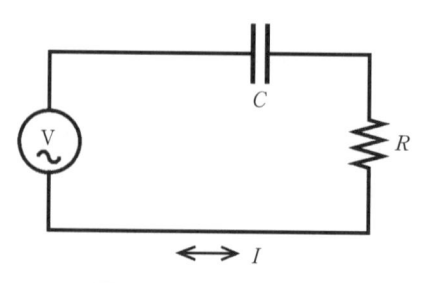

図 10-6 交流 CR 回路．

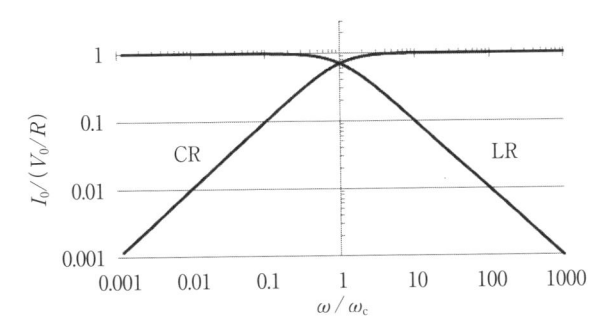

図 10-7 両対数プロットで表した LR 回路と CR 回路の交流周波数特性. 縦軸は電流 I_0 を (V_0/R) で割った値. 横軸は臨界角振動数で規格化した振動数.

図 10-7 は LR 回路と CR 回路の交流周波数特性,すなわち I_0 の角振動数依存性を両対数プロットで表したものであるが,両者とも臨界角振動数 ω_c を境に電流一定領域から減衰領域へ移行することがわかる.

(3) LCR 回路(図 10-8)

図 10-8 に回路図を示すが,電流についての微分方程式は過渡特性の場合の(10-7)式に対応して,

$$\frac{dV}{dt} = L\frac{d^2 I}{dt^2} + R\frac{dI}{dt} + \frac{1}{C}I \tag{10-23}$$

と I についての 2 次の線形微分方程式となり,これまでと同じ方法により,解

$$I_0 = \frac{V_0}{\sqrt{R^2 + (\omega L - 1/\omega C)^2}}, \quad \phi = \tan^{-1}\left(\frac{1/\omega C - \omega L}{R}\right) \tag{10-24}$$

$$I_1 = \frac{R}{R^2 + (\omega L - 1/\omega C)^2} V_0, \quad I_2 = \frac{1/\omega C - \omega L}{R^2 + (\omega L - 1/\omega C)^2} V_0 \tag{10-25}$$

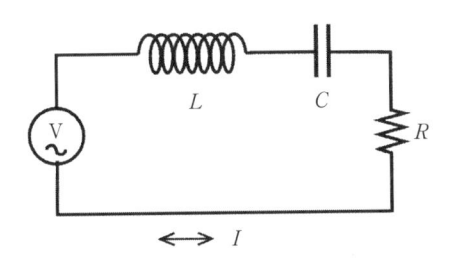

図 10-8 交流 LCR 回路.

が得られる．なおこれらの結果は次項に述べる**複素インピーダンス**を使うことにより容易に求めることができる．

●共振周波数と Q 値

LCR 回路の解（(10-24)式）から，電流値は $\omega L - 1/\omega C = 0$ となる角振動数 $\omega_r = \sqrt{1/LC}$ で最大値を示す．そのためこの回路を**直列共振回路**とよび，ω_r は共振角振動数である．**図 10-9** に，R の値が異なる2つの例について横軸を ω_r で規格化した周波数（対数プロット），縦軸に電流値 I_0 の2乗を示すが，R 成分が小さくなるほどグラフはシャープになる．図の両端矢印は，電流値の2乗がピーク値の 1/2 となる位置でのグラフの幅を示し，その値の 1/2 を**半値幅** W とよぶ．共振現象のシャープさ（尖鋭度）を表す指標としては，一般に **Q 値**が使われる．これは共振角振動数を半値幅の2倍で除した量 $Q = \omega_r/2W$ として定義される．直列 LCR 系では，I_0^2 が最大値の 1/2 になる条件は(10-24)式より，

$$R^2 = \left(\omega L - \frac{1}{\omega C}\right)^2 \tag{10-26}$$

で与えられるが，これを $W \ll \omega_r$ として近似解を求めると $W \approx R/2L$，したがって，

$$Q = \frac{L\omega_r}{R} = \frac{\sqrt{L/C}}{R} \tag{10-27}$$

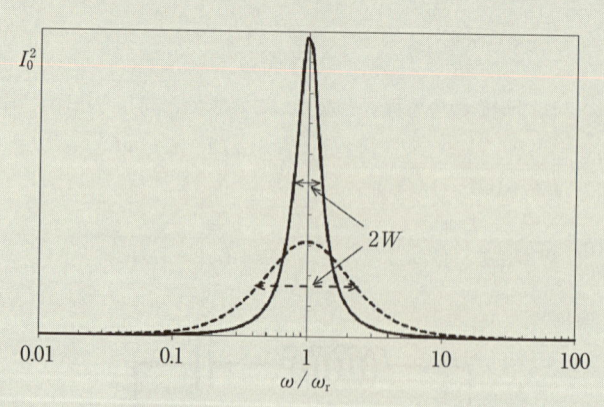

図 10-9 LCR 回路の電流周波数特性．横軸は共振周波数 $\omega_r = \sqrt{1/LC}$ で規格化した周波数（対数目盛）．縦軸は電流値の2乗（I_0^2）．両端矢印は電流値の2乗がピーク値の 1/2 になるグラフの幅を示し，その半分の値を半値幅 W とよぶ．実線は $R < R_c$（10.1 節（3）参照）の場合．点線は $R = R_c$ の場合．

となる．この式より，抵抗成分が小さいほど共鳴は尖鋭になり，また同じ共振周波数であれば L 成分が大きいほど大きい Q が得られる．R が臨界制動値 $R_c = 2\sqrt{L/C}$ のときは $Q=0.5$ となる．

10.2.2 複素数表示とインピーダンス

　三角関数による交流 LCR 回路の解析は，過渡現象との対応も含め，物理的には理解しやすいが，計算が面倒である．そこで，三角関数がオイラーの公式 $e^{i\theta} = \cos\theta + i\sin\theta$ を通じ，複素指数関数と関連付けられることに着目し，交流回路の解析を複素数表示により行うと便利である．

　初めに，簡単のため，LR 回路について調べてみよう．交流電源を

$$\tilde{V} = V_0 e^{i\omega t} \tag{10-28}$$

と置き，求めるべき電流を

$$\tilde{I} = \tilde{I}_0 e^{i\omega t} \tag{10-29}$$

とする．ここで，チルダを付けた変数または関数 $\tilde{X}$ は，複素量を意味する．いうまでもなく，$\tilde{V}$，$\tilde{I}$ の実数部 $\Re(\tilde{V})$，$\Re(\tilde{I})$ は，三角関数での表示 $V(t) = V_0 \cos\omega t$，$I(t) = I_0 \cos(\omega t + \phi)$ と一致し，以下の計算で求められる解の実数部は測定値に対応する物理量となる．このように定義した複素電圧・電流を(10-11)式に対応する LR 回路の微分方程式

$$\tilde{V} = L\frac{d\tilde{I}}{dt} + R\tilde{I} \tag{10-30}$$

に代入して解き，すでに求めた解(10-17)式や，(10-18)式と比較する．

　(10-30)式に，(10-28)，(10-29)式で定義した $\tilde{V}$，$\tilde{I}$ を代入すると，

$$\tilde{V} = i\omega L\tilde{I} + R\tilde{I} = (R + i\omega L)\tilde{I} = \tilde{Z}\tilde{I} \tag{10-31}$$

と書ける．この式は，直流回路についてのオームの法則と同型で，$\tilde{Z} = R + i\omega L$ は抵抗に相当するので交流抵抗といってもよいが，通常**複素インピーダンス**あるいは単にインピーダンスとよび，後に示すように，微分方程式を解かずとも，回路のインピーダンスを求めるだけで電流量や位相変化を求めることができる．このとき使用する複素数に係わる基本式を付録 D に示しておく．

　ところで，今求めたいのは，L と R を直列につないだ回路に角振動数 ω の交流電圧をかけたとき流れる電流の大きさ I_0 と位相のずれ ϕ である．これらの量は複素インピーダンスを使うと容易に求まる．(10-31)式より LR 回路のインピーダンスを複素平面の公式を使い

で表す. ここで, Z はインピーダンスの絶対値で実数値, ϕ は位相角である. これを用いると交流回路のオームの法則 $\tilde{I}=\tilde{V}/\tilde{Z}$ は

$$\tilde{Z}=R+i\omega L=Ze^{-i\phi}, \quad Z=|\tilde{Z}|=\sqrt{R^2+\omega^2L^2}, \quad \phi=\tan^{-1}\left(-\frac{\omega L}{R}\right) \tag{10-32}$$

$$\tilde{I}=\frac{\tilde{V}}{\tilde{Z}}=\frac{V_0\,e^{i\omega t}}{Ze^{-i\phi}}=\frac{V_0}{Z}e^{i(\omega t+\phi)}=I_0\,e^{i(\omega t+\phi)} \tag{10-33}$$

となり, 実数部は

$$I=I_0\cos(\omega t+\phi)$$
$$I_0=\frac{V_0}{Z}=\frac{V_0}{\sqrt{R^2+\omega^2L^2}}, \quad \phi=\tan^{-1}\left(-\frac{\omega L}{R}\right) \tag{10-34}$$

と (10-18) 式に一致する.

同様の方法で, 直列 LCR 回路のインピーダンスを求めると,

$$\tilde{Z}=R+i\omega L+\frac{1}{i\omega C}=R+i\left(\omega L-\frac{1}{\omega C}\right)=Ze^{-i\phi}$$
$$Z=\sqrt{R^2+(\omega L-1/\omega C)^2}, \quad \phi=\tan^{-1}\left(-\frac{\omega L-1/\omega C}{R}\right) \tag{10-35}$$

したがって, 電流値は

$$I=I_0\cos(\omega t+\phi)$$
$$I_0=\frac{V_0}{Z}=\frac{V_0}{\sqrt{R^2+(\omega L-1/\omega C)^2}}, \quad \phi=\tan^{-1}\left(-\frac{\omega L-1/\omega C}{R}\right) \tag{10-36}$$

と, (10-24) 式と同じ結果が得られる.

このように, 直流抵抗のインピーダンスを R (実数), コイルのインダクタンスによるインピーダンスを $i\omega L$, コンデンサーのキャパシタンスによるインピーダンスを $1/i\omega C$ と置くことにより, 回路の合成インピーダンスが求まり, それをもとに回路に流れる電流値や位相回転角を求めることができる. 上で示したのは簡単な直列回路のみであったが, 並列回路にも適用でき, 一般的には, 抵抗値 R をインピーダンス Z に置き換えることにより, 6.3 節で直流回路についてキルヒホッフの法則を適用して求めたのと同じ方法で回路の合成インピーダンスを求め, その実数部を Z_R, 虚数部を Z_I, すなわち

$$\tilde{Z}=Z_R+iZ_I \tag{10-37}$$

として整理し, これより,

$$Z=\sqrt{Z_R^2+Z_I^2}, \quad \phi=\tan^{-1}\left(-\frac{Z_I}{Z_R}\right) \tag{10-38}$$

を求めることにより, 次式が求まる.

$$I(t)=I_0\cos(\omega t+\phi)=\frac{V_0}{Z}\cos(\omega t+\phi) \tag{10-39}$$

これらの結果より，インピーダンスの虚数部は回路に流れる電流の位相遅れをもたらすという物理的な意味をもつ量であることがわかる．

簡単な例として，並列 LCR 共振回路のインピーダンスを求めてみよう．並列回路なので合成インピーダンスは

$$\frac{1}{\tilde{Z}} = \frac{1}{R} + \frac{1}{i\omega L} + i\omega C = \frac{1}{R} + i\left(\omega C - \frac{1}{\omega L}\right) \tag{10-40}$$

となる．$1/\tilde{Z} = e^{i\phi}/Z$ として，インピーダンスの絶対値を求めると，

$$\frac{1}{Z} = \sqrt{\frac{1}{R^2} + \left(\omega C - \frac{1}{\omega L}\right)^2} \quad \Rightarrow \quad Z = \frac{1}{\sqrt{1/R^2 + (\omega C - 1/\omega L)^2}} \tag{10-41}$$

となり，共振周波数 $\omega_r = \sqrt{1/LC}$ でインピーダンスの絶対値は最大となる．したがって，直列 LCR 回路とは逆に，共振点 $\omega_r = \sqrt{1/LC}$ で電流が最小となる．

10.3　交流回路のエネルギー収支

6 章，6.4 節で述べたように，直流回路では電流が単位時間になす仕事は $W = VI$ で与えられる．交流の場合は，電源電圧，回路に流れる電流値とも時間的に変動するので平均値を求める必要がある．電圧が $V(t) = V_0 \cos \omega t$，電流が $I(t) = I_0 \cos(\omega t + \phi)$ で変動しているとすると，1 周期 $\tau = 2\pi/\omega = 1/f$ の間になされる仕事は

$$\Delta W = \int_0^\tau V(t)I(t)dt = V_0 I_0 \int_0^\tau \cos \omega t \cos(\omega t + \phi)dt$$
$$= \frac{1}{2} V_0 I_0 \left[\tau \cos \phi + \int_0^\tau \cos(2\omega t + \phi)dt\right] = \frac{1}{2f} V_0 I_0 \cos \phi \tag{10-42}$$

で与えられる．ここで，$f[\text{Hz}(\text{ヘルツ})]$ は 1 秒間当たりの振動数なので，単位時間当たりに消費されるエネルギー（単位 W（ワット））は

$$W = f \times \Delta W = \frac{1}{2} V_0 I_0 \cos \phi \tag{10-43}$$

となる．ここで，V_0, I_0 はそれぞれ交流電圧・電流の振幅を与える量であるが，交流電圧計・電流計で測定される値は実効値 $V_\text{eff}, I_\text{eff}$ であり，2 乗平均値で与えられる．すなわち，実効電圧は

$$V_\text{eff} = \sqrt{\langle V^2(t) \rangle} = V_0 \sqrt{\int_0^\tau \cos^2 \omega t \, dt} = \frac{V_0}{\sqrt{2}} \tag{10-44}$$

同様に，実効電流は

$$I_\text{eff} = \sqrt{\langle I^2(t) \rangle} = I_0 \sqrt{\int_0^\tau \cos^2(\omega t + \phi) dt} = \frac{I_0}{\sqrt{2}} \tag{10-45}$$

で与えられる．我が国では一般家庭で使われる交流は 100 V であるが，これは実効値であり，V_0 は 141.4 V であり，振幅は $2V_0=282$ V である．このようにして与えられる実効電圧・電流を用いれば，交流電流がなす仕事は単純に

$$W = V_{\text{eff}} I_{\text{eff}} \cos \phi \tag{10-46}$$

で与えられる．また，(10-38)式で定義したインピーダンスの絶対値を用いれば，

$$W = \frac{V_{\text{eff}}^2}{Z} \cos \phi = Z I_{\text{eff}}^2 \cos \phi \tag{10-47}$$

と書ける．ここで，$\cos \phi$ は，力率とよばれ，電圧変化と電流変化の位相差の余弦として与えられる量で，位相差が $\pm 90°$ ($\pm \pi/2$) の場合は，電流が流れていても電力は消費しないことになる．

具体的に，直列 LR 回路 (図 10-5) について考えると，(10-18)式より，位相差は $\phi = \tan^{-1}(-\omega L/R)$ なので，$R \to 0$ の極限では $\phi \to -\pi/2$，したがって，$W \to 0$ となり電力を消費しない．物理的には，電圧上昇時は電源のエネルギーは，コイルがつくる磁場のエネルギーとなって蓄積され，下降時は磁場のエネルギーが放出され，回路に電流を供給する．また，直列 CR 回路 (図 10-6) では，$\phi = \tan^{-1}(1/\omega CR)$ なので，$R \to 0$ の極限では $W \to 0$ となり電力を消費しない．この場合は，電圧上昇時は極板間に電場のエネルギーが蓄積し，下降時にはそれが放出されるというサイクルが繰り返され，やはり電力を消費しない．いずれの場合も，電気エネルギーは R 成分が存在するときのみジュール熱として消費される．

● **力学的インピーダンス**

インピーダンスという概念は，電気回路のみでなくもう少し広い分野で使われる．一般的には，周期的に変動する入力に対する出力の応答を記述する量といってもいいだろう．これまで述べてきた交流回路のインピーダンスは，入力として交流電圧，出力として回路に流れる電流を取り上げたが，ここでは，**図 10-10** に示すように，質量 M の物体を空気中で外力 F で動かしたとき物体の

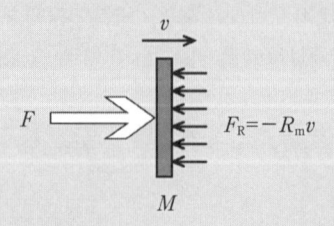

図 10-10 質量 M の板を空気中で動かす．板は外力 F の他，速度に比例する抵抗力 F_R を受ける．

速度 v がどのように変化するかを考える．ここで，物体は外力 F の他，速度に比例する抵抗力 $F_R = -R_m v$ を受けるものとする．ここで，比例係数 R_m を抵抗係数とよぶ．

この場合の運動方程式は

$$M\frac{dv}{dt} = F - F_R = F - R_m v \tag{10-48}$$

で表せ，移項して書き直すと，

$$M\frac{dv}{dt} + R_m v - F = 0 \tag{10-49}$$

となり，$F \to V$, $M \to L$, $R_m \to R$, $v \to I$ と置き換えると，直列 LR 回路の電圧と電流の関係式(10-1)と等しくなる．初期条件が同じなら，当然その解も等しく，また外力として，振動力 $F(t) = F_0 \cos\omega t$ を加えると，速度の応答は

$v = v_0 \cos(\omega t + \phi)$

$$v_0 = \frac{v_0}{Z_m} = \frac{F_0}{\sqrt{R_m^2 + \omega^2 M^2}}, \quad \phi = \tan^{-1}\left(-\frac{\omega M}{R_m}\right) \tag{10-50}$$

で与えられる．このとき，複素力学インピーダンス $\tilde{Z}_m$ およびその絶対値 Z_m は，次式で与えられる．

$$\tilde{Z}_m = R_m + i\omega M, \quad Z_m = \sqrt{R_m^2 + \omega^2 M^2} \tag{10-51}$$

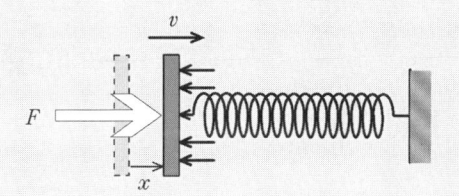

図 10-11 振動板にバネ定数 k のバネを付ける．平衡位置からのずれを x とする．

さらに，図 10-11 に示すように，この板にバネ定数 k のバネを取り付け，外力 F を加えたときの平衡位置からのずれを x とすると，運動方程式は

$$M\frac{dv}{dt} = F - R_m v - kx \tag{10-52}$$

となる．$v = dx/dt$ なので，(10-52)式を時間で微分し移項すると，

$$\frac{dF}{dt} = M\frac{d^2v}{dt^2} + R_m\frac{dv}{dt} + k\frac{dx}{dt} = M\frac{d^2v}{dt^2} + R_m\frac{dv}{dt} + kv \tag{10-53}$$

と書ける．ここで，$k \to 1/C$, $x \to Q$ と置き換えると(10-53)式は，LCR 系の方程式，(10-23)式と一致する．すなわち，変位 x は電荷 Q と等価で，バネ定数 k (スティフネス)は静電容量の逆数 $1/C$ に相当する．k の逆数として

$C_m=1/k$ を定義すると，C_m は電気系での静電容量 C と等価になる．C_m をバネのコンプライアンスと呼び，柔らかさを表す量である．

表 10-1　電気系と力学系の諸量の対応．

電気系		力学系	
V	電圧	F	力
I	電流	v	速度
Q	電荷	x	変位
L	インダクタンス	M	質量
C	静電容量	$C_m(=1/k)$	コンプライアンス
R	電気抵抗	R_m	抵抗係数

このように，図 10-11 で表せる力学系は，電気系での直列 LCR 回路と等価であり，過渡特性についても，また振動する力に対する応答についても，電気系での計算結果がそのまま使える．表 10-1 に電気系と力学系の諸量の対応関係を示すが，特に振動する系については複素インピーダンスによる計算も適応可能で，たとえば，減衰のある強制振動系は図 10-12 に示すような等価関係が成り立つ．

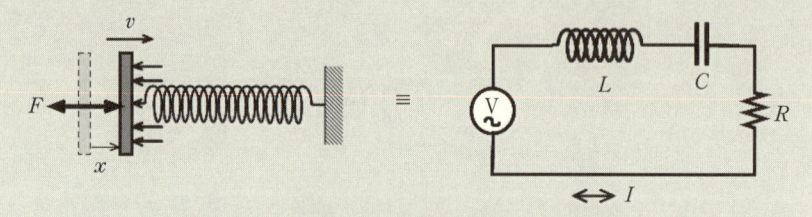

図 10-12　減衰のある強制振動系の等価回路．

逆に，この対応関係から，電気系ではつかみにくい物理的イメージが力学系では容易に理解できる．たとえば，抵抗が小さい ($R<R_c$) LCR 回路の過渡特性が振動するのはバネの単振動として容易に理解できるであろう．ただし，電気系の場合も含めインピーダンスによる応答特性が正しい解を与えるのは，もとになる微分方程式が線形の場合に限られており，非線形要素があれば解に高調波成分が混じるなど複雑になる．電気系では通常の使用条件では線形性はほぼ保たれるが，力学系の場合は，たとえばバネの復元力において変位の2乗，3乗に比例する項が無視できない場合もあり，この場合は2倍，3倍の周波数をもつ交流成分(高調波)が発生する．

10.4 分布定数回路とケーブルの伝送特性

10.4.1 固有インピーダンス

再び交流電気系に戻り，信号伝達用に使われる平行2芯線や同軸ケーブルの特性を複素インピーダンスの観点から調べてみよう．簡単な例として，**図 10-13** に示すような半径 r の棒状の導線を中心間の間隔 d で2本平行に並べた伝送線を考える．初めは，末端からの反射がない条件として，長さを無限大と考えておく．平行2線間に電流を流すと磁場が発生するので当然自己インダクタンスがある．また，小さいながら，静電容量も存在する．ここでは，単位長さ当たりの自己インダクタンスを L，静電容量を C とする．その値は，L については 8.5.2 項で求めたように $L=(\mu_0/\pi)\ln(d/r)$，C については，(3-39) 式で求めたように $C=(\pi\varepsilon_0)/\ln(d/r)$ で与えられる．これらの L や C は導線の全長にわたって分布して存在するので，これを分布定数回路とよび，伝搬する交流電場の波長に比べて微小な部分 Δl がもつ ΔL，ΔC をはしご状につないだ等価回路で表せる．

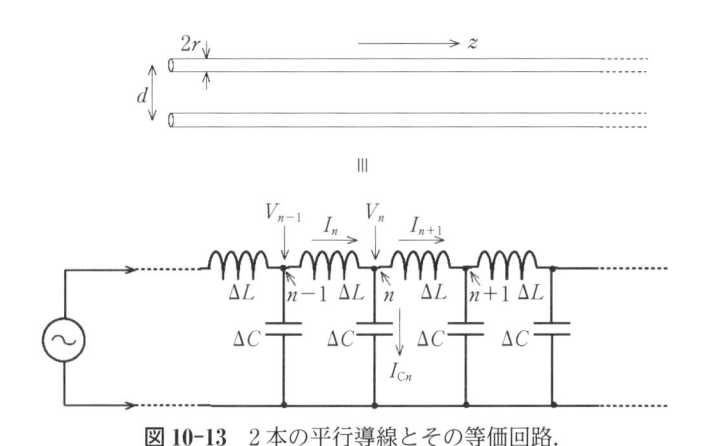

図 10-13 2本の平行導線とその等価回路．

このはしご状回路の左端に $\tilde{V}(t)=V_0 e^{i\omega t}$ の交流電源をつけたとき，回路の途中の n 点の前後の電圧および n 点に流入・流出する電流について，キルヒホッフの法則を適用する．まず，n 点での電流量保存則は

$$\tilde{I}_n = \tilde{I}_{n+1} + \tilde{I}_{Cn} \tag{10-54}$$

となるが，コンデンサーを流れる電流は，$\tilde{I}_{Cn} = \tilde{V}_n/(1/i\omega\,\Delta C) = i\omega\,\Delta C\tilde{V}_n$ で与えられ

るので、$\Delta \tilde{I} = \tilde{I}_{n+1} - \tilde{I}_n = (d\tilde{I}/dz)\Delta l$ を考慮し、さらに、$\tilde{I}_n$, $\tilde{V}_n$ を位置 z の連続関数 $\tilde{V}(z,t)$, $\tilde{I}(z,t)$ に置き換えると、

$$-i\omega \Delta C \tilde{V} = \frac{\partial \tilde{I}}{\partial z}\Delta l \tag{10-55}$$

と書ける。また、n 点と、$n-1$ 点の電位差は $\Delta \tilde{V} = \tilde{V}_{n-1} - \tilde{V}_n = i\omega \Delta L \tilde{I}_n$ なので、

$$-i\omega \Delta L \tilde{I} = \frac{\partial \tilde{V}}{\partial z}\Delta l \tag{10-56}$$

が成り立つ。L, C は単位長さ当たりのインダクタンス、キャパシタンスなので、$L = \Delta L/\Delta l$, $C = \Delta C/\Delta l$, したがって(10-55), (10-56)式はそれぞれ

$$-i\omega C \tilde{V} = \frac{\partial \tilde{I}}{\partial z} \tag{10-57}$$

$$-i\omega L \tilde{I} = \frac{\partial \tilde{V}}{\partial z} \tag{10-58}$$

と書ける。一方、V も I も交流なので、$\tilde{V}(z,t) = \tilde{V}_0(z)e^{i\omega t}$, $\tilde{I}(z,t) = \tilde{I}_0(z)e^{i\omega t}$ で表せ、したがって、$\partial \tilde{V}/\partial t = i\omega \tilde{V}_0 e^{i\omega t} = i\omega \tilde{V}$, $\partial \tilde{I}/\partial t = i\omega \tilde{I}_0 e^{i\omega t} = i\omega \tilde{I}$ より、(10-57), (10-58)式は

$$-C\frac{\partial \tilde{V}}{\partial t} = \frac{\partial \tilde{I}}{\partial z} \tag{10-59}$$

$$-L\frac{\partial \tilde{I}}{\partial t} = \frac{d\tilde{V}}{dz} \tag{10-60}$$

と連立微分方程式となる。これらの式から、$\tilde{I}$ を消すため(10-59)式を t で、(10-60)式を z で微分し、$\partial^2 \tilde{I}/\partial t \partial z$ を等値とすると、$\tilde{V}$ についての2階の微分方程式

$$LC\frac{\partial^2 \tilde{V}}{\partial t^2} = \frac{\partial^2 \tilde{V}}{\partial z^2} \tag{10-61}$$

を得る。同様に、$\tilde{V}$ を消去し $\tilde{I}$ についての2階の微分方程式にすると、

$$LC\frac{\partial^2 \tilde{I}}{\partial t^2} = \frac{\partial^2 \tilde{I}}{\partial z^2} \tag{10-62}$$

となる。これを、電磁波の方程式(9-46a, b)と比較すると、複素電圧あるいは複素電流が速度 $v = 1/\sqrt{LC}$ で伝搬する波動であることがわかる。先に求めた単位長さ当たりの L, C の値を代入すると、$v = 1/\sqrt{LC} = 1/\sqrt{\mu_0 \varepsilon_0}$ となり、これは9章で電磁波について求めた光速 c に等しい。すなわち、平行線を伝わる電圧・電流変化は光速で伝搬する波動と見なせる。波動方程式(10-61)の解は、電磁波の場合の解(9-51)式と同様に求まるが、ここでは電圧に対する複素関数解として、

$$\tilde{V} = V_0 e^{i(\omega t - Kz)} \tag{10-63}$$

を採用する。この式を(10-61)式に代入することにより、$\omega = (1/\sqrt{LC})K$ という解を得

る．これは，伝搬する波動の振動数 f と波長 λ との関係式 $f\lambda = v$ と同等である．

電流についての解は，(10-63)式を(10-58)式に代入し，関係式

$$\tilde{I} = \frac{i}{\omega L}\frac{\partial \tilde{V}}{\partial z} = \frac{K}{\omega L}\tilde{V} = \sqrt{\frac{C}{L}}\tilde{V} \tag{10-64}$$

を得る．回路のインピーダンスは $Z_0 = \tilde{V}/\tilde{I}$ で与えられるので，

$$Z_0 = \sqrt{\frac{L}{C}} \tag{10-65}$$

を得る．これをケーブルの**固有インピーダンス**または**特性インピーダンス**とよぶ．ただし，こうして求めた固有インピーダンスはこれまで求めてきた，LCR 回路のインピーダンスとかなり異なった性格をもつ量である．まず第一に，ケーブルの長さは無限大と仮定しており実際に測定可能な量ではない．第二に通常の直列 LCR 回路の場合 $R=0$ ではインピーダンスは純虚数であり，力率は 0 なのでエネルギーを消費しないが，この場合は実数となりエネルギーを消費する．これらの点のもつ意味については次項で説明する．

10.4.2 インピーダンス整合と無減衰伝送

ケーブルを無限長でなく，**図 10-14** に示すように右端に $R=Z_0$ の抵抗をつなぐと面白いことがわかる．無限長のケーブルの場合，任意の位置で右方向のインピーダンスを計算すると実数値 Z_0 となることがわかった．そうすると，電源側から見ると，無限長のケーブルのインピーダンスは，任意の位置に Z_0 の純抵抗をつなぎ端末処理をしたケーブルと等価である．すなわちケーブルの長さに関係なく Z_0 の実数インピーダンスが観測される．エネルギー収支を考えると，電源から出た電気エネルギーは途中のケーブルでは散逸せずすべて右端につないだ抵抗 R によって消費される．いいかえれば，固有インピーダンスの実際的な意味は，交流電圧を固有インピーダンスに等しい大きさの抵抗で受け取ってやると途中でエネルギーを散逸せずすべて負荷側に伝えることができるということである．この状態を**インピーダンス整合**が取れた状態とよび，最もエネ

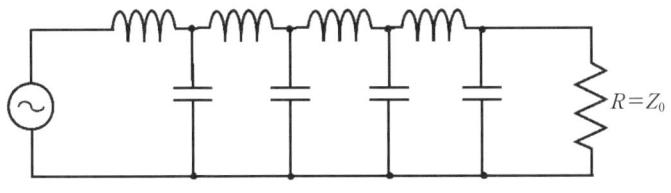

図 10-14 端末に Z_0 の抵抗をつないだ場合．

ルギー伝送効率が高い．端末の抵抗が Z_0 からずれていると一部の入射波は反射されエネルギー伝送効率は低下する．なお，実際のケーブルでは，ケーブル自身がもつ純抵抗（R 成分）も無視できず，インピーダンス整合がとれていても長さに応じてエネルギー損失が生じる．

演習問題 10-1 自己インダクタンス 0.5 H のコイルと 100 Ω の抵抗を使った直列 LR 回路の
（1）時定数を求めよ．
（2）100 Hz，100 kHz，100 MHz でのインピーダンス（絶対値）を求めよ．

演習問題 10-2 静電容量 0.5 μF のコンデンサーと 100 Ω の抵抗を使った直列 CR 回路の
（1）時定数を求めよ．
（2）100 Hz，100 kHz，100 MHz でのインピーダンス（絶対値）を求めよ．

演習問題 10-3 0.5 H のコイルと 0.5 μF のコンデンサーを使った直列 LCR 回路の
（1）共鳴周波数 Hz を求めよ．
（2）Q 値を求めよ．

演習問題 10-4 下図に示すような L，C，R を 1 個ずつ使った回路について，複素インピーダンスを表す一般式を求めよ．

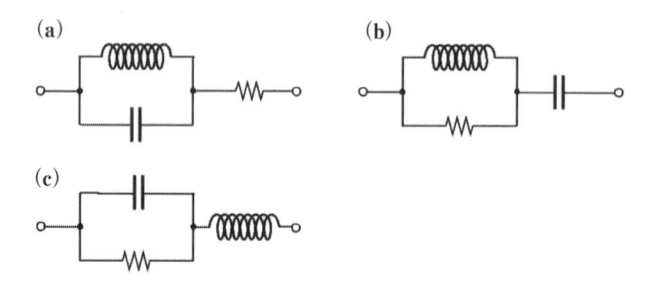

演習問題 10-5 図 10-12 に示すような減衰のある単振動系において，振動体の質量を 0.1 kg，バネ定数 k を 5×10^4 N/m としたとき，
（1）共振周波数を求めよ．
（2）この系を臨界制動状態にするための機械抵抗を求めよ．
（3）そのときの振動の緩和時間 τ を求めよ．

演習問題 10-6 図 8-7 に示すような半径 r の導線を間隔 d で配置した無限に長い平行導線の単位長さ当たりの自己インダクタンスは $L=(\mu_0/\pi)\ln(d/r)$,静電容量は $C=\pi\varepsilon_0/\ln(d/r)$ で与えられる.$r=0.5$ mm,$d=5$ mm の場合について,このケーブルの特性インピーダンスを求めよ.

11

変動する電磁場中の物質—複素誘電率と物質の光学的性質—

9章で変動する電磁場が存在すると真空中を電磁波として伝搬することを学んだが，物質中ではどうだろうか？　単純に考えると，真空の誘電率 ε_0 の代わりにその物質の誘電率 ε を，真空の透磁率 μ_0 の代わりに物質の透磁率 μ を使えばよさそうだが，電場による物質の分極や磁場による磁化に時間遅れがあると，もう少し複雑な取り扱いが必要である．このような場合，前章で導入した複素インピーダンスに相当する複素誘電率や光学理論で一般的に使われる複素屈折率などの複素応答関数を使うと便利である．この場合，誘電体（絶縁体）と導体（金属）ではかなり取り扱い方法が異なるので別に論じる．また，変動する電磁場としては物質科学で重要となる光領域を中心に議論し，光学理論との関連を明らかにする．

11.1 誘電体中の電磁波と光学的性質

11.1.1 理想誘電体中の電磁波と光学定数

初めに，電気伝導率が 0 で電場をかけると瞬時に分極が生じる理想的な誘電体（絶縁体）を考える．この場合は単純に誘電率を ε として波動方程式(9-46)を解けばよい．このとき，透磁率も変わるが非磁性物質の場合，ごくわずかしか変化しないので $\mu=\mu_0$ として計算する．

誘電率が変わることによる影響の1つは伝搬速度が変化することである．$v=\sqrt{1/\varepsilon\mu_0}$ より，比誘電率を $k=\varepsilon/\varepsilon_0$（4.2節参照）とすれば，伝搬速度は

$$v=\frac{1}{\sqrt{k}}\frac{1}{\sqrt{\varepsilon_0\mu_0}}=\frac{1}{\sqrt{k}}c \tag{11-1}$$

となる．一般に比誘電率は1より大きな値を取るので（表4-1参照），**誘電体中では電磁波の速度は減少する**．速度が変化すると光学理論より屈折率 n は

$$n=\frac{c}{v}=\sqrt{k}=\sqrt{\frac{\varepsilon}{\varepsilon_0}} \tag{11-2}$$

で与えられるので，誘電体の屈折率は一般に1より大きな値をもつ．

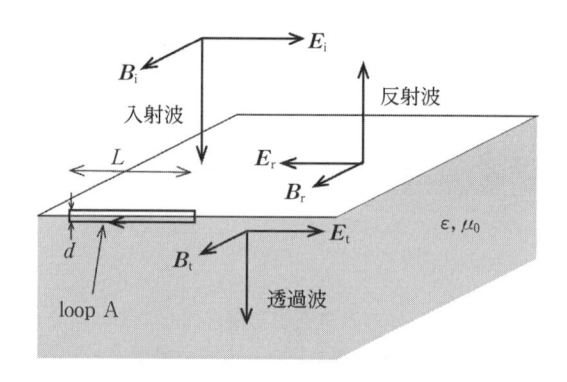

図 11-1 誘電体表面に垂直に入射する電磁波の電場・磁場の方向．反射波の電場方向が逆転していることに注意．loop A は，境界面の上下での電場の大きさを調べるため，ファラデーの法則を適用する径路．

屈折率が変化すると一般に界面で反射が生じるが，ここでは電磁波（光）が界面に垂直に入射した場合の反射率を求めてみよう．**図 11-1** に誘電体表面に垂直に入射する電磁波の電場成分，磁場成分を示す．ここで，矢印で示した方向は，入射波（i），透過波（t），反射波（r）のある瞬間の電場（E_i, E_t, E_r）および磁場（B_i, B_t, B_r）ベクトルの方向を示すが，反射波の電場方向のみが入射波のそれと逆方向になる．これは，以下のように説明できる．図 11-1 に示した loop A は表面直上および直下の電場についてファラデーの法則を適用するループを示す．表面上部の電場は入射波と反射波の合成電場で $E_u = E_i + E_r$ で与えられ，表面下部では透過波のみが存在するので $E_d = E_t$ となる．したがって，このループにファラデーの法則(8-5)式を適用すると，

$$\oint_{\text{loop A}} \boldsymbol{E} \cdot d\boldsymbol{s} = E_u L - E_d L = \iint_A \frac{\partial \boldsymbol{B}}{\partial t} \cdot \boldsymbol{n}\, dS \tag{11-3}$$

と書き，右辺はループの垂直方向の長さ d を十分に小さくとれば 0 になるので，表面直上および直下の電場については

$$E_u = E_i + E_r = E_d = E_t \Rightarrow E_r = E_t - E_i \tag{11-4}$$

が成り立つ．ところが，入射波の電場は透過波の電場より大きいので，反射波の電場は負，すなわち入射波と逆方向になる．以下，反射波の電場を $-E_r$ ($E_r > 0$) として計算する．一方，磁場は電磁波の進行に伴って生じる変位電流によって誘起されるので，入射波と反射波の電場方向は逆だが，進行方向も逆なので，反射波の磁場方向は入射波と等しくなる．これらの関係を各成分の大きさで表せば，

$$E_i - E_r = E_t \tag{11-5a}$$

$$B_i + B_r = B_t \tag{11-5b}$$

となる．一方，電磁波の電場成分と磁場成分の間には(9-49)により，$B=E/v$ の関係があり，かつ，$1/v=\sqrt{\varepsilon\mu_0}$ なので，(11-5b)式を電場成分で表せば，

$$\sqrt{\varepsilon_0\mu_0}E_i + \sqrt{\varepsilon_0\mu_0}E_r = \sqrt{\varepsilon\mu_0}E_t \tag{11-6}$$

となり，(11-5a)式と(11-6)式の連立方程式を解くことにより，入射波と反射波の電場強度の比，

$$\frac{E_r}{E_i} = \frac{\sqrt{\varepsilon}-\sqrt{\varepsilon_0}}{\sqrt{\varepsilon}+\sqrt{\varepsilon_0}} = \frac{n-1}{n+1} \tag{11-7}$$

が求まる．電磁波の強度は電場の強さの2乗に比例するので，反射率

$$R = \frac{(\varepsilon-\varepsilon_0)^2}{(\varepsilon+\varepsilon_0)^2} = \frac{(n-1)^2}{(n+1)^2} \tag{11-8}$$

が得られる．これは光学分野でフレネルの式としてよく知られる関係式である．

11.1.2 誘電体の複素誘電率

4章で静電場中におかれた誘電体の分極と誘電率について学んだが，物質の分極は電場により原子・分子の電子が移動するか，あるいは極性分子(4.7.1項参照)のように分子の回転により生じる．このとき，移動や回転のため時間遅れが生じる．これは前章で学んだ交流回路の過渡特性と類似しており，振動電場に対しては複素インピーダンスに対応して複素分極率，あるいは複素誘電率が定義できる．これは光などの電磁場中におかれた物質の光学的性質を記述するため重要な概念である．

原子(または分子)を単位体積当たり N 個含む物質の分極ベクトル $\boldsymbol{P}$ は，原子の分極率を α，物質の体積分極率を χ として，(4-2)，(4-3)式より $\boldsymbol{P}=N\alpha\boldsymbol{E}=\chi\varepsilon_0\boldsymbol{E}$ で与えられる．この場合，電場が $\boldsymbol{E}_0\cos\omega t$ で与えられる振動電場の場合，分極に要する時間遅れを考慮すると，$\boldsymbol{P}=\boldsymbol{P}_0\cos(\omega t+\phi)$ と，位相遅れが生じる．振動する電場を，交流回路における振動電圧(10-28)式に対応し $\widetilde{\boldsymbol{E}}=\boldsymbol{E}_0 e^{i\omega t}$ と複素表示で与えると，(10-29)式で与えられる複素電流に対応し

$$\widetilde{\boldsymbol{P}} = \boldsymbol{P}_0 e^{i\omega t+\phi} = \widetilde{\boldsymbol{P}}_0 e^{i\omega t} \tag{11-9}$$

と複素分極ベクトルが発生し，さらに(4-3)式に対応し，振動電場に対し

$$\widetilde{\boldsymbol{P}} = \widetilde{\chi}\varepsilon_0\widetilde{\boldsymbol{E}} = (\chi'+i\chi'')\varepsilon_0\widetilde{\boldsymbol{E}} \tag{11-10}$$

と複素分極率が定義できる．また，(4-8)式で与えられる電束密度は

$$\widetilde{\boldsymbol{D}} = \widetilde{\boldsymbol{D}}_0 e^{i\omega t} = (1+\widetilde{\chi})\varepsilon_0\widetilde{\boldsymbol{E}} = \widetilde{\varepsilon}\widetilde{\boldsymbol{E}} = (\varepsilon'+i\varepsilon'')\widetilde{\boldsymbol{E}} \tag{11-11}$$

と書け，複素誘電率 $\widetilde{\varepsilon}$ が定義できる．ここで，ε' は電場と同位相で振動する電束密度成分を与え，ε'' は90°位相遅れで振動する成分を与える．

11.1.3 ローレンツモデル

ここで，簡単なモデルにより誘電率の振動数依存性を調べてみよう．ここでは，図4-10(a)に示すような非極性分子に電場を加えた場合を想定する(これをローレンツモデルとよぶ)．電場を加えたことにより生じる＋電荷の重心に対する電子雲の重心のずれを x とし，電子の質量を m，電子雲の電荷を $-q$，＋電荷と－電荷間の復元力を $-kx$，さらに何らかの原因により，速度に比例する摩擦力 $-R_\mathrm{m}v$ が働くとすると，電子は電場により $-qE$ の力を受けるので，電子の運動方程式は

$$m\frac{d^2x}{dt^2}=-qE-kx-R\frac{dx}{dt} \Rightarrow m\frac{d^2x}{dt^2}+\frac{m}{\tau}\frac{dx}{dt}+m\omega_0^2x=-qE \tag{11-12}$$

と，すでにおなじみの2階の線形微分方程式となり，$m \to L$, $m/\tau \to R$, $m\omega_0^2 \to 1/C$, $x \to I$, $-qE \to dV/dt$ とおくと，LCR回路の過渡特性を与える(10-23)式と等価であることがわかる．電場として複素振動電場 $\widetilde{E}(t)=E_0e^{i\omega t}$ を与え，$\tilde{x}(t)=\tilde{x}_0e^{i\omega t}$ を(11-12)式に代入することにより，解

$$\tilde{x}=\frac{q}{m}\frac{1}{\omega^2-\omega_0^2-i\omega/\tau}\widetilde{E} \tag{11-13}$$

が得られる．一方，分子分極の大きさ p は電子雲の重心のずれに比例すると見なすと，$p=-\alpha qx$ ($\alpha>0$)，単位体積当たりの分子数を N とすると，分極ベクトルの大きさは $P(t)=-\alpha Nx(t)$ で与えられ，振動電場に対しては，時間遅れ成分も含め複素分極は $\widetilde{P}(\omega)=-N\alpha q\tilde{x}$ ($\alpha>0$) で表せる．

したがって，複素分極率 $\tilde{\chi}$

$$\tilde{\chi}=\frac{\widetilde{P}}{\varepsilon_0\widetilde{E}}=-\frac{N\alpha q\tilde{x}}{\varepsilon_0\widetilde{E}}=-\frac{N\alpha q^2}{\varepsilon_0 m}\frac{1}{\omega^2-\omega_0^2-i\omega/\tau} \tag{11-14}$$

複素誘電率，

$$\tilde{\varepsilon}(\omega)=\varepsilon_0-\frac{N\alpha q^2}{m}\frac{1}{\omega^2-\omega_0^2-i\omega/\tau} \tag{11-15}$$

が求まる．$\tilde{\varepsilon}(\omega)=\varepsilon'(\omega)+i\varepsilon''(\omega)$ として，実数成分，虚数成分を求めれば

$$\varepsilon'(\omega)=\varepsilon_0-\frac{N\alpha q^2}{m}\frac{\omega^2-\omega_0^2}{(\omega^2-\omega_0^2)^2+(\omega/\tau)^2} \tag{11-16}$$

$$\varepsilon''(\omega)=-\frac{N\alpha q^2}{m}\frac{\omega/\tau}{(\omega^2-\omega_0^2)^2+(\omega/\tau)^2} \tag{11-17}$$

となる．

このとき，物質中で消費されるエネルギーはクーロン力 $-eE(t)$ が電荷の移動 $x(t)$ によりなす仕事と等しく，(10-42)式で示したように，1周期(Δt)当たり

$$\Delta W = -N\alpha q \int_0^{\Delta t} E(t)x(t)dt = -N\alpha q E_0 x_0 \int_0^{\Delta t} \cos\omega t \cos(\omega t + \phi)dt$$

$$= -\frac{N\alpha q x_0 E_0}{2f}\cos\phi \tag{11-18}$$

LCR系との対応関係を注意深く調べることにより，

$$x_0 = -\frac{\omega/m}{\sqrt{(\omega^2-\omega_0^2)^2+(\omega/\tau)^2}}qE_0 \tag{11-19}$$

$$\cos\phi = \frac{1}{\sqrt{(\omega^2-\omega_0^2)^2+(\omega/\tau)^2}}\frac{\omega}{\tau} \tag{11-20}$$

となり，これらの式を(11-18)式に代入し，単位時間当たりのエネルギー損失を見積もると

$$W = \frac{1}{2}\omega E_0^2 \frac{N\alpha q^2}{m}\frac{\omega/\tau}{(\omega^2-\omega_0^2)^2+(\omega/\tau)^2} \tag{11-21}$$

を得る．この式を複素誘電率の虚数部を使って表現すると，

$$W = \frac{1}{2}E_0^2 \omega |\varepsilon''| \tag{11-22}$$

と書け，エネルギーの吸収は$|\varepsilon''|$に比例し，分極の時間遅れ成分により生じることがわかる．

11.1.4 複素屈折率

　一方，振動する電場は電磁波として物質中を伝搬するが，その振動数（あるいは波長）が光学領域にあれば物質を透過する光の性質として記述できるはずである．この場合，物質の光学的性質を記述するため伝統的に屈折率が使われる．理想的な絶縁体の場合については，屈折率nは誘電率εに対し，$n=\sqrt{\varepsilon/\varepsilon_0}$の関係にあったが，吸収のある物質では誘電率が複素量となるため，複素屈折率$\tilde{N}=n+i\kappa$を導入すると，

$$\tilde{N} = \sqrt{\frac{\tilde{\varepsilon}}{\varepsilon_0}} \tag{11-23}$$

したがって，

$$\tilde{N}^2 = n^2-\kappa^2+2in\kappa = \frac{\tilde{\varepsilon}}{\varepsilon_0} = \frac{\varepsilon'+i\varepsilon''}{\varepsilon_0} \tag{11-24}$$

の関係式が成り立ち，複素誘電率の各成分は光学定数n, κと

$$\varepsilon' = (n^2-\kappa^2)\varepsilon_0, \qquad \varepsilon'' = 2n\kappa\varepsilon_0 \tag{11-25}$$

の関係にある．

　ここで，適当なパラメータを仮定しローレンツモデルに基づいて求められる複素誘電率，複素屈折率を計算してみよう．(11-16)，(11-17)式から複素誘電率を見積もるに

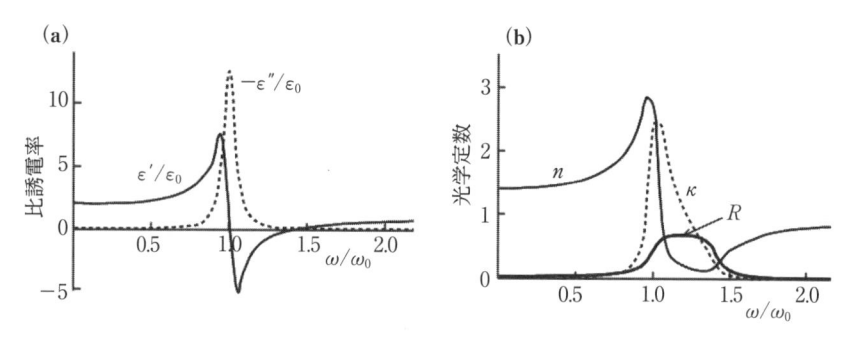

図 11-2 ローレンツモデルで求めた，(a) 誘電体の複素比誘電率，(b) 光学定数．横軸は共振振動数 ω_0 で規格化した振動数．パラメータは，$\tau/T_0=2$ かつ $\omega \to 0$ で $\varepsilon/\varepsilon_0=2$ となるよう選んである．

は，パラメータとして，$N\alpha q^2/m$，ω_0，τ を与えてやる必要がある．$N\alpha q^2/m$ は静電場 ($\omega=0$) に対する比誘電率 $\varepsilon'(0)/\varepsilon_0$ により決まり，また，ω_0，τ に対しては，ω_0 に対する振動周期 $T=2\pi/\omega_0$ と緩和時間の比 $\beta=\tau/T_0$ を与えてやればよい．計算結果を**図 11-2** に示すが，共振振動数で ε'' が鋭いピークを示し，大きなエネルギー損失が生じる．また，静電場に対しては 2 であった比誘電率の実数部が十分高い振動数では 1 に漸近してゆく．これは，電子雲の振動が速い電場変化についてゆけなくなるためとして説明できる．なお，振動数が光の領域では，分子や原子のエネルギー準位間の遷移を引き起こす場合があり，この場合は一般に特定の周波数の電磁波の減衰率が大きくなり物質に特徴的な光スペクトルを与える．

11.2 導体中の電磁波と光学的性質

11.2.1 理想的導体による電磁波の反射

初めに抵抗率 0 の理想的な導体の表面での電磁波の反射について考える．簡単のため，図 11-3 に示すように，電磁波は導体表面に垂直に入射するとする．微視的には表面付近の電子が電磁波の電場や磁場によって揺さぶられ電子の振動が反射波となって再放射されると考えてよいが，古典電磁気学では以下のように説明される．

オームの法則 ((6-10) 式) より導体の内部は $\boldsymbol{E}=\rho\boldsymbol{j}=0$ でなければならない．すなわち，導体の内部では振幅 E_0 は 0 になっているはずであり，それに伴い磁場成分も 0 とならなければならない．ここで，図 11-3 に示すように，入射波の進行方向は z 方向とし，表面を $z=0$ の x, y 面とすると，問題は波動方程式 ((9-46a, b) 式) を $z\geq 0$ の範囲

11.2 導体中の電磁波と光学的性質

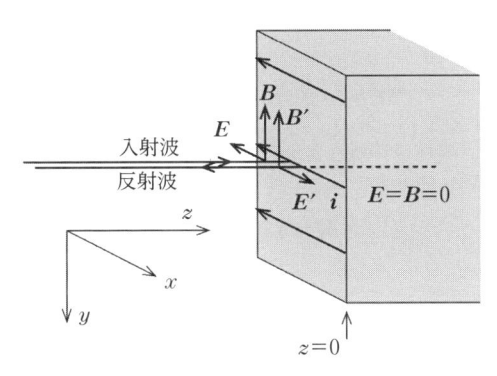

図 11-3 導体表面での電磁波の反射．E, E', B, B' はそれぞれ進入波，反射波に伴う電場，磁場．i はわずかに進入した電場・磁場がつくる導体表面の電流を示す．この電流がつくる磁場は導体内部では下向きになり入射波の磁場を打ち消し内部の磁場は 0 となる．

で，$E_x(0,t)=0$, $B_y(0,t)=0$ となる境界条件の下で解けばよいことになる．電場についての条件式 $E_x(0,t)=0$ を (9-53a) 式に適用すると，係数が $\alpha+\beta=0$, すなわち $\beta=-\alpha$, したがって $\alpha=1/\sqrt{2}$, $\beta=-1/\sqrt{2}$ とすればよい．物理的には入射波と反射波の電場が境界面で打ち消すことになる．ところが，この条件では，(9-53b) 式より，磁場 B が $z=0$ で 0 にならず矛盾が生じる．この矛盾は入射波によって表面に誘起される電流 i がつくる磁場を考えることにより解消される．なぜなら，現実の導体では ρ は有限なので入射波は導体表面に進入し電流が生じる．図 11-3 に示すように，この電流がつくる磁場は導体外部では入射波の磁場成分と同じ方向に働き，内部では進入した磁場を打ち消す方向に働くので境界条件を満たす解が得られる．

11.2.2 導体中の電磁波

次に，導体中を伝搬する電磁波を考えよう．抵抗率 0，したがって伝導率無限大の理想的導体の場合については，電磁波は導体にほとんど侵入せず全反射することを示したが，実際の金属では伝導率は有限なので，電磁波は導体中に侵入する．この場合，導体内部の電場を E とし，電気伝導率を σ とすると，その位置での電流密度は，$i=\sigma E$ ((6-10)式) で与えられる．そうすると，電磁波の方程式を導く際重要な役割をはたすマクスウェルの第 4 式において，アンペールの法則に由来する実電流項 $\mu_0 i$ を無視するわけにゆかない（というより，通常こちらの方が支配的となる）．$i=\sigma E$ を使い，9.3.2 項で電磁波の方程式を導いたのと同じ手法で，波動方程式を導くと，電場についての方程

式(9-35)は

$$\nabla^2 \boldsymbol{E} = \varepsilon\mu \frac{\partial^2}{\partial t^2}\boldsymbol{E} + \mu\sigma\frac{\partial \boldsymbol{E}}{\partial t} \tag{11-26}$$

となる．簡単のため，導体は非磁性として $\mu=\mu_0$，さらに誘電率に対しては自由電子の寄与は別に考えるので，簡単のため $\varepsilon=\varepsilon_0$ としておく．また，電磁波の伝搬方向を z 方向 ($z>0$)，電場の振動方向を x 方向とする．そうすると電場についての波動方程式は (9-45a)式に対応し，

$$\frac{\partial^2 E_x}{\partial z^2} = \mu_0\varepsilon_0 \frac{\partial^2 E_x}{\partial t^2} + \mu_0\sigma \frac{\partial E_x}{\partial t} \tag{11-27}$$

となる．この微分方程式の解を得るため，導体中を減衰しながら伝搬する波動を表す複素波動関数として，

$$\widetilde{E}_x(z,t) = E_0 e^{i(\widetilde{K}z - \omega t)} \tag{11-28}$$

を選ぶ．ここで，$\widetilde{K}$ は複素波数であり，

$$\widetilde{K} = K' + iK'' \tag{11-29}$$

とする．(11-28)式を，(11-27)式に代入することにより

$$\widetilde{K}^2 = \mu_0\varepsilon_0\omega^2 + i\mu_0\sigma\omega \tag{11-30}$$

を得る．右辺第1項は変位電流に由来し，第2項は電場により駆動される実電流に由来するが，金属の電気伝導率 σ は通常 $10^7\,\Omega^{-1}\mathrm{m}^{-1}$ 程度であり，可視光あるいはそれより長波長の電磁波に対しては $\mu_0\varepsilon_0\omega^2 \ll \mu_0\sigma\omega$ が成り立ち，第1項は無視できる．この場合，

$$\widetilde{K}^2 = K''^2 - K'^2 + 2iK'K'' \approx i\mu_0\sigma\omega \tag{11-31}$$

の関係式が成り立つ．したがって，実数成分から，

$$K'' = \pm K' \tag{11-32}$$

ここで，$+z$ 方向へ減衰しながら伝搬する波の場合，$K'' = K'$ を採用する．虚部から

$$2K'K'' = \mu_0\sigma\omega \tag{11-33}$$

したがって，

$$K'' = K' = \sqrt{\frac{\omega\mu_0\sigma}{2}} \tag{11-34}$$

が得られる．これを，(11-28)式に代入すると，波動関数は

$$\widetilde{E}_x(z,t) = E_0 e^{i(K'z - \omega t)} e^{-K''z} \tag{11-35}$$

となり，実数部は

$$E(z,t) = E_0 \cos(K'z - \omega t) e^{-K''z} \tag{11-36}$$

なので，波数 K'，減衰係数 K'' で伝搬する波を表す解が得られる．ここで，減衰距離 $d = 1/K''$ は，電気抵抗率 $\rho = 1/\sigma$ を用いると，

$$d=\sqrt{\frac{2\rho}{\omega\mu_0}} \tag{11-37}$$

となり，交流磁場の進入距離や表皮効果の表皮深さを与える(8-41)式に一致する．具体的に，標準的な金属に対し光の進入距離を見積もると数十 nm 程度となりほとんど進入せず反射される．

もう一度，波動関数の複素数表示(11-35)式に戻り，複素屈折率や複素誘電率との関係を求めてみよう．減衰のない波動の角振動数 ω，波数 K，伝搬速度 v 間の関係は，$\omega=vK$ であり，さらに，電磁波の場合，光速を c，屈折率を n とすると，$n=c/v$ であるが，これを複素量に拡張することにより，複素屈折率と複素波数の間に

$$\tilde{N}=n+i\kappa=\frac{c}{\omega}\tilde{K}=\frac{c}{\omega}(K'+iK'') \tag{11-38}$$

の関係式が成り立つ．したがって，

$$n=\frac{c}{\omega}K', \quad \kappa=\frac{c}{\omega}K'' \tag{11-39}$$

を得る．さらに，屈折率 n と誘電率の関係 $n=\sqrt{\varepsilon/\varepsilon_0}$ を拡張することにより，

$$\tilde{\varepsilon}=\varepsilon'+i\varepsilon''=\varepsilon_0\tilde{N}^2=\frac{\varepsilon_0 c^2}{\omega^2}(K'^2-K''^2+2iK'K'')$$

$$=\varepsilon_0(n^2-\kappa^2+in\kappa)=\varepsilon'+i\frac{\sigma}{\omega} \tag{11-40}$$

が得られる．最後の項の導出には，関係式 $c^2=1/\mu_0\varepsilon_0$, $2K'K''=\mu_0\sigma\omega$ ((11-33)式)を使っている．

11.2.3　ドルーデのモデルとプラズマ振動

具体的に導体の光学定数や複素誘電率の値を推定するため，絶縁体についてのローレンツモデルに対応し，自由電子の運動方程式から出発するドルーデのモデルが使われる．これは，ローレンツモデルを記述する方程式((11-12)式)より左辺第3項，復元力の項を取り去ったもので，ローレンツモデルで得られた結果に対し $\omega_0=0$ と置けばよい．さらに，この場合，分極ベクトルの大きさは，試料全体の電子雲が結晶を形成する＋イオンに対して移動する距離を x，単位体積当たりの電子数を N とすると，$P=-Nex$ で与えられるので，複素誘電率は

$$\tilde{\varepsilon}(\omega)=\varepsilon_0-\frac{Ne^2}{m}\frac{1}{\omega^2+i\omega/\tau}=\varepsilon_0\left(1-\frac{\omega_\mathrm{p}^2}{\omega^2+i\omega/\tau}\right) \tag{11-41}$$

で与えられる．ここで，

$$\omega_\mathrm{p}=\sqrt{\frac{Ne^2}{\varepsilon_0 m}} \tag{11-42}$$

はプラズマ振動数とよばれ，自由電子ガスの振動数である．この振動の復元力は，電子雲の移動が引き起こす分極により静電エネルギーが増加するので，分極を減少させる方向に生じる力による．複素誘電率の実部，虚部を求めると，

$$\varepsilon' = \varepsilon_0 \left(1 - \frac{\omega_p^2 \tau^2}{1+\omega^2\tau^2}\right) \tag{11-43}$$

$$\varepsilon'' = \varepsilon_0 \frac{\omega_p^2 \tau}{\omega(1+\omega^2\tau^2)} \tag{11-44}$$

となるが，(11-40)式より，虚部は σ/ω に等しいので，変動する電場に対する伝導率は振動数に依存し，

$$\sigma(\omega) = \frac{\varepsilon_0 \omega_p^2 \tau}{1+\omega^2\tau^2} \tag{11-45}$$

となる．(6-8)式で求めた直流伝導率 $\sigma_0 = Ne^2\tau/m (=\varepsilon_0\omega_p^2\tau)$ を使って書き直すと，

$$\sigma(\omega) = \frac{\sigma_0}{1+\omega^2\tau^2} \tag{11-46}$$

となり，$\omega \to 0$ の極限では当然 $\sigma(0) = \sigma_0$ となる．

図 11-4 に，ドルーデモデルによる複素誘電率と光学定数についての計算例を示す．計算に必要なパラメータはプラズマ振動数 ω_p と緩和時間 τ であるが，横軸にプラズマ振動数で規格化した値を取れば，プラズマ振動の周期 $T_p = 2\pi/\omega_p$ と緩和時間 τ の比を与えてやれば一義的に求まる．図 11-4 は $\tau/T_p = 2$ としたときの計算値である．この結果からわかることは，(ⅰ)プラズマ振動数以下では反射率 R はほぼ 1 に近く全反射する．(ⅱ)ω_p 付近で反射率は急激に減少する．(ⅲ)ω_p 以上では反射率は 0 に近く，屈折率の実数部が 1 に，虚数部は 0 に近づく．これは，プラズマ振動数以上の短波長光に対

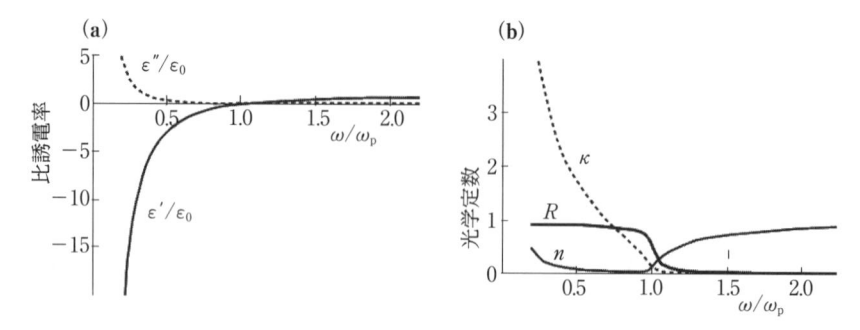

図 11-4 ドルーデモデルで求めた金属の（a）比複素誘電率，（b）光学定数．横軸はプラズマ振動数で規格化した振動数．

して金属が透明になることを意味している．具体的にアルカリ金属のような1価の場合，$\omega_p \approx 5\times 10^{15}$ Rd/s 程度となり，波長にすると約 300 nm の紫外線領域になる．なお，銅や金も1価金属と見なせ，ほぼ同じプラズマ振動数をもつが，より低振動数側，可視光領域でバンド間遷移とよばれる特殊な電子構造に由来する吸収が生じ（志賀：参考書(6)，p.68），反射率が減少し固有の色を示す．しかし，それ以上の振動数でも吸収率は大きく透明にはならない．

練習問題 11-1 比誘電率 $k=2.2$ の絶縁オイル中を透過する電磁波の速度を求めよ．

練習問題 11-2 金属 Na の結晶構造は体心立方晶で室温における格子定数は 0.423 nm である．Na を 1 原子当たり 1 個の電子密度をもつ自由電子系と見なし，(1)電子密度 N，(2)プラズマ振動数 f_p，(3)プラズマ振動の波長 λ_p を求めよ．なお，実測値は 210 nm である．

E-H 対応系と物質の磁性

7章の冒頭で述べたとおり，電磁気学の単位系は複雑で初学者が困惑するところである．本書では，前章まで，標準単位系(SI単位)である *E-B* 対応の MKSA 単位系を採用してきた．これまで学んできたように，電磁気学においては電場 E と磁場の間には密接な対応関係があるが，*E-B* 対応系では磁場は電荷の運動である電流によってつくられるとし，磁場が発生する原因としての磁荷を認めない．実際に，単独で存在する磁荷(モノポール)は発見されておらず，その意味で首尾一貫した立場である．この場合，電流によってつくられた磁場を B と表記するが，本章で展開する *E-H* 対応系では，磁束密度とよばれる量である．しかし，磁場をつくるには，少なくとも巨視的な電流は流れていない永久磁石でも可能であり，歴史的にはむしろこちらの方が古くから知られていた．

E-H 対応系では，磁荷の存在を仮定し，電荷が電場をつくるように，磁荷の存在がその周辺に磁場をつくるとし，2章，3章で学んだ電荷と電場に関するいろいろな法則が，電荷 q (単位 C)を磁荷 q_m (単位 Wb)に，電場 E を磁場 H (単位 A/m)に，真空の誘電率 ε_0 を真空の透磁率 μ_0 に置き換えることによりほとんど成り立つ．さらに4章で学んだ誘電体中の電束密度 D を，磁性体中では磁束密度 B (単位 T)に，誘電率 ε を透磁率 μ に置き換えることにより，真電荷に対応する真磁荷(モノポール)が存在しないという点を除き同様の関係式が成り立つことを示す．このような立場に立つことにより，磁性体，特に強磁性体の電磁気学的な性質の理解，たとえば，2つの磁石の間に働く力の算出，反磁場の影響の見積もりなどが容易になり，強磁性体を取り扱うに際してはきわめて有効である．実際，磁性物理学のテキスト，専門書では *E-H* 対応の電磁気学の立場に立って書かれているものが多い．一方で，電流がつくる磁場も存在するわけで，*E-H* 対応系では磁場の発生原因が2つあると考えておけばよい．

実際に存在しない磁荷を仮定することに疑問をもつ読者もあるかもしれないが，孤立した磁荷，いわゆるモノポールこそ存在しないものの，電磁現象の根源である電子そのものが磁気双極子(磁気モーメント)という形で磁荷をもっているといってよく，決して架空のものではない．*E-B* 対応系では，磁気モーメントをそれに等価な微小円環電流

として扱い2つの立場は矛盾するものではない．確かに素粒子としての電子は回転する電荷と見なせるが，大きさをもたない粒子とされており，磁気モーメントの大きさなどは古典電磁気学では説明できず，電子の磁気モーメントは電荷や質量と同じく電子固有の性質と見なせる．なお，電子の自転による角運動量をスピン角運動量とよび，それに伴う磁気モーメントをスピン磁気モーメントとよぶ．

磁荷は，たとえば棒磁石の両端に分極磁荷として現れ，必ず磁気モーメントに付随して存在するものなので**磁極**とよばれることが多い．本書でもそれに従うが，磁極の大きさを表すときは磁荷と呼び q_m と表記する．磁石の場合，N極が正，S極が負の分極磁荷をもつ．また，これまで明確に区別してこなかったが，**磁場 H**(単位 A/m (アンペアパーメータ)) と，**磁束密度 B**(単位 T テスラ)をはっきり区別し，磁場というときは H を指し，B は磁束密度とよんで区別する．なお，E-B 対応系では B を「磁場」，H を「磁場の強さ」とよぶことがあるが，必ずしも統一されているわけではない．

12.1　E-H 対応系での静磁場

磁荷の存在を仮定すると，電荷と電場についての法則や関係式が磁極と磁場に対してもほとんどそのまま成り立つ．

以下，静電場について学んだ2章，3章の内容に沿って磁極と静磁場の性質を調べる．

12.1.1　磁場についてのクーロンの法則とガウスの法則

距離 R 隔てられた2つの電荷の間に働く力クーロン力は(2-3)式で与えられるが，磁荷の場合も同様に

$$F = \frac{1}{4\pi\mu_0}\frac{q_\mathrm{m1}q_\mathrm{m2}}{R^2} \tag{12-1}$$

で与えられる．ここで，μ_0 は 7.3 節 (7-3) 式で定義した真空の透磁率で，$\mu_0 = 4\pi \times 10^{-7}$ H/m である．また，磁荷 q_m の単位は Wb (ウェーバー) を用いる．磁荷間に距離の2乗に反比例する力が働くことは，クーロン自身が2個の長い棒磁石の磁極間に働く力を測定することにより見いだした経験則であるが，比例定数と単位については，E-B 対応系で定めた単位と整合するように定める必要がある．そこで，1.2 節で述べた MKSA 基本単位に戻って検討しよう．

磁荷の単位 Wb は，もともと磁束の単位として定義された量で，T·m^2 に等しい．T (テスラ) は，7.2 節で与えた磁束密度の定義より，N·A^{-1}·m^{-1} の次元をもつので，Wb

の次元は N·A^{-1}·m となる．μ_0 の単位 H/m は，7.3 節で与えたように，T·m·A^{-1} の次元，したがって N·A^{-2} の次元をもつ．分母の R^2 の次元 m^{-2} を考慮すると，(12-1)式，右辺の次元は，(N·A^{-1}·m)^2(N·A^{-2})$^{-1}$m^{-2}=N=kg·s^{-2} と力の次元をもつ量であることがわかる．

磁場 $\bm{H}$ は電場の定義(2-9)にならって，

$$\bm{F} = q_\mathrm{m} \bm{H} \tag{12-2}$$

で導入する．単位は N·Wb^{-1}=A·m^{-1} と，E-B 対応系でアンペールの法則((7-2)式)から定めた電流がつくる磁場の強さの単位と一致する．

磁場も電場と同じくベクトル流束なのでガウスの法則が成り立つはずである．電場についてのガウスの法則((2-21)式)に対応し，磁場についてのガウスの法則は

$$\iint_{\text{閉曲面}} \bm{s}\cdot\bm{H}\,dS = \frac{Q_\mathrm{m}}{\mu_0} \tag{12-3}$$

と書ける．ここで Q_m は磁極の大きさである．ただ，注意すべきことは，ガウスの法則を微小な領域に適用しようとすると問題が生じる．(3-52)式に対応して，磁場についてのガウスの法則の微分表示は形式的に

$$\nabla\cdot\bm{H} = \mathrm{div}\,\bm{H} = \frac{\rho_\mathrm{m}}{\mu_0} \tag{12-4}$$

と書けるが，電荷密度は存在しても，厳密な意味での磁荷密度 ρ_m は存在しないので，(12-4)式は成り立たない．考えられるのは，たとえば永久磁石表面に現れる表面磁極密度 σ_m など限られた場合であり，磁場に対してガウスの法則を適用するにはその適用範囲に注意しなければならない．一般的に成立する磁場に関する微分表示でのガウスの法則は，磁束密度 $\bm{B}$ に対する $\nabla\cdot\bm{B}=0$((7-22)式)である．

12.1.2 磁位(磁気ポテンシャル)

静電ポテンシャルに対応しスカラー量である磁気ポテンシャル(磁位)も定義可能で，複数の磁極が存在するときは，

$$\phi_\mathrm{m}(\bm{R}) = \frac{1}{4\pi\mu_0}\sum_i \frac{q_{\mathrm{m}i}}{|\bm{R}-\bm{r}_i|} \tag{12-5}$$

で与えられる．磁気ポテンシャルが求まれば磁極がつくる磁場の分布は，

$$\bm{H}(\bm{R}) = -\nabla\phi_\mathrm{m}(\bm{R}) \tag{12-6}$$

より求めることができる．

ここで注意する必要があるのは，(12-6)式により磁気ポテンシャルからその場所の磁場が求まるのは，そこに電流が流れていない場合のみである．なぜなら，微分形式のア

170　12章　E-H 対応系と物質の磁性

ンペールの法則((7-15)式)を磁場 H についての式に書き直すと，$\nabla \times H = j$ と書けるが(この章では後に述べる磁化の表示 I と区別するため，電流密度を j，電流を J と表記する)，この式に(12-6)式を代入すると，左辺は $-\nabla \times \nabla \phi_m$ となり，ϕ_m がスカラー関数である限り，ベクトルポテンシャルの性質を論じた 7.6 節(7-26)式により，$j(R)=0$ でなければならず，$j(R) \neq 0$ であれば，ベクトルポテンシャル A によってのみ導かれる磁場が存在しなければならないからである．したがって，巨視的な電流が流れている金属磁性体における磁場の分布は磁気ポテンシャルのみでは記述できない．逆に，ベクトルポテンシャルを用いれば，次節で述べる磁気双極子を環状電流に還元することが可能なので，原理的には磁気ポテンシャルを用いなくとも，ベクトルポテンシャルのみですべての磁場を記述することが可能である．

12.1.3　磁気モーメント

3.3.1 項で調べた電気双極子に対応して，磁気双極子が考えられる．磁気双極子は長さ l の棒の両端に $+q_m$，$-q_m$ の磁荷を置いたものであり，棒の長さ方向(ここでは z 方向を向いているとする)を向く大きさ $q_m l$ のベクトル量で，普通磁気モーメントとよばれて $m\,(=q_m l \hat{z})$ と表記する．磁気モーメントの単位は磁荷と長さの積なので Wb·m となる．

磁気モーメントが周辺の R の位置につくる磁場は，3.3.1 項で示した電気双極子と同様の計算で求まるが，ここでは，(12-5)式から R 点の磁位を求め，(12-6)式より磁場を求める．図 12-1 に示すように，R 点の座標を (X, Y, Z) とすると，磁位は

$$\phi_m(X, Y, Z) = \frac{q_m}{4\pi\mu_0} \left\{ \frac{1}{\sqrt{X^2+Y^2+(Z-l/2)^2}} - \frac{1}{\sqrt{X^2+Y^2+(Z+l/2)^2}} \right\} \quad (12\text{-}7)$$

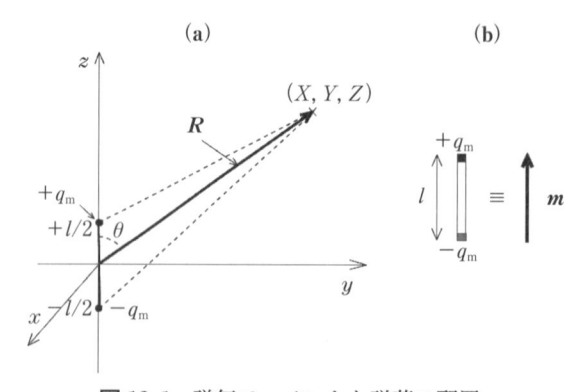

図 12-1　磁気モーメントと磁荷の配置．

12.1 E-H 対応系での静磁場

で与えられ，これに(12-6)式を適用すると，

$$\boldsymbol{H}(X,Y,Z) = -\nabla \phi_\mathrm{m}(\boldsymbol{R}) = \frac{q_\mathrm{m}}{4\pi\mu_0}\left[\frac{X\hat{\boldsymbol{x}}+Y\hat{\boldsymbol{y}}+(Z-l/2)\hat{\boldsymbol{z}}}{\{X^2+Y^2+(Z-l/2)^2\}^{3/2}} - \frac{X\hat{\boldsymbol{x}}+Y\hat{\boldsymbol{y}}+(Z+l/2)\hat{\boldsymbol{z}}}{\{X^2+Y^2+(Z+l/2)^2\}^{3/2}}\right] \tag{12-8}$$

が求まる．また $|\boldsymbol{R}| \gg l$，すなわち棒の長さより十分離れた位置での磁位は

$$\phi_\mathrm{m}(X,Y,Z) \approx \frac{q_\mathrm{m}}{4\pi\mu_0}\frac{Zl}{(X^2+Y^2+Z^2)^{3/2}} \tag{12-9}$$

磁場は，

$$\boldsymbol{H}(\boldsymbol{R}) = \frac{q_\mathrm{m}l}{4\pi\mu_0}\left(-\frac{\hat{\boldsymbol{z}}}{R^3} + \frac{3Z\boldsymbol{R}}{R^5}\right) = \frac{1}{4\pi\mu_0}\left[-\frac{\boldsymbol{m}}{R^3} + \frac{3\boldsymbol{R}(\boldsymbol{m}\cdot\boldsymbol{R})}{R^5}\right] \tag{12-10}$$

と近似できる．また，磁気モーメントが外部磁場 $\boldsymbol{H}_0$ 中に置かれたときは，磁場方向と磁気モーメントがなす角を θ とすると，$T = q_\mathrm{m}lH_0\sin\theta$ の回転力を受け，(3-16)式に対応し，

$$U_\mathrm{m} = -\boldsymbol{m}\cdot\boldsymbol{H}_0 \tag{12-11}$$

のポテンシャルエネルギーが生じる．したがって，十分離れた位置にある $(R \gg l)$ 2つの磁気モーメント $\boldsymbol{m}_1$, $\boldsymbol{m}_2$ 間には

$$U_{\mathrm{m}d} = -\boldsymbol{m}\cdot\boldsymbol{H}(\boldsymbol{R}) = \frac{1}{4\pi\mu_0 R^3}\left[\boldsymbol{m}_1\cdot\boldsymbol{m}_2 - \frac{(\boldsymbol{m}_1\cdot\boldsymbol{R})(\boldsymbol{m}_2\cdot\boldsymbol{R})}{R^2}\right] \tag{12-12}$$

で表せるポテンシャルエネルギーが生じる．これを，磁気双極子相互作用エネルギーとよぶ．2つの磁石間に働く力はポテンシャルエネルギーを距離で微分したものなので，R^4 に反比例し距離とともに急激に減衰する．

ところで，すでに 7.7.4 項で示したことであるが，(12-10)式で得られた微小磁気モーメントがつくる磁場は，磁気モーメントの方向を z 軸方向として，$\boldsymbol{m} = m\hat{\boldsymbol{z}}$ と置くと，

$$\boldsymbol{H}(\boldsymbol{R}) = \frac{m}{4\pi\mu_0}\left[-\frac{1}{R^3}\hat{\boldsymbol{z}} + \frac{3Z\boldsymbol{R}}{R^5}\right] \tag{12-13}$$

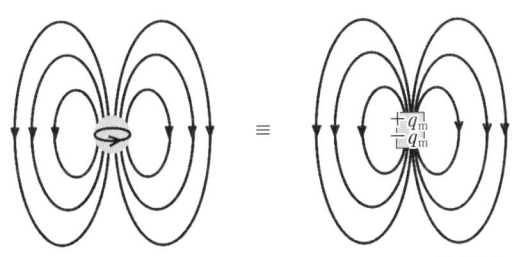

図 12-2 円電流と磁気双極子モーメントの等価性．

と書け，中心軸を z 方向に取った微小円電流がつくる磁束密度の空間分布（(7-52)式）と同じ形をしており，$B=\mu_0 H$ を考慮すると，$\mu_0 JS=m$ と置くことにより両者は一致することがわかる．すなわち，**図 12-2** に示すように，**面積 S，電流値 J の微小円電流は $m=\mu_0 JS$ の磁気モーメントと等価**である．このことは，物質の磁性を議論する際，不対電子をもった原子を微小磁気モーメントして取り扱うことが，磁荷の存在を認めない E-B 対応系の取り扱いと矛盾するものではないことを示す根拠となっている．

12.2 電子・原子・分子の磁気モーメントと物質の磁化率

これまでの議論では物質の存在を考慮してこなかったが，この節では磁場中に物質が存在する場合について考える．これは，4章の物質の電気的性質に対応する現象であり，これにならって議論を進める．

12.2.1 電子の磁気モーメント

電気の世界で主役を担った電子は，磁気の世界でも主役を演じる．1個の電子は，質量 $m_e=9.1094\times 10^{-31}$ kg，電荷 $-e=-1.6022\times 10^{-19}$ C の他，$\mu_B=1.1654\times 10^{-29}$ Wb·m という固有の磁気モーメントをもっている．この値を**ボーア磁子**とよぶ．これは，電子の自転（スピン角運動量）に伴う磁気モーメントと考えてもよいが，この値は古典物理学では求まらず，ここでは電子固有の性質と考えておく．スピン運動に由来するので**スピン磁気モーメント**とよぶこともある．

この他，電子が原子核と結合し原子をつくるとき，原子核の周りを回転することによる軌道角運動量に伴って磁気モーメントが生じることもあり，こちらも，量子力学により μ_B の整数倍の値しか取り得ない．

ここで，注意しなければならないのは，E-B 対応の SI 単位系では $\mu_B=9.2848\times 10^{-24}$ J/T となることである．これは，磁場との相互作用エネルギー（(12-11)式）において，SI 単位系では $U_m=-\boldsymbol{m}\cdot\boldsymbol{B}$ とするので，単位は J/T となり，E-H 対応系の値を μ_0 で割った量となる．

12.2.2 反　磁　性

物質を構成する原子は原子核の周りを電子が取り囲み，電子はスピン磁気モーメントをもっているので，孤立した原子はヘリウムやアルゴンなどの不活性ガス原子を除いて，一般に磁気モーメントをもつ．しかし，孤立した原子は不安定で分子を形成したり，イオン性結晶を形成するなどして安定化するが，このとき，スピン角運動量は互い

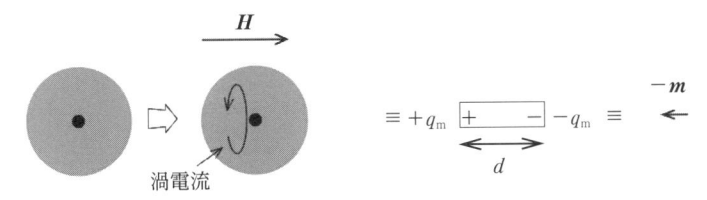

図 12-3 反磁性．不活性ガス原子や内殻電子雲に磁場をかけると渦電流により磁場と反対方向に微小な磁気モーメント $-m$ が誘起される．これを反磁性とよぶ．

に打ち消しスピン磁気モーメントは消失する．しかし，**図 12-3** に示すように，磁場 H をかけると内殻の電子雲に渦電流が生じ，磁場を打ち消す方向に $m=-\alpha H$ の微小な磁気モーメントが誘起される．単位体積当たりの原子数を N 個とすると，試料全体として単位体積当たり

$$M = -\alpha NH = -\chi_{\text{dia}} H \tag{12-14}$$

の磁気モーメントが誘起される．このような性質を**反磁性**(diamagnetism)という．以下に示す遷移金属元素や希土類金属元素を含む物質および大部分の金属を除き，ほとんどの物質の磁気的性質は反磁性である．χ_{dia} を反磁性磁化率といい，その大きさは，閉殻電子の数と広がりによって決まるが，簡単な計算により，Z を原子番号(内殻電子数)とすると，大ざっぱには，$\chi_{\text{dia}}/\mu_0 \approx Z \times 10^{-11}$ と小さな値を示し温度に依存しない(志賀：参考書(7)，2.1.3項参照)．

12.2.3 常磁性

一方，鉄やマンガン，ニッケルといった鉄属遷移金属や，ネオジウム，ガドリニウムなどの希土類金属原子は，化合物をつくってもいわゆる不対電子が残り，スピン角運動量は打ち消されず原子自身が小さい磁気モーメントをもつ(**図 12-4**)．外部磁場がなければその方向は定まらず，磁気モーメント m は，**図 12-5**(a)に示すように熱ゆらぎにより空間的・時間的にランダムな方向を向き，統計的バラツキが無視できる程度の大きさの微小領域で平均を取ればベクトル和は 0 となる．磁場が存在すると(12-11)式で表せるポテンシャルエネルギーが生じ，磁場方向へ向かう回転力を受け，磁場方向のベクトル成分が生じ，図 12-5(b)に示すように 1 原子当たり $\langle m \rangle$，単位体積当たりにすると，

$$M = N\langle m \rangle \tag{12-15}$$

の分極磁気モーメントが生じる．このような物質を**常磁性体**とよび，後に述べる強磁性

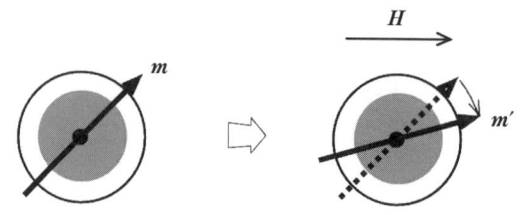

図 12-4 不対電子をもつ原子の磁気モーメント．磁場をかけると磁場の方向へ向こうとする回転力を受ける．

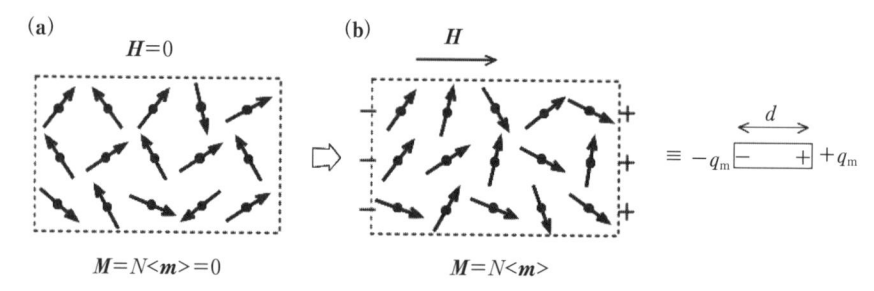

図 12-5 常磁性体内部の微小領域の磁気モーメント．（a）磁場がない場合．原子磁気モーメントの方向はバラバラで平均ベクトル和は0である．（b）磁場が存在すると磁場方向へ向こうとする回転力を受け，磁場方向に磁気モーメントが生じる．

体を除き，磁場があまり大きくないときは，誘起される磁気モーメントは外部磁場 H に比例し，

$$M = \chi H = \bar{\chi}\mu_0 H \tag{12-16}$$

で与えられる．ここで，χ を磁化率，$\bar{\chi}$ を比磁化率とよぶ．その大きさは，個々の磁気モーメントの大きさにもよるが，熱ゆらぎが少ない低温ほど大きくなり，磁気モーメント間の相互作用が小さければ温度に反比例する．すなわち $\chi = C/T$ となり，これをキュリーの法則とよぶ．

12.2.4 磁化と磁束密度

上で導いた単位体積当たりの磁気モーメント（ベクトル）M は，(4-2)式で定義した誘電体の場合の(誘電)分極ベクトル P に相当する量であり，本来なら磁気分極あるいは磁気分極ベクトルとよぶべき量であるが，慣習的に磁化とよび，I と表記することが多

い．磁化の単位は Wb/m² で，T(テスラ)に等しい．磁化 I をもつ磁性体の中での磁束密度 B は電束密度の定義(4-7)式に対応し，

$$B = \mu_0 H + I \tag{12-17}$$

で与えられる．したがって，常磁性体の透磁率は

$$\mu = \frac{B}{H} = \frac{\mu_0 H + I}{H} = \mu_0(1+\bar{\chi}) = \bar{\mu}\mu_0 \tag{12-18}$$

となり，ここで，$\bar{\mu} = 1 + \bar{\chi}$ を比透磁率とよぶ．

以上の定義は Kennely によって提唱された MKSA 単位系で，本書でも，以下この定義と表記に従うが，磁化の定義として，I を μ_0 で割った量を使う場合もある．これは Sommerfeld によって提唱された定義でこの場合，磁束密度は

$$B = \mu_0(H + M) \tag{12-19}$$

で与えられ，磁化の単位は磁場と同じく，A/m となるので注意が必要である．さらに，磁性物理学の分野では cgs 単位系を使うテキストも残っており，また，磁性関係のデータブックの多くは cgs 単位系での値が掲載されている場合が多くまぎらわしい．そのため，巻末の付録 E に cgs 単位系を含む異なった単位系間での磁気量の換算について解説しておく．

12.2.5 強 磁 性

鉄やニッケルなど磁石にくっつく性質を強磁性とよび，わずかな磁場をかけることにより，巨大な磁気モーメントが発生する．また，このような性質をもつ物質を強磁性体とよぶ．永久磁石も強磁性体の一種であるが，こちらは外部から磁場をかけなくともそれ自身が強い磁場を発生する．強磁性は非常に特異な現象で古くから多くの科学者の興味を引きつけてきた現象であり，また，強磁性体はほとんどの電気機器に使われている重要な機能材料である．

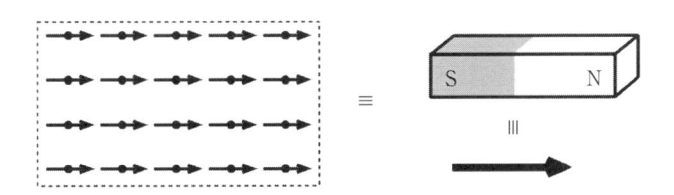

図 12-6 強磁性体．強磁性体は微視的に見ると構成原子が磁気モーメントをもち，それらが強い力で平行に揃ったものである．巨視的には原子磁気モーメントのベクトル和に相当する大きな磁気モーメントをもつ．試料全体として大きな磁気モーメントをもつ強磁性体が永久磁石である．

強磁性体をミクロな視点で見ると，図 12-6 に示すように，原子間の相互作用により，原子の磁気モーメントが一方向に揃ったもので，巨視的にも大きな磁気モーメントをもつ．これを自発磁化とよぶが，自発磁化は原子磁気モーメントのゆらぎのため温度上昇とともに減少し，ある温度で急激に 0 となる．自発磁化を失う温度をキュリー温度とよぶ．試料全体として大きな磁気モーメントを示す強磁性体が永久磁石であるが，この場合外部に大きな磁場をつくり，磁場のエネルギー(静磁エネルギーとよぶ)が大きく，安定な状態でない．鉄などの強磁性体は，静磁エネルギーを最小にするため，外部磁場が 0 の場合は，図 12-7 に示すように，試料内部で磁区とよばれる異なった磁化方向をもつ小領域に分かれ，全体として磁化を示さない．磁区の大きさは物質により大きく異なるが，普通 μm (10^{-6} m) のオーダーであり光学顕微鏡で観測可能な大きさである．また磁区の境界面を磁壁とよぶ．

図 12-7 に磁区の一例を示すが，このように磁区を形成し試料全体として磁気モーメ

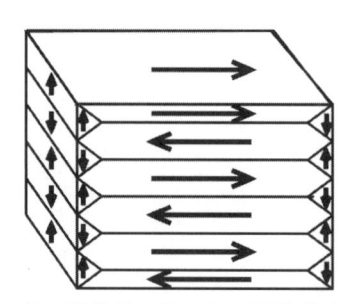

図 12-7 磁区の一例．鉄の単結晶で見られる還流磁区．試料表面に磁極が現れない．

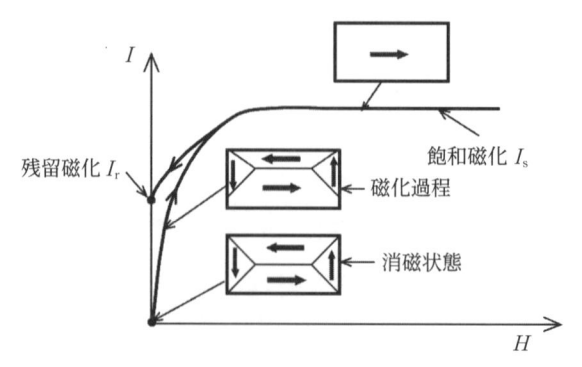

図 12-8 磁化過程の概念図．磁化過程を表す曲線を磁化曲線という．

ントを示さない状態を消磁状態とよぶ．消磁状態にある強磁性体に磁場をかけると，**図 12-8** に示すように，磁壁移動により磁場方向を向いた磁区の体積が増加し，わずかな磁場で全体として大きな磁気モーメントが生じる．試料全体が 1 つの磁区になるとそれ以上磁化は増加せず一定値を取る．これを飽和磁化とよぶ．磁場を減少させると磁化も減少するが，その過程は一般に非可逆で，外部磁場を 0 にしても磁化が残る．これを残留磁化とよぶ．残留磁化が大きな物質が永久磁石である（正確には他にも条件がいるが後述する）．このような過程を磁化過程とよぶが（図 12-8），強磁性体の磁化過程は物質により大きく異なり，非直線かつ非可逆で複雑である．したがって，磁化の大きさが磁場に比例するのは磁化過程のごく初期についてのみであり，磁化率は磁場により変化する．実際の強磁性体物質の性質は 12.4.2 項で改めて述べる．

12.3 透磁率と磁束密度

　この節では，物質の誘電率と電束密度について述べた 4.2 節に対応し，磁化をもった磁性体の透磁率と磁束密度について E-H 対応系の立場で考える．

　磁化をもった物質の内部から適当な大きさの微小領域を切り取れば，小さな磁気モーメントをもった領域に分けることができる．このとき，適当な大きさとは，常磁性体では，統計的ゆらぎが無視できる個数の原子を含んでいればよく，強磁性体では，磁区の大きさより十分大きく取るものとする．この場合，切り出した任意の領域は，磁化 I に

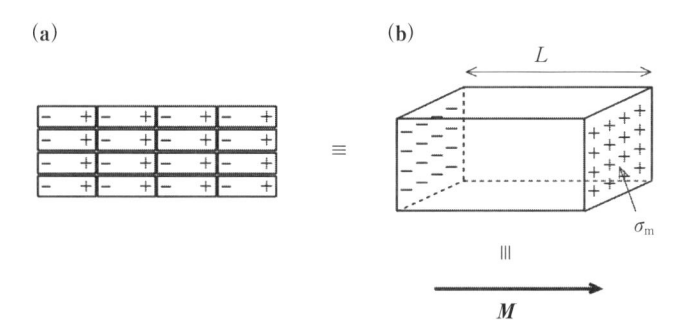

図 12-9 磁化をもつ物質を微小領域に分け切り取ると，1 つの領域のみを考えると磁気モーメントをもち両端に磁極が存在する．しかし，この領域を積み重ねた巨視的な試料では内部の磁極は互いに打ち消し合い，試料表面にのみ表面磁化密度 σ_m が生じる．これは，誘電体の分極ベクトルと表面電荷密度の関係（図 4-2）に等しい．

その領域の体積 ΔV をかけた大きさの磁気モーメント $M=I\Delta V$ をもち，両端表面に磁極が現れる．しかし，**図 12-9** に示すように，これらの小領域を積み重ね巨視的な磁性体試料をつくると，隣り合った領域との境界で試料内部の磁極は打ち消し合い，試料表面にのみ磁極が現れる．

表面磁極密度の大きさを σ_m とすると，その大きさは誘電体の表面電荷密度を求めるのと同じ方法で求まり，表面が磁化方向に垂直であれば $\sigma_m=|I|$ となる．垂直でない場合は，表面に垂直な方向の単位ベクトルを s とすると，

$$\sigma_m = s \cdot I \tag{12-20}$$

となる．

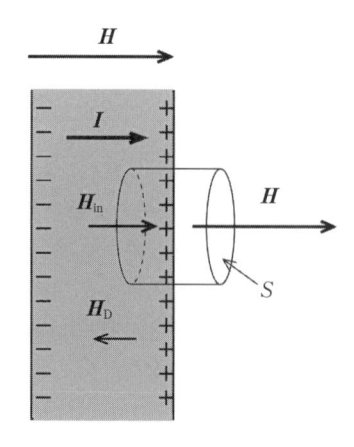

図 12-10 磁場 H 中に置かれた平板物質の外部および内部の磁場．

無限に広がる平板状物質の表面に垂直に磁場をかけると，**図 12-10** に示すように，物質に磁化 I が誘起され表面密度 σ_m の磁極が生じる．この表面磁極により内部に逆向きの磁場 H_D が生じ，これを**反磁場**とよぶ．したがって，物質内部の磁場 H_{in} は外部の磁場 H より小さくなる．H_{in} や H_D の大きさを求めるために，一端が物質内部に，他端が外部にある断面積 S の円筒に対して，磁場についてのガウスの法則((12-3)式)を適用すると，$Q_m=\sigma_m S$ で与えられるので，

$$-H_{in}S + HS = \frac{Q_m}{\mu_0} = \frac{\sigma_m S}{\mu_0} = \frac{I}{\mu_0}S \tag{12-21}$$

したがって，内部の磁場の強さは

$$H_{in} = H - \frac{I}{\mu_0} \tag{12-22}$$

で与えられる．また，反磁場は

$$H_\mathrm{D} = H_\mathrm{in} - H = -\frac{1}{\mu_0}I \tag{12-23}$$

で与えられ，磁化 I に比例する．反磁場は試料の形状により異なり，一般に

$$H_\mathrm{D} = -\frac{D}{\mu_0}I \tag{12-24}$$

で与えられ，D を反磁場係数とよぶ．平板試料に垂直に磁場をかけたときの反磁場係数は $D=1$ である．

常磁性物質では，I は一般に小さいので反磁場の影響は考慮しなくてもよいが，強磁性体では，場合によって外部磁場をほとんど打ち消すほどの大きな値となることがあり，後に示す強磁性体の磁化過程で重要な役割を果たす．

ここで，E-H 対応系での磁束密度 $\boldsymbol{B}$ の意味を考える．4.2 節で電束密度の意味を考えたときと同様に，図 12-10 のように平板磁性体の試料表面に垂直に磁場 H が存在する場合を考える．磁性体外部では $I=0$ なので，$B_\mathrm{out} = \mu_0 H$ となる．一方，内部では

$$B_\mathrm{in} = \mu_0 H_\mathrm{in} + I = \mu_0\left(H - \frac{I}{\mu_0}\right) + I = \mu_0 H \tag{12-25}$$

と両者は等しくなる．すなわち，磁束密度は表面磁極の存在にかかわらず磁性体内外で連続となる．したがって，磁束密度に対するガウスの法則は

$$\iint_\text{閉曲面} \boldsymbol{s} \cdot \boldsymbol{B}\, dS = 0 \tag{12-26}$$

となり，また，微分表示のガウスの法則 $\nabla \cdot \boldsymbol{B} = \mathrm{div}\,\boldsymbol{B} = 0$ も適用できる．

12.4　いろいろな磁性体

12.4.1　反磁性体・常磁性体

表 12-1 に代表的な反磁性・常磁性物質の室温（～20℃）での磁化率，比磁化率などの値を示す．

文献値として，旧単位系である cgs 単位系の単位質量当たりの値があげてあるが，現在でも磁性関係のデータブックには cgs 単位系で書いてあるものが多いので注意が必要である．この表からわかることは，比磁化率が最も大きい鉄みょうばんでも，透磁率に及ぼす影響はごくわずかで，実際上，これらの物質内の磁束密度を求める場合は真空の透磁率 μ_0 で代用してもよい．これは，表 4-1 に示した誘電体の比誘電率が気体を除き真空の誘電率 ε_0 の 2 倍以上となるのと対照的である．

表 12-1 反磁性・常磁性物質の室温における比磁化率，比透磁率．文献値は質量(g)当たりの cgs 単位で与えてある(2009年版理科年表より)．MKSA系の単位体積当たりの比磁化率に変換するには密度をかけ体積当たりの磁化率にして 4π をかける(詳しくは付録 E 参照)．＊鉄みょうばんの密度は推定値．

物質	文献値 χ_g $cm^3/g \times 10^{-6}$	密度 ρ g/cm^3	比磁化率 $\bar{\chi} \times 10^{-5}$	比透磁率 $\bar{\mu}$	備　　考
Al	0.61	2.7	2.07	1.00002	伝導電子の常磁性
Cu	−0.086	8.96	−1.0	0.99999	
Ge	−0.106	5.32	−0.71	0.999993	
NaCl	−0.517	2.17	−1.4	0.999986	
硫酸銅	5.85	5.85	16.8	1.00017	$CuSO_4 \cdot 5H_2O$
鉄みょうばん	32.6	1.8＊	74	1.0007	$(NH_4)_2Fe(SO_4)_2 \cdot 6H_2O$

12.4.2　強磁性体

すでに述べたように，強磁性体の磁化過程は主に磁壁移動で決まり複雑である．一般に，わずかな磁場をかけることにより大きな磁化が発生するので，比磁化率はきわめて大きく ($\bar{\chi} \gg 1$)，$\bar{\chi} \approx \bar{\mu}$ としてよい．また (12-17) 式において，$I \gg \mu_0 H$ となり，したがって，$I \approx B$ と見なしてよく，磁性材料の評価には，磁化 I, 比磁化率 $\bar{\chi}$ に代わって，磁束密度 B, 比透磁率 $\bar{\mu}$ が使われることが多い．さらに，実際に使われる強磁性材料は

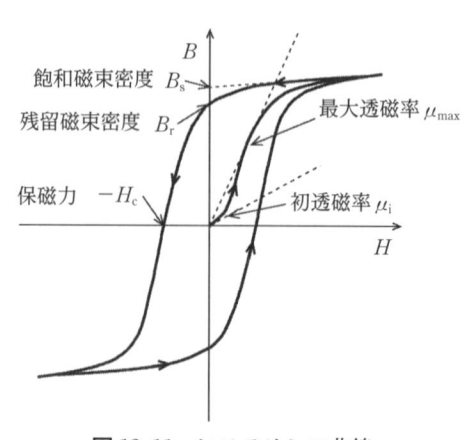

図 12-11　ヒステリシス曲線．

大きく分けて，トランスの鉄心などに使われる**軟磁性材料**と，永久磁石として使われる**硬磁性材料**とに分かれ，それぞれ大きく異なる性質をもち，評価法も異なる．全般的な評価には**図 12-11** に示すように，磁場を周期的に変化させたときの磁束密度の変化をプロットした，いわゆるヒステリシス曲線が使われる．ここで，横軸の磁場 H は，反磁場の影響を除いた磁性体内部に作用する磁場で，(12-22)式における H_{in} に相当し，外部からかけた磁場そのものでないことに注意する必要がある．以下，軟磁性体と硬磁性体に分けて各々の特徴を述べる．

（1） 軟磁性材料

表 12-2 に主な軟磁性材料の特性を示す．これらの特性の意味は図 12-11 のヒステリシス曲線に示したとおりである．いずれの場合も透磁率は大きいが，たとえば，代表的な強磁性体である鉄について見ると，初透磁率 $\bar{\mu}_i$，最大透磁率 $\bar{\mu}_{max}$ ともに純度に大きく依存し，高純度鉄(99.9% 以上)の透磁率はきわめて大きい．

その理由は，図 12-8 に示すように，強磁性体の磁化は磁壁移動により進行するが，不純物が存在すると磁壁が不純物にトラップされスムーズな移動が妨げられるからである．逆に，いったん飽和に達した後，磁場を小さくしてゆくと，磁壁がトラップされていると外部磁場を 0 にしても残留磁化が残り，これを 0 にするには逆方向の磁場 $-H_c$ が必要である．H_c を保磁力とよび，磁性材料の評価に重要な指標である．透磁率は大ざっぱには，$\mu \approx B_s/H_c$ で決まるので，軟磁性体に望まれる大きな透磁率を得るには，飽和磁束密度 B_s が大きいこととともに H_c が小さいことが必要条件となる．ただし，実際に軟磁性材料を使用するに当たっては，次節で述べる反磁場の影響を考慮する必要があり，実効透磁率は材料特性だけで決まらず，その形状にもよることに注意する必要がある．

表 12-2 主な軟磁性体の諸特性．各々の意味は図 12-11(ヒステリシス曲線)参照．T_C(キュリー温度)は自発磁化を失う温度．

材料	$\bar{\mu}_i$	$\bar{\mu}_{max}$	H_c A/m	B_s Wb/m^2	T_C ℃
鉄	150	5000	80	2.15	770
高純度鉄	10000	200000	4		
ケイ素鉄	500	7000	40	1.97	690
パーマロイ	8000	100000	4	1.08	600
MnZn フェライト	2000		8	0.25	110

（2） 硬磁性材料（永久磁石）

表 12-3 に主な永久磁石材料の特性を示す．永久磁石は外部から強い磁場で飽和状態にまで磁化し，その後，磁場を 0 にしたときに残る残留磁化を利用するわけで，残留磁束密度 B_r（飽和磁化 I_s にほぼ等しい）が大きいほど望ましい．しかし，B_r が大きいだけでは十分ではない．なぜなら，大きな残留磁化が残るということは，内部に大きな反磁場が存在することを意味し，自分自身がつくる反磁場が磁化を打ち消す方向に働くためである．これを減磁力というが，減磁力による磁化の減少を防ぐためには，保磁力 H_c が大きい必要がある．必要な保磁力は磁石の形状によっても異なり，定量的な解析は次節で述べるが，永久磁石の性能は残留磁化と保磁力の積によって決まる．磁化と磁場の積はエネルギーの次元をもっているが，表に示した $\frac{1}{2}(BH)_{max}$ は，その永久磁石が貯蔵できる磁気エネルギーの最大値を与える量である．また，飽和磁化はキュリー温度に近づくと急激に低下するのでキュリー温度は高いほどよい．一方，強磁性体の基本的な特性である透磁率は示していないが，永久磁石として使用する場合，透磁率は直接性能にかかわってこないためである．

表 12-3 主な永久磁石材料の諸特性．B_r, H_c は図 12-11（ヒステリシス曲線）参照．$\frac{1}{2}(BH)_{max}$ は単位体積当たりに貯蔵できる磁気エネルギー．T_C（キュリー温度）は自発磁化を失う温度．

材料	成分	B_r Wb/m²	H_c A/m×10²	$\frac{1}{2}(BH)_{max}$ J/m³×10³	T_C ℃
炭素鋼	0.9C 1Mn	1.0	40	0.8	770
アルニコ磁石	Fe-Ni-Co-Al	1.2	348	20	850
フェライト磁石	BaO·6Fe₂O₃	0.4	1600	13	470
ネオジウム磁石	Nd₂Fe₁₄B	1.2	7900	180	310

12.5 反磁場とその影響

12.5.1 反磁場の見積もり

12.3 節において平板状の磁性体が面に垂直な方向に磁化をもつときに生じる反磁場について述べたが，一般の形状の磁性体の場合は少し複雑である．

磁化 I をもつ磁性体は，磁化方向の表面に正の表面磁極，逆方向の表面に負の表面磁

12.5 反磁場とその影響

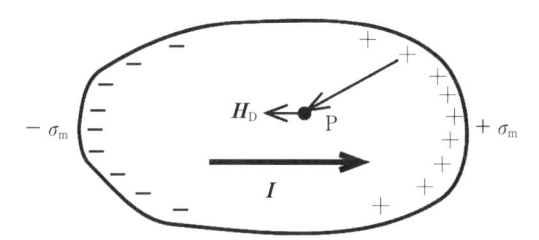

図 12-12 磁性体の反磁場．磁化により生じる表面磁極が内部に磁場を生じる．

極をもち，磁性体の内外に磁場を発生させる．磁性体の内部に生じる磁場を反磁場とよび，強磁性体を磁化するとき大きな影響を与える．一般的には，**図 12-12** に示すように，表面磁極が磁性体内部の任意の点 P に与える磁場の総和をクーロンの法則により計算するか，あるいは，P 点(座標 $\boldsymbol{R}$)の磁気ポテンシャルを求め，その発散 ($-\nabla \phi_m$) を求めればよい．表面磁極密度は (12-20) 式で与えられるので，磁気ポテンシャル $\phi_m(\boldsymbol{R})$，反磁場 $\boldsymbol{H}_D$ は

$$\phi_m(\boldsymbol{R}) = \frac{1}{4\pi\mu_0}\iint_{\text{表面}}\frac{\sigma_m(\boldsymbol{r})}{|\boldsymbol{R}-\boldsymbol{r}|}dS = \frac{1}{4\pi\mu_0}\iint_{\text{表面}}\frac{\boldsymbol{I}\cdot\boldsymbol{s}}{|\boldsymbol{R}-\boldsymbol{r}|}dS, \quad \boldsymbol{H}_D = -\nabla\phi_m \tag{12-27}$$

で与えられるが，実際に求めるのは面倒である．また，反磁場の方向も磁化の方向と一致するとは限らない．そこで，均一に磁化している対称性のよい形状の磁性体の反磁場を求めてみよう．

12.5.2 楕円体の反磁場

対称性がよい形状についても，反磁場を求めるのは少し面倒な計算が必要だが，一様に磁化した 3 次元楕円体の反磁場について，各主軸方向へ磁化したときの反磁場係数，D_x, D_y, D_z について，関係式

$$D_x + D_y + D_z = 1 \tag{12-28}$$

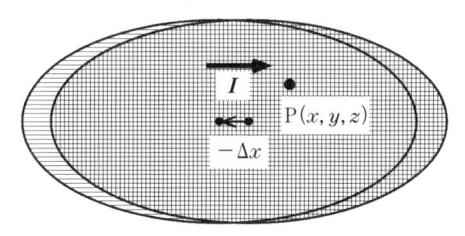

図 12-13 楕円磁性体の反磁場．磁化した強磁性体を均一な磁荷密度 $+\rho_m$, $-\rho_m$ をもった 2 つの楕円体を少しずらして重ね合わせたものと見なす．

が成り立つことを示すことにより，単純な形状の磁性体についての反磁場係数を求めることができる．

(12-28)式を証明するため，初めに x 方向へ磁化した楕円体の反磁場係数を求める．そのため，楕円磁性体を，**図 12-13** に示すように $+\rho_\mathrm{m}$, $-\rho_\mathrm{m}$ の磁荷密度をもつ楕円体の重ね合わせと考え，x 方向に一様に磁化した状態は，負磁荷の楕円体を $-\Delta x$ ずらした状態と見なす．そうすると，磁化は $I = \rho_\mathrm{m} \Delta x$ で与えられる(4.1 節で示した誘電体の分極ベクトルに相当する)．一方，楕円体内の任意の点 P の静磁ポテンシャル $\phi_\mathrm{m}(x, y, z)$ も正磁荷，負磁荷楕円体の和で与えられる．磁化していないときは正負寄与が打ち消し合い 0 であるが，磁化が発生すると

$$\Delta \phi_{\mathrm{m}x} = \phi_\mathrm{m}(x, y, z) - \phi_\mathrm{m}(x-\Delta x, y, z) = -\frac{\partial \phi_\mathrm{m}}{\partial x}\Delta x = -\frac{\partial \phi_\mathrm{m}}{\partial x}\frac{I_x}{\rho_\mathrm{m}} \tag{12-29}$$

の静磁ポテンシャルが発生する．したがって，P 点の磁場は，

$$H_{\mathrm{D}x} = -\frac{\partial(\Delta\phi_\mathrm{m})}{\partial x} = \frac{\partial^2\phi_\mathrm{m}}{\partial x^2}\frac{I_x}{\rho_\mathrm{m}} \tag{12-30}$$

で与えられる．反磁場係数 D の定義は，$H_\mathrm{D} = -(D/\mu_0)I$ なので，x 方向へ磁化したときの反磁場係数は，

$$D_x = -\frac{\mu_0}{\rho_\mathrm{m}}\frac{\partial^2 \phi_\mathrm{m}}{\partial x^2} \tag{12-31}$$

となる．y 方向，z 方向についても同様なので

$$D_x + D_y + D_z = -\frac{\mu_0}{\rho_\mathrm{m}}\left(\frac{\partial^2\phi_\mathrm{m}}{\partial x^2}+\frac{\partial^2\phi_\mathrm{m}}{\partial y^2}+\frac{\partial^2\phi_\mathrm{m}}{\partial z^2}\right) = -\frac{\mu_0}{\rho_\mathrm{m}}\nabla^2\phi_\mathrm{m} \tag{12-32}$$

となる．この式は静電ポテンシャルに対するポアソンの式(3-54)に相当し，静磁ポテンシャルに対しても $\nabla^2\phi_\mathrm{m} = -\rho_\mathrm{m}/\mu_0$ となるはずで，したがって

$$D_x + D_y + D_z = 1 \tag{12-33}$$

が成り立つ．この関係式からただちに，**球状磁性体の反磁場係数**

$$D = \frac{1}{3} \tag{12-34}$$

が導かれる．また，先に導いた平板に垂直方向の反磁場係数 $D_\perp = 1$ より，平板を薄い回転楕円体と見なすことにより，**板に平行方向の反磁場係数**は

$$D_\parallel = 0 \tag{12-35}$$

となる．また無限に長い**円柱棒の軸方向の反磁場係数**は磁極が生じるのは無限遠なので反磁場は 0 となり，したがって，$D_\parallel = 0$. 円柱を軸方向に長い楕円体と見なすと，**軸に垂直方向の反磁場係数**は，

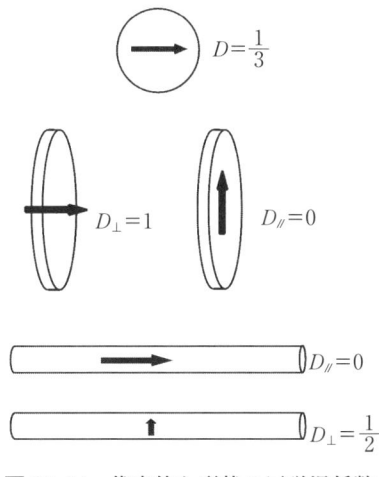

図 12-14 代表的な形状の反磁場係数.

$$D_\perp = \frac{1}{2} \tag{12-36}$$

となる．これらの結果をまとめて図示すると，**図 12-14** のようになる．

任意の軸比をもつ楕円体の反磁場係数を求めるのは難しいが，軸方向に垂直な断面が円であるいわゆる回転楕円体については近似式が求められており，寸法比（長さ/直径）を k とすると，軸方向の反磁場係数は

$$D = \frac{1}{k^2-1}\left\{\frac{k}{\sqrt{k^2-1}}\ln(k+\sqrt{k^2-1})-1\right\} \tag{12-37}$$

で与えられる．また，この場合，反磁場は磁化方向に反平行で試料内で等しい値をもつ．円柱状試料や角棒状試料を長手方向に磁化したときの平均的な反磁場係数はこれに近い寸法比をもつ回転楕円体で概略値を推定すればよい．ただし，楕円体以外の形状の試料では一般に反磁場は試料内部で一様でなく概略値が求まるだけである．

12.5.3　強磁性体の磁化に及ぼす反磁場の影響

（1）　軟磁性体（透磁率が大きい強磁性体）

表 12-2 に示したように，軟磁性体はきわめて大きな透磁率をもっており，ごくわずかな磁場を加えるだけで強く磁化するはずである．しかし，実際に磁性体に働く磁場は反磁場を差し引いた磁場 H_{in} なので注意が必要である．十分大きな比透磁率 $\bar{\mu}_\mathrm{r}$，したがって小さな保磁力 H_c をもつ磁性体では，わずかな H_{in} で飽和に達する．すなわち，

$$H_{\text{in}} = H - D\frac{I}{\mu_0} \approx 0 \tag{12-38}$$

と見なしてよく，したがって，

$$I \approx \frac{\mu_0}{D} H \quad \left(H < \frac{DI_s}{\mu_0}\right) \tag{12-39}$$

となり，磁化の値は飽和に達するまでは反磁場係数のみによって決まる．たとえば，球状鉄を飽和させるには，$I_s = 2.15 \text{ Wb/m}^2$ なので，

$$H = \frac{1}{3}\frac{2.15}{\mu_0} \approx 5.7 \times 10^5 \text{ A/m} \tag{12-40}$$

と，保磁力の数万倍の強い磁場が必要となる．したがって，磁性体本来の磁化曲線(I-H曲線)を求めるには，反磁場の影響が無視できる十分長い棒状試料を使うが，たとえば，球状試料のような反磁場係数が既知の試料で測定し反磁場の補正を施し，内部磁場に対する磁化の変化を求めねばならない．図 **12-15** に，補正前，補正後のヒステリシス曲線を示す．

また，軟磁性材料を有効に使用するには，反磁場係数が小さい形状，方向を選ぶ必要がある．このため，できるだけ長い棒状または板状がよいが，後に述べるように，高透

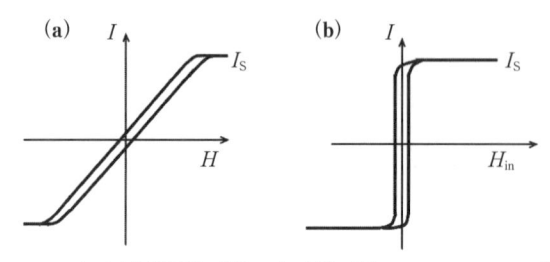

図 **12-15** （a）反磁場補正前，（b）補正後のヒステリシス曲線．

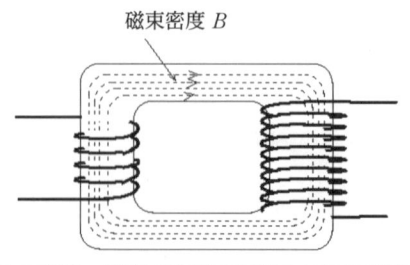

図 **12-16** トランスの構造．磁束が内部で環流し表面に磁極が生じない．したがって，反磁場の影響をまぬがれる．

磁率磁性体では磁束が磁性体内部に閉じ込められるので、図 12-16 のように閉じた磁心にコイルを巻いて使用すると磁極が表面に現れず、無限に長い棒に相当し反磁場の影響をまぬがれることが可能で、トランスの鉄心などはこのような構造をしている。

（2） 永久磁石（保磁力が大きい強磁性体）

永久磁石としての性質は残留磁化 I_r によるが、$D \neq 0$ の場合、反磁場により自分自身の磁化を減少させる（減磁力）。実現する残留磁化 I_r は、(12-22) 式で $H=0$ として求まる内部磁場 H_{in} に対応する磁化となる。すなわち、図 12-17 に示すようにヒステリシス曲線上で、直線 $I = -\mu_0 H/D$ との交点で与えられる。そのため、高性能の永久磁石を得るためには I_r だけでなく、H_c が十分大きい材料を使う必要がある。

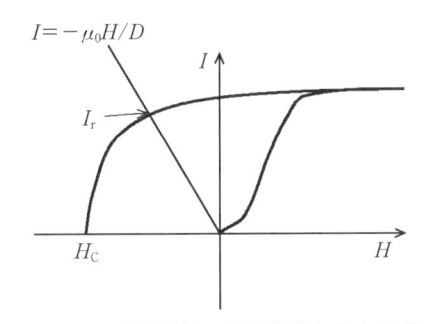

図 12-17　硬磁性材料の磁化曲線と永久磁化 I_r.

12.6　磁石のエネルギー（静磁エネルギー）

ミクロに見た強磁性体は、すべての磁気モーメントが同一方向に並んだ状態で、全体として大きな磁気モーメントをもった永久磁石と見なせるが、永久磁石はエネルギーが高い不安定な状態である。この様子を図 12-18 に示す。今、永久磁石を縦に半分に切断し 2 つの棒磁石とする（b→c）。このままだと、同極同士が反発し、すぐ回転して異種極同士がくっついた状態で安定化する（e）（低エネルギー状態となる）。元の状態に戻すには反発力に逆らって仕事をする必要があるので、エネルギーが高い状態であることがわかる。

このように、磁石それ自身がもつエネルギーを静磁エネルギーとよび、定量的に計算するのは少々面倒である。上の図で示したように小さな磁石を寄せ集め、(a) の状態を実現するため反発力に逆らってなす仕事から計算すると、磁化 I の磁性体に対し、

188   12章　E-H 対応系と物質の磁性

エネルギー大　　エネルギー小

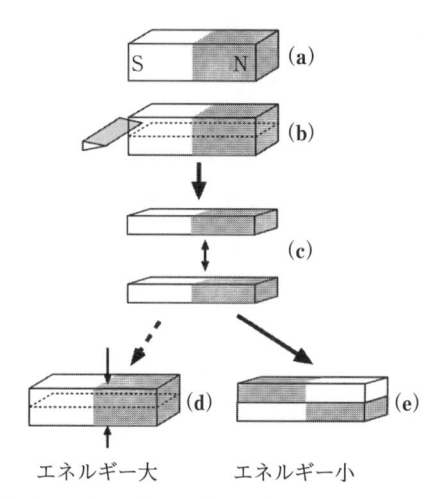

図 12-18　永久磁石がエネルギーの高い状態であることを示す図(静磁エネルギーの起源).

$$U_\mathrm{m} = W = -\frac{1}{2}\iiint_{内部} IH dv \tag{12-41}$$

で与えられる(近角:参考書(4), p.24 参照). ここで積分範囲は磁性体内部である. このエネルギーは磁性体表面の磁極から発生する磁場のエネルギーに等しく,

$$U_\mathrm{m} = \frac{\mu_0}{2}\iiint_{全空間} H^2 dv \tag{12-42}$$

と表すこともできる. したがって, 磁石からわき出る磁束が大きいほど高い静磁エネルギーをもつと考えてよい. 通常の強磁性体は外部から磁場をかけない限り磁区に分割され永久磁石とならないのはこのためである. 永久磁石は磁壁の移動が不純物等により妨げられ, いったん外部磁場により磁化すると元へ戻らず, 大きな残留磁化が残った状態である.

12.7　磁気回路

図 12-19 に示すように, 高い透磁率をもつ軟磁性体にコイルを巻き電流を流すと, 発生した磁束はその大部分が磁性体内を還流し, あたかも閉じた電気回路を流れる電流のように取り扱うことができる. これを磁気回路とよぶ. なぜこのように取り扱うことができるかを厳密に証明するのは難しいが, 簡単には, 磁束も電流もベクトル流であり, 磁束は磁場により引き起こされその大きさは透磁率 μ に比例し, 電流は電場により引

(a) 磁気回路（電磁石） **(b)** 電気回路

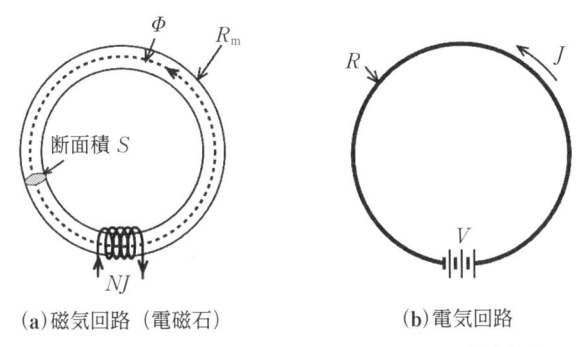

図 12-19 磁気回路と電気回路．（a）高い透磁率をもつ磁性体（ヨークという）にコイルを巻き電流を流すと，発生した磁束は磁性体内を還流し，（b）の抵抗 R の電気回路を流れる電流のように取り扱うことができる．

き起こされその大きさは伝導率 σ に比例する，という対応関係があるからである．電流の場合は，導体以外の空間の伝導率は 0 であり，電流が導体内部のみを流れることは自明だが，磁束の場合，表 12-2 に示すように，軟磁性体の比透磁率は数千から数十万と大きく，大部分の磁束が磁性体内部を通ることが理解されよう．より一般的には，6.2.3 項で述べた，任意の形状の導体を流れる電流密度と，誘電体中の電束密度の分布間の対応関係と等価で，電束密度を磁束密度と置き換えると同じ取り扱いができる．具体的には，対象とする磁性体について適当な境界条件を求め静磁ポテンシャル ϕ_m についてのポアソン方程式を数値的に解き，磁場を $\bm{H} = -\nabla \phi_m$ より求め，磁束密度の分布を $\bm{B} = \mu \bm{H}$ で求めることに相当する．しかし，これを実行するのは難しく，ここでは，磁束が強磁性体から漏れないものと仮定し電気回路との対応関係を求める．

12.7.1 基本回路

初めに，図 12-19 に示すような比透磁率 $\mu \gg 1$ の円周長 L，断面積 S のドーナツ型の鉄心（ヨーク）に N 回コイルを巻き電流 J を流すという最も簡単な磁気回路について考える．このとき基礎となるのがアンペールの法則であり，点線で示す閉曲線についてアンペールの法則を適用すると，単純に

$$\oint_C H\, dl = LH = NJ \tag{12-43}$$

総磁束 Φ は

$$\Phi = BS = \mu HS = \mu \frac{S}{L} NJ = \frac{1}{L/\mu S} NJ \tag{12-44}$$

と書ける．これをオームの法則 $J=V/R$ と比較すると，磁束 Φ が電流 J に，NJ が電圧 V に，$L/\mu S$ が電気抵抗 R に相当する．したがって，NJ を起磁力(V_m)，$L/\mu S$ を磁気抵抗(R_m)とよぶ．

12.7.2　ギャップのある磁気回路

　モーターやスピーカなど磁石を使う機器は，発生した磁束を狭い空間(ギャップ)に導きその空間に発生する強い磁場を利用することが多い．そのため，図 **12-20** に示すように，回路の途中にギャップがある磁気回路を考える．電気回路の場合は回路が途中で切断されれば電流は流れなくなるが，磁気回路の場合，伝導率に相当する透磁率は 0 でないので磁束は途切れない．この場合，ヨーク内の磁場を H_y，ギャップ部の磁場を H_g とすればアンペールの法則は

$$\oint_C H\,dl \approx L_y H_y + l H_g \approx NJ \tag{12-45}$$

となり，磁束は回路内で一定(**磁束の保存則**)なので

$$\Phi = BS = \mu H_y S \approx \mu_0 H_g S \tag{12-46}$$

となる．ここで，ギャップ部にかかわる項が近似式になっているのは，ギャップ部では図に示すように，磁場が平行にならず外へふくらみ，磁束が通る有効面積がヨークの断面積より大きくなるからである．これらの式より，H_y や H_g などの近似値を求めることができるが，より簡単に，ヨーク部の磁気抵抗を $R_{my}=L/\mu S$，ギャップの磁気抵抗 $R_{mg} \approx l/\mu_0 S$，したがって回路の全磁気抵抗

$$R_m \approx \frac{L_y}{\mu S} + \frac{l}{\mu_0 S} \tag{12-47}$$

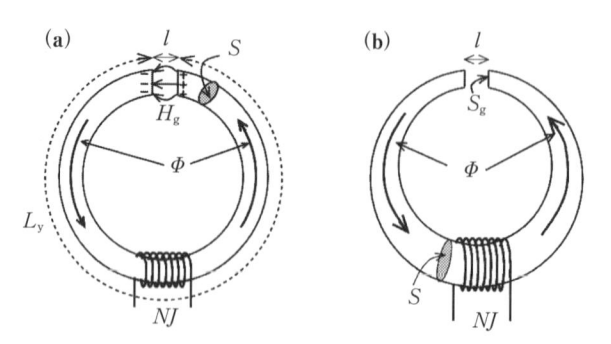

図 12-20　回路の途中にギャップのある磁気回路．(a) ヨークの断面が一定の場合．(b) 絞り込みのあるヨーク．いずれの場合も，ヨーク(軟磁性体)の周長を L_y，ギャップの間隔を l とする．

より，オームの法則にならって，

$$\Phi = \frac{NJ}{R_\mathrm{m}} \approx \frac{\bar{\mu}\mu_0 S}{L_\mathrm{y}+\bar{\mu}l}NJ \tag{12-48}$$

と，磁束 Φ を求めることができる．さらに，$\bar{\mu} \gg 1$ の場合，

$$\Phi \approx \frac{\mu_0 S}{l}NJ \tag{12-49}$$

と近似できる．したがって，ギャップ部の磁場 H_g は

$$H_\mathrm{g} = \frac{\Phi}{\mu_0 S} = \frac{NJ}{l} \tag{12-50}$$

と求まる．さらに，図 12-20(b)のようにギャップ部の断面積を S_g と絞り込んでやれば，

$$H_\mathrm{g} = \frac{\Phi}{\mu_0 S_\mathrm{g}} = \frac{S}{S_\mathrm{g}}\frac{NJ}{l} \tag{12-51}$$

と，より大きな磁場を得ることができる．ただし，最大磁場はヨーク部の軟磁性体材料の飽和磁束密度により制限されるので，いくらでも H_g を大きくできるわけではない．

12.7.3 永久磁石を挟んだ磁気回路

次に，磁場を発生させるためにコイルではなく永久磁石を使った場合を考える．初めに，永久磁石もヨークも断面積が一定とする(**図 12-21**(a))．また，簡単のためヨーク部の透磁率は十分大きく磁気抵抗は無視できるものとする．この場合起磁力としての電流は存在しないので，アンペールの法則は

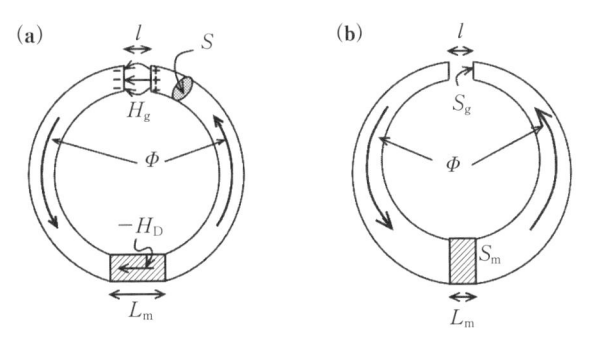

図 12-21 永久磁石を挟んだ磁気回路．(a)断面積一定の場合．(b)断面積を絞り込んだ場合．いずれの場合も，永久磁石の長さを L_m，ギャップの間隔を l，永久磁石内の反磁場を H_D とする．

$$L_\mathrm{m}H_\mathrm{D}+lH_\mathrm{g}=0 \quad \Rightarrow \quad H_\mathrm{g}=-\frac{L_\mathrm{m}}{l}H_\mathrm{D} \tag{12-52}$$

磁束の保存則より

$$\Phi=BS=B_\mathrm{m}(-H_\mathrm{D})S=\mu_0 H_\mathrm{g}S \tag{12-53}$$

ここで，$B_\mathrm{m}(-H_\mathrm{D})$ は永久磁石の B-H 曲線から決まる反磁場 $-H_\mathrm{D}$ に対応する磁束密度である．(12-52)，(12-53)式より，この磁気回路で実現する磁束密度 B は，**図 12-22** に示すように，2つのグラフ

$$B=B_\mathrm{m}(-H_\mathrm{D}) \tag{12-54a}$$

$$B_\mathrm{a}=-\mu_0\frac{L_\mathrm{m}}{l}H_\mathrm{D} \tag{12-54b}$$

の交点より求まる．このとき B-H ヒステリシス曲線の第2象限を特に**減磁曲線**とよび，交点を**永久磁石の動作点**とよぶ．

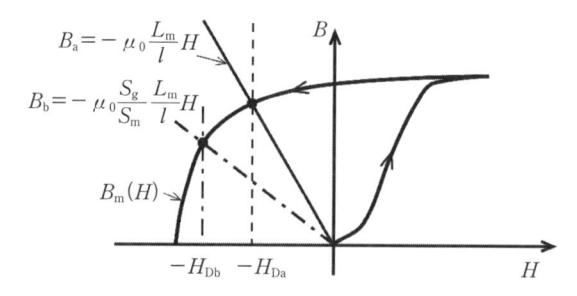

図 12-22 減磁曲線と永久磁石の磁束密度．図 12-21(a)の磁気回路の磁束密度は，永久磁石の減磁曲線 $B_\mathrm{m}(H)$ と直線 $B_\mathrm{a}=-\mu_0(L_\mathrm{m}/l)H$ の交点で決まる．絞り込みのある場合(図 12-21(b))は，$B_\mathrm{b}=-\mu_0(S_\mathrm{g}/S_\mathrm{m})(L_\mathrm{m}/l)H$ との交点が永久磁石の動作点となる．

磁気回路の断面積が一定の場合はギャップ内の磁束密度は永久磁石の飽和磁束密度より大きくはできないが，図 12-21(b)に示すようにヨークの断面積を絞ることにより，より大きな磁束密度を得ることができる．この場合，永久磁石の断面積を S_m，ギャップ部の断面積を S_g とすると，磁束の保存則を表す(12-53)式は

$$\Phi=B_\mathrm{m}(-H_\mathrm{D})S_\mathrm{m}=\mu_0 H_\mathrm{g}S_\mathrm{g} \tag{12-55}$$

となり，(12-54b)式に相当する式は

$$B_\mathrm{b}=-\mu_0\frac{S_\mathrm{g}}{S_\mathrm{m}}\frac{L_\mathrm{m}}{l}H_\mathrm{D} \tag{12-56}$$

に代わり，この直線と磁石の減磁曲線 $B_\mathrm{m}(-H_\mathrm{D})$ との交点が動作点となる．この場合も電磁石の場合と同様，ギャップ部の磁束密度はヨークの軟磁性体の飽和磁束密度で制限される．

12.7.4 磁石のエネルギーと最適動作点

コイルを使った電磁石型の磁気回路の場合はコイルに流す電流を変えることにより，容易にギャップ内の磁場を変えることができるが，永久磁石の場合は前節で述べたとおり，使用する磁石の性能(減磁曲線)とヨーク部を含めた形状で決まる．この場合永久磁石の動作点が定まれば，ギャップ部の磁場も求まるが，最適の動作点を決めるにはどうすればいいかを磁場のエネルギーの観点から考える．今，ヨークに絞り込みがある図12-21(b)型の磁気回路において，断面積 S_g，間隔 l のギャップ内に磁場 H_g があるとすると，そのエネルギーは

$$U_\mathrm{m} = \frac{\mu_0}{2} l S_\mathrm{g} H_\mathrm{g}^2 \tag{12-57}$$

で与えられる．(12-52)式より，$H_\mathrm{g} = -(L_\mathrm{m}/l)H_\mathrm{D}$ を使うと，

$$U_\mathrm{m} = \frac{\mu_0}{2} l S_\mathrm{g} \left(\frac{L_\mathrm{m}}{l}\right)^2 H_\mathrm{D}^2 = \frac{\mu_0}{2} S_\mathrm{g} \frac{L_\mathrm{m}^2}{l} H_\mathrm{D}^2 \tag{12-58}$$

となり，H_D として(12-56)式で求めた動作点での永久磁石の磁束密度を代入すると

$$U_\mathrm{m} = \frac{1}{2} L_\mathrm{m} S_\mathrm{m} B(-H_\mathrm{D}) H_\mathrm{D} = \frac{1}{2} V_\mathrm{m} B(-H_\mathrm{D}) H_\mathrm{D} \tag{12-59}$$

と書ける．ギャップ内の磁気エネルギーは，減磁曲線の動作点における $\frac{1}{2}(BH)$ に永久磁石の体積 V_m をかけた値に等しくなる．したがって，**図12-23**に示すように，減磁曲線に磁場をかけた，いわゆる BH 曲線が最大になる位置に動作点を定めると，使用する永久磁石の体積が最小になる．そのときの単位体積当たりの磁気エネルギー $U_\mathrm{m} = \frac{1}{2}(BH)_\mathrm{max}$ が磁石が蓄えることのできる最大のエネルギーで，永久磁石の性能の評価に使われる(表12-3 参照)．

なお，以上の議論は，(ⅰ)ヨークの透磁率を無限大と仮定している，(ⅱ)接合部の磁気抵抗を無視している，(ⅲ)ヨークの磁気飽和を無視しているなど，いわば理想的な磁気回路についていえることであり，実際には磁束漏れがあり，特に飽和に近づくと透磁率も小さくなり磁束漏れは著しくなるはずで，より正確な定量的解析はマクスウェル方程式に立ち返り，有限要素法などの手法でコンピュータシミュレーションによらねばならない．なお，ギャップに生じる磁場はヨーク材料の飽和磁束密度を超えることはでき

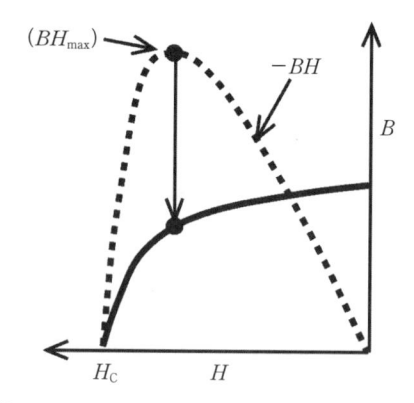

194   12章　$E\text{-}H$ 対応系と物質の磁性

図 12-23 減磁曲線と BH 積．永久磁石の動作点を BH 積が最大になる位置に定めるとその磁石のもつ磁気エネルギーを最大限利用できる．

表 12-4 磁気回路と電気回路の対応．

磁気回路		電気回路	
起 磁 力	$V_m = n \cdot i$	起 電 力	V
磁 束	$\Phi (= BS)$	電 流	I
磁束密度	B	電流密度	i
透 磁 率	μ	導 電 率	σ
磁気抵抗	$R_m = \dfrac{l}{\mu S}$	電気抵抗	$R = \dfrac{l}{\sigma S}$
オームの法則	$V_m = R_m \Phi$	オームの法則	$V = RI$
アンペールの定理	$\oint H dl = n \cdot i$	キルヒホッフの法則	$\oint E dl = V$
同上　異なった磁気抵抗 R_m^i，電気抵抗 R_i が直列につながった場合			
	$\displaystyle\sum_{i(\text{閉じた回路})} H^i l^i = \Phi \sum_i R_m^i = n \cdot i$		$\displaystyle\sum_{i(\text{閉じた回路})} E^i l^i = J \sum_i R_i = V$

ないので，純鉄を使う場合は最大 2.15 T までの磁場(磁束密度)しか得られない．絞り込んだ部分(ポールピース)に Fe-Co 合金など高飽和磁化材料を使うと，最大 2.45 T までの磁場が得られる．これ以上の磁場を得るには直接空心コイルを使うか，超伝導磁石が必要となる．最後に磁気回路と電気回路の対応関係を**表 12-4** にまとめておく．

演習問題 12-1　半径 a，長さ l ($a \ll l$ とする)，単位長さ当たりの巻数 n のソレノイドコ

イルを同じ形状の永久磁石と見なし(図7-8参照).
(1)コイルに電流 J A を流したとき，これに等価な永久磁石の磁化(単位体積当たりの磁気モーメント)を求めよ．
(2)コイルの中心を原点に，長さ方向を z 軸方向に置いたとき，十分離れた位置 $(x, y, z\sqrt{x^2+y^2+z^2} \gg l)$ での磁場 $\boldsymbol{H}$ を概算せよ．

演習問題 12-2 十分大きな透磁率をもった軟磁性体でできた薄い板に厚さ方向に磁場をかけたときの磁化率を求めよ．

演習問題 12-3 磁化 I Wb/m で一様に磁化した半径 a の球状磁石の静磁エネルギーを求めよ．

演習問題 12-4 図 12-20 に示したような，ギャップのあるリング状の磁気回路について，リングの直径を 20 cm，断面積を 5 cm² ギャップの間隔を 5 mm，コイルの巻数を 100 回，流す電流を 0.5 A として，
(1)十分大きな透磁率をもつヨークを使った場合，ギャップに発生する磁場 A/m を求めよ．
(2)比透磁率 100 の軟磁性体を使った場合，ギャップに発生する磁場 A/m を求めよ．
ただし，ギャップ部以外の磁束の漏れ，ギャップ部での磁束の広がりは無視してよいとする．

付録 A　ベクトル演算式

I　表　示　法

本書では，$\hat{\mathbf{x}}, \hat{\mathbf{y}}, \hat{\mathbf{z}}$ を x, y, z 座標軸の基本単位ベクトルとし，ベクトル $\mathbf{A}$ を

$$\mathbf{A} = A_x \hat{\mathbf{x}} + A_y \hat{\mathbf{y}} + A_z \hat{\mathbf{z}}$$

と表記する．その絶対値（ベクトルの長さ）A は

$$A = |\mathbf{A}| = \sqrt{A_x^2 + A_y^2 + A_z^2} \tag{A-1}$$

II　基　本　式

和，差：
$$\mathbf{A} \pm \mathbf{B} = (A_x \pm B_x)\hat{\mathbf{x}} + (A_y \pm B_y)\hat{\mathbf{y}} + (A_z \pm B_z)\hat{\mathbf{z}} \tag{A-2}$$

内積：
$$\mathbf{A} \cdot \mathbf{B} = A_x B_x + A_y B_y + A_z B_z \tag{A-3}$$

ベクトル $\mathbf{A}, \mathbf{B}$ のなす角度を θ とすると，

$$\mathbf{A} \cdot \mathbf{B} = AB \cos\theta \tag{A-4}$$

外積：

$$\begin{aligned}
\mathbf{A} \times \mathbf{B} &= \begin{vmatrix} \hat{\mathbf{x}} & \hat{\mathbf{y}} & \hat{\mathbf{z}} \\ A_x & A_y & A_z \\ B_x & B_y & B_z \end{vmatrix} \\
&= (A_y B_z - A_z B_y)\hat{\mathbf{x}} + (A_z B_x - A_x B_z)\hat{\mathbf{y}} + (A_x B_y - A_y B_x)\hat{\mathbf{z}} \\
&= -\mathbf{B} \times \mathbf{A}
\end{aligned} \tag{A-5}$$

外積はベクトルであり，その方向は $\mathbf{A}, \mathbf{B}$ ベクトルを含む面に垂直で，その大きさは，$\mathbf{A}, \mathbf{B}$ がなす角度を θ とすると，

$$|\mathbf{A} \times \mathbf{B}| = AB \sin\theta \tag{A-6}$$

III　微分関係式

以下，$\phi(\mathbf{r}) = \phi(x, y, z)$ は静電ポテンシャルなど，位置を変数とするスカラー関数．$\mathbf{A}$ は電場や磁場などのように，位置によってその方向・大きさが決まるいわゆるベクトル流であり空間中で連続的に変化する．したがって，

$$\mathbf{A}(\mathbf{r}) = \mathbf{A}(x, y, z) = A_x(x, y, z)\hat{\mathbf{x}} + A_y(x, y, z)\hat{\mathbf{y}} + A_z(x, y, z)\hat{\mathbf{z}}$$

で表せる．また，ベクトル微分演算子 ∇（ナブラ）を

$$\nabla \equiv \frac{\partial}{\partial x}\hat{\mathbf{x}} + \frac{\partial}{\partial y}\hat{\mathbf{y}} + \frac{\partial}{\partial z}\hat{\mathbf{z}} \tag{A-7}$$

で定義することにより，以下の諸公式が導かれる．

$$\nabla \phi \equiv \mathrm{grad}\, \phi = \frac{\partial \phi}{\partial x}\hat{\mathbf{x}} + \frac{\partial \phi}{\partial y}\hat{\mathbf{y}} + \frac{\partial \phi}{\partial z}\hat{\mathbf{z}} \tag{A-8}$$

$$\nabla \cdot \mathbf{A} \equiv \mathrm{div}\, A = \frac{\partial A_x}{\partial x} + \frac{\partial A_y}{\partial y} + \frac{\partial A_z}{\partial z} \tag{A-9}$$

$$\nabla \times \mathbf{A} \equiv \mathrm{rot}\, \mathbf{A} = \begin{vmatrix} \hat{\mathbf{x}} & \hat{\mathbf{y}} & \hat{\mathbf{z}} \\ \dfrac{\partial}{\partial x} & \dfrac{\partial}{\partial y} & \dfrac{\partial}{\partial z} \\ A_x & A_y & A_z \end{vmatrix}$$

$$= \left(\frac{\partial A_z}{\partial y} - \frac{\partial A_y}{\partial z}\right)\hat{\mathbf{x}} + \left(\frac{\partial A_x}{\partial z} - \frac{\partial A_z}{\partial x}\right)\hat{\mathbf{y}} + \left(\frac{\partial A_y}{\partial x} - \frac{\partial A_x}{\partial y}\right)\hat{\mathbf{z}} \tag{A-10}$$

以上がベクトル微分の基本定義式であり，以下の関係式は以下の2例で示したように，ベクトル演算子やベクトルを各成分に分解し計算することにより容易に導ける．

$$\nabla(\phi\psi) = \frac{\partial(\phi\psi)}{\partial x}\hat{\mathbf{x}} + \frac{\partial(\phi\psi)}{\partial y}\hat{\mathbf{y}} + \frac{\partial(\phi\psi)}{\partial z}\hat{\mathbf{z}}$$

$$= \left(\frac{\partial \phi}{\partial x}\psi + \phi\frac{\partial \psi}{\partial x}\right)\hat{\mathbf{x}} + \left(\frac{\partial \phi}{\partial y}\psi + \phi\frac{\partial \psi}{\partial y}\right)\hat{\mathbf{y}} + \left(\frac{\partial \phi}{\partial z}\psi + \phi\frac{\partial \psi}{\partial z}\right)\hat{\mathbf{z}}$$

$$= \left(\frac{\partial \phi}{\partial x}\hat{\mathbf{x}} + \frac{\partial \phi}{\partial y}\hat{\mathbf{y}} + \frac{\partial \phi}{\partial z}\hat{\mathbf{z}}\right)\psi + \phi\left(\frac{\partial \psi}{\partial x}\hat{\mathbf{x}} + \frac{\partial \psi}{\partial y}\hat{\mathbf{y}} + \frac{\partial \psi}{\partial z}\hat{\mathbf{z}}\right)$$

$$= (\nabla \phi)\psi + \phi(\nabla \psi) \tag{A-11}$$

$$\nabla \cdot (\phi \mathbf{A}) = \left(\frac{\partial}{\partial x}\hat{\mathbf{x}} + \frac{\partial}{\partial y}\hat{\mathbf{y}} + \frac{\partial}{\partial z}\hat{\mathbf{z}}\right) \cdot (\phi A_x \hat{\mathbf{x}} + \phi A_y \hat{\mathbf{y}} + \phi A_z \hat{\mathbf{z}})$$

$$= \frac{\partial(\phi A_x)}{\partial x} + \frac{\partial(\phi A_y)}{\partial y} + \frac{\partial(\phi A_z)}{\partial z}$$

$$= \left(\frac{\partial \phi}{\partial x}A_x + \phi\frac{\partial A_x}{\partial x}\right) + \left(\frac{\partial \phi}{\partial y}A_y + \phi\frac{\partial A_y}{\partial y}\right) + \left(\frac{\partial \phi}{\partial z}A_z + \phi\frac{\partial A_z}{\partial z}\right)$$

$$= \left(\frac{\partial \phi}{\partial x}A_x + \frac{\partial \phi}{\partial y}A_y + \frac{\partial \phi}{\partial z}A_z\right) + \phi\left(\frac{\partial A_x}{\partial x} + \frac{\partial A_y}{\partial y} + \frac{\partial A_z}{\partial z}\right)$$

$$= \left(\frac{\partial \phi}{\partial x}\hat{\mathbf{x}} + \frac{\partial \phi}{\partial y}\hat{\mathbf{y}} + \frac{\partial \phi}{\partial z}\hat{\mathbf{z}}\right) \cdot (A_x\hat{\mathbf{x}} + A_y\hat{\mathbf{y}} + A_z\hat{\mathbf{z}}) + \phi\left(\frac{\partial A_x}{\partial x} + \frac{\partial A_y}{\partial y} + \frac{\partial A_z}{\partial z}\right)$$

$$= (\nabla \phi) \cdot \mathbf{A} + \phi(\nabla \cdot \mathbf{A}) \tag{A-12}$$

$$\nabla \times (\phi \mathbf{A}) = (\nabla \phi) \times \mathbf{A} + \phi(\nabla \times \mathbf{A}) \tag{A-13}$$

$$\nabla \cdot (\mathbf{A} \times \mathbf{B}) = \mathbf{B} \cdot (\nabla \times \mathbf{A}) - \mathbf{A} \cdot (\nabla \times \mathbf{B}) \tag{A-14}$$

$$\nabla \times (\mathbf{A} \times \mathbf{B}) = (\mathbf{B} \cdot \nabla)\mathbf{A} - (\mathbf{A} \cdot \nabla)\mathbf{B} + \mathbf{A}(\nabla \cdot \mathbf{B}) - \mathbf{B}(\nabla \cdot \mathbf{A}) \tag{A-15}$$

$$\nabla(\mathbf{A} \cdot \mathbf{B}) = (\mathbf{B} \cdot \nabla)\mathbf{A} + (\mathbf{A} \cdot \nabla)\mathbf{B} + \mathbf{A} \times (\nabla \times \mathbf{B}) + \mathbf{B} \times (\nabla \times \mathbf{A}) \tag{A-16}$$

以下はベクトルの2次微分

$$\nabla \times (\nabla \phi) = 0 \quad (\text{本文}(7\text{-}26)\text{式と同じ}) \tag{A-17}$$

$$\nabla \cdot (\nabla \times \boldsymbol{A}) = 0 \tag{A-18}$$

$$\nabla \times (\nabla \times \boldsymbol{A}) = \nabla(\nabla \cdot \boldsymbol{A}) - \nabla^2 \boldsymbol{A} \tag{A-19}$$

$$\nabla^2 \phi = \nabla \cdot (\nabla \phi) = \mathrm{div}\,\mathrm{grad}\,\phi = \frac{\partial^2 \phi}{\partial x^2} + \frac{\partial^2 \phi}{\partial y^2} + \frac{\partial^2 \phi}{\partial z^2} = \Delta \phi \tag{A-20}$$

なお,演算子 $\nabla^2 \equiv \Delta$ はラプラシアンとよばれるスカラー演算子である.

Ⅳ ガウスの定理

面積積分と体積成分の変換式(証明は 3.4 節参照)

$$\iint_{\text{閉曲面表面}} \boldsymbol{A} \cdot \boldsymbol{n}\, dS = \iint_{\text{閉曲面表面}} \boldsymbol{A} \cdot d\boldsymbol{S} = \iiint_{\text{閉曲面内部}} \nabla \cdot \boldsymbol{A}\, dx\, dy\, dz \tag{A-21}$$

$\boldsymbol{n}$ は曲面の垂線方向を表す単位ベクトル. $d\boldsymbol{S}$ は垂線が S 方向にある曲面上の微小面積.

Ⅴ ストークスの定理

線積分と面積分の変換式(証明は 7.4 節参照)

$$\oint_{\text{閉曲線}} \boldsymbol{A} \cdot d\boldsymbol{s} = \iint_{\text{平面面内}} (\nabla \times \boldsymbol{A}) \cdot d\boldsymbol{S} = \iint_{\text{平面面内}} (\nabla \times \boldsymbol{A}) \cdot \boldsymbol{n}\, dS \tag{A-22}$$

$d\boldsymbol{s}$ は曲線に沿った微小ベクトル線分. $\boldsymbol{n}$, $d\boldsymbol{S}$ の定義は上と同じ.

付録B　相互インダクタンスの相反定理

簡単のため，図8-5に示したような2個の閉回路の間の相互インダクタンス L_{21} を求めてみよう．閉じたリング内の磁束は(8-4)式で求まるが，これをベクトルポテンシャルで表すと，

$$\Phi = \iint_S \boldsymbol{B} \cdot \boldsymbol{n}\, dS = \iint_S (\nabla \times \boldsymbol{A}) \cdot \boldsymbol{n}\, dS \tag{B-1}$$

となる．この式にストークスの定理を適用すると，

$$\Phi = \iint_S (\nabla \times \boldsymbol{A}) \cdot \boldsymbol{n}\, dS = \oint_C \boldsymbol{A} \cdot d\boldsymbol{s} \tag{B-2}$$

と簡単化される．L_{21} を求めるには，リング1(R_1)に電流 I_1 を流したとき，リング2(R_2)の位置 $\boldsymbol{r}_2$ に生じるベクトルポテンシャル $\boldsymbol{A}(\boldsymbol{r}_2)$ を求め，(B-2)式を適用し，リング2を貫通する磁束 Φ_2 を求めればよい．ベクトルポテンシャルは(7-35)式より

$$\boldsymbol{A}(\boldsymbol{r}_2) = \frac{\mu_0 I_1}{4\pi} \oint_{R_1} \frac{d\boldsymbol{s}_1}{|\boldsymbol{r}_1 - \boldsymbol{r}_2|} \tag{B-3}$$

したがって，

$$\Phi_2 = \oint_{R_2} \boldsymbol{A}(\boldsymbol{r}_2) \cdot d\boldsymbol{s} = \frac{\mu_0 I_1}{4\pi} \oint_{R_2} \oint_{R_1} \frac{d\boldsymbol{s}_1 \cdot d\boldsymbol{s}_2}{|\boldsymbol{r}_1 - \boldsymbol{r}_2|} \tag{B-4}$$

となり，$L_{21} = \Phi_2/I_1$ より，

$$L_{21} = \frac{\mu_0}{4\pi} \oint_{R_2} \oint_{R_1} \frac{d\boldsymbol{s}_1 \cdot d\boldsymbol{s}_2}{|\boldsymbol{r}_1 - \boldsymbol{r}_2|} \tag{B-5}$$

が得られる．リング1，リング2を入れ替えても積分の順序が変わるだけで，同じ結果が得られるので相互インダクタンスの相反定理 $L_{21} = L_{12}$ が成り立つことがわかる．

付録C　2階線形微分方程式の解

一般に，$a_1 \sim a_n$ を定数として，

$$\frac{d^n y}{dx^n} + a_1 \frac{d^{n-1}y}{dx^{n-1}} + \cdots + a_{n-1}\frac{dy}{dx} + a_n y = 0 \tag{C-1}$$

で表せる微分方程式の解は次のようにして求められる．

初めに，$a_1 \sim a_n$ を係数とする，n 次方程式（これを特性方程式とよぶ），

$$r^n + a_1 r^{n-1} + \cdots + a_{n-1} r + a_n = 0 \tag{C-2}$$

を求め，その解が，$r_1, r_2, \cdots, r_n$ であったとするとき，

$$e^{r_1 x}, \quad e^{r_2 x}, \quad \cdots, \quad e^{r_n x} \tag{C-3}$$

は(C-1)を満たす基本解となり，これらの解の1次結合が一般解となる．直列LCR回路の過渡特性を表す(10-7)式は $Ld^2I/dt^2 + RdI/dt + I/C = 0$ なので，$n=2$ に相当し，微分方程式は，

$$\frac{d^2 y}{dx^2} + a\frac{dy}{dx} + b = 0 \tag{C-4}$$

の場合に相当し，特性方程式は，

$$r^2 + ar + b = 0 \tag{C-5}$$

と書ける．特性方程式の解は

$$r_1 = \frac{-a + \sqrt{a^2 - 4b}}{2}, \quad r_2 = \frac{-a - \sqrt{a^2 - 4b}}{2} \tag{C-6}$$

で与えられるが，$a^2 - 4b = 4D$ とすると，$D > 0$ のときは，一般解は，

$$y = e^{-\frac{a}{2}x}(\alpha e^{\sqrt{D}x} + \beta e^{-\sqrt{D}x}) \tag{C-7}$$

$D < 0$ のときは，

$$y = e^{-\frac{a}{2}x}(\alpha e^{i\sqrt{-D}x} + \beta e^{-i\sqrt{-D}x}) \tag{C-8}$$

となる．(10-7)式の変数を用いると $y \to I, x \to t$ であり，$t=0$ のときは $I=0$ という境界条件を考慮し，$a = R/L, b = 1/LC, D = (R/2L)^2 - (1/LC)$ に置き換えると，$D > 0$ すなわち，$R > 2\sqrt{L/C}$ のときは，

$$I(t) = \alpha e^{-\frac{R}{2L}t}(e^{\sqrt{D}t} - e^{-\sqrt{D}t}) = 2\alpha e^{-\frac{R}{2L}t}\sinh(\sqrt{D}\,t) \tag{C-9}$$

比例定数 α はコンデンサーの電荷が

$$Q(t) = \int_0^t I(u)du \tag{C-10}$$

で与えられ，かつ，$t \to \infty$ で $Q(\infty) = CV_0$ となる条件から，$\alpha = V_0/(2L\sqrt{D})$ となり，(10-10)式が導ける．

$D<0$, すなわち $R<2\sqrt{L/C}$ のときは,
$$I(t)=\alpha e^{-\frac{R}{2L}t}(e^{i\sqrt{-D}t}-e^{-i\sqrt{-D}t})=2\alpha e^{-\frac{R}{2L}t}\sin(\sqrt{-D}\,t) \quad (\text{C-11})$$
境界条件 $Q(\infty)=CV_0$ より, $\alpha=V_0/(2L\sqrt{-D})$ となり, (10-8)式が導ける.

$D=0$ すなわち, $R=2\sqrt{L/C}$ のときは, (C-9)式, あるいは(C-10)式において $D\to 0$ の極限値を求めることにより, (10-9)式が導ける.

付録 D　複素数の計算式

$$i=\sqrt{-1}, \quad i^2=-1 \tag{D-1}$$

$$a+bi=c+di \text{ が成り立つとき}, \ a=c, \ b=d \tag{D-2}$$

$$a+bi=0 \text{ が成り立つとき}, \ a=0, \ b=0 \tag{D-2'}$$

$$(a+bi)+(c+di)=(a+c)+(b+d)i \tag{D-3}$$

$$(a+bi)-(c+di)=(a-c)+(b-d)i$$

$$(a+bi)(c+di)=(ac-bd)+(ad+bc)i \tag{D-4}$$

$$\frac{a+bi}{c+di}=\frac{(a+bi)(c-di)}{(c+di)(c-di)}=\frac{ac+bd}{c^2+d^2}+\frac{bc-ad}{c^2+d^2}i \tag{D-5}$$

$$|a+bi|=\sqrt{(a+ib)(a-ib)}=\sqrt{a^2+b^2} \tag{D-6}$$

$$e^{i\phi}=\cos\phi+i\sin\phi \tag{D-7}$$

$$\frac{d}{dx}e^{iax}=iae^{iax}, \quad \frac{d^2}{dx^2}e^{iax}=-a^2e^{iax} \tag{D-8}$$

$$\sin x=\frac{e^{ix}-e^{-ix}}{2i}, \quad \cos x=\frac{e^{ix}+e^{-ix}}{2} \tag{D-9}$$

付録 E 電磁気量に関する cgs 単位系

　本書では，現在国際標準(SI)単位系として採用されている MKSA 単位系を使用しているが，かつては長さ cm，質量 g，時間 s(秒)を単位とする cgs 単位系が主流であった．電磁気学以外では cgs 単位系はほとんど姿を消しているといってもいいが，電磁気学の分野では磁性理論の分野などではまだ使われることがあり，さらに，物質の磁性に関するデータ集では現在でも cgs 単位系が使われていることが多く，MKSA 系への換算法を知っておく必要がある．電磁気学における cgs 系から MKSA 系への換算は，単に 10^n を乗じるだけではすまず，変換係数に 4π や光速 c を含み複雑である．さらに，cgs 系の中でも電気現象のみを扱う場合は，cgs esu (electrostatic unit) 単位系を使い，電磁現象を扱うときには，cgs emu (electromagnetic unit) 単位系を使うという複雑さがある．また，MKSA 単位系においても本文中で示したように，磁気モーメントあるいは磁化の定義が Kennely 流と，Sommmerfeld 流の 2 種類があり統一されていない．ここでは，単に換算の係数だけでなく，それのよって来たる理由も説明しておく．

I 静電単位系 cgs esu

静電単位系でのクーロンの法則は

$$F = \frac{q_1 q_2}{r^2} \tag{E-1}$$

で表せる．力 F の単位を dyne 長さの単位を cm とし，$r=1$ cm のとき $F=1$ dyne を与える電荷 $q_1=q_2$ を 1 cgs esu と定義する．一方，SI 単位系でのクーロンの法則は (2-3) 式，すなわち，

$$F = \frac{1}{4\pi\varepsilon_0} \frac{q_1 q_2}{r^2} \tag{E-2}$$

で与えられる．ここで，真空の誘電率は (9-50) 式より，$\varepsilon_0 = 1/(\mu_0 c^2)$，真空の透磁率は $\mu_0 = 4\pi \times 10^{-7}$ で与えられるので，(E-2)式は

$$F = \frac{c^2 q_1 q_2}{r^2} \times 10^{-7} \tag{E-3}$$

と書ける．$q_1=q_2=1$ cgs esu の単位電荷は，$r=1$ cm $=10^{-2}$ m に対し，$F=1$ dyne $= 10^{-5}$ N の力で反発力を受けるので，SI 単位では

$$q_1 = q_2 = 1 \text{ cgs esu} = \sqrt{\frac{10^{-5} \times (10^{-2})^2 \times 10^7}{(3 \times 10^8)^2}} = \frac{1}{3} \times 10^{-9} \text{ C} \tag{E-4}$$

となる．これが，静電単位系の出発点になり他の電気量の単位も誘導できるが，以下の電磁単位と異なり現在ではほとんど使われないので，詳細は参考書（高橋：参考書（3），p.394）に任せることにする．

II 電磁単位系 cgs emu

（1） 磁荷 q_m

cgs 電磁単位系においては，磁荷間に働く磁気的クーロン力は

$$F = \frac{q_{m1}q_{m2}}{r^2} \tag{E-5}$$

で与えられ，上と同様に，力 F の単位を dyne 長さの単位を cm とし，$r=1$ cm のとき $F=1$ dyne を与える磁荷 $q_{m1}=q_{m2}$ を 1 cgs emu と定義する．一方，E-H 対応の MKSA 単位系では，磁化間に働くクーロン力は(12-1)式，すなわち

$$F = \frac{1}{4\pi\mu_0}\frac{q_{m1}q_{m2}}{r^2} = \frac{q_{m1}q_{m2}}{(4\pi)^2 r^2} \times 10^7 \tag{E-6}$$

で与えられる．$q_{m1}=q_{m2}=q_m=1$ cgs emu の単位磁荷は，$r=1$ cm $=10^{-2}$ m に対し，$F=1$ dyne $=10^{-5}$ N の力を与える大きさなので，(E-6)式を用い MKSA 単位での値を求めると，

$$q_m = \{4\pi\mu_0 r^2 F\}^{1/2} = 4\pi \times 10^{-8} = 1.257 \times 10^{-7} \text{ Wb} \tag{E-7}$$

となる．

（2） 磁場 H

cgs emu 系における磁場は，1 cgs emu の単位磁荷が磁場 H Oe 中にあるとき，$F=H$ dyne の力を与える大きさとして定義され，単位名は Oe（エルステッド）である．一方，MKSA 系での磁場の大きさは，1 Wb の単位磁荷が H A/m 中にあるとき，$F=H$ N の力を与える大きさとして定義される．したがって，1 Oe の磁場に等しい SI 系での磁場 H A/m は

$$4\pi \times 10^{-8} \text{ Wb} \times H \text{ A/m} = 10^{-5} \text{ N} \tag{E-8}$$

すなわち，

$$1 \text{ Oe} \equiv \frac{10^3}{4\pi} \text{ A/m} = 79.58 \text{ A/m} \tag{E-9}$$

という関係にある．

（3） 磁束密度 B

cgs emu 系での磁束密度は MKSA 系と同じく $\boldsymbol{B}=\mu\boldsymbol{H}$ で定義されるが，真空の透磁率を $\mu_0=1$ とするので，その値は磁場 $\boldsymbol{H}$ の大きさに等しく，単位名は G（ガウス）であ

る．一方，MKSA 系では真空の透磁率は 7.3 節で示したように，$\mu_0 = 4\pi \times 10^{-7}$ H/m ($\equiv$ T·m/A $\equiv$ Wb/m·A) なので，

$$1\,\text{G} \equiv 4\pi \times 10^{-7}\,\text{T·m/A} \times \frac{10^3}{4\pi}\,\text{A/m} = 10^{-4}\,\text{T(テスラ)} \tag{E-10}$$

という関係にある．E-B 対応の MKSA 単位系では，磁束密度を磁場とよぶことがあるが，その場合 1 T の磁場は 10^4 G に等しい．なお，12.1.1 項で論じたように，1 テスラの磁束密度は 1 Wb/m^2 に等しい．

(4) 磁束 Φ

磁束は磁束密度に面積をかけた量であり，cgs emu 系での単位は Mx(マクスウェル)である．これを SI 系で表すと

$$1\,\text{Mx} = 1\,\text{G} \times 1\,\text{cm}^2 \equiv 10^{-4}\,\text{Wb/m}^2 \times 10^{-4}\,\text{m}^2 = 10^{-8}\,\text{Wb} \tag{E-11}$$

という関係にある．

(5) 磁気モーメント M

cgs emu 系での単位磁気モーメントは長さ 1 cm の棒の両端に ±1 emu の磁荷が置かれた磁石に相当する．

一方，MKSA 単位系では 12.2.4 項で述べたように磁気モーメントの定義は Kennely による定義と，Sommerfeld による定義と 2 種類ある．本書で採用している Kennely 流では，磁気モーメントは単純に磁荷 (Wb) × 長さ (m) であり，Sommerfeld 流では，それを μ_0 で割った量で，単位は A·m^2 である．なお，磁気モーメントと磁場の積はエネルギーの次元をもつことに留意すると，E-H 対応系 (Kennely 流) では，J $\equiv$ Wb·m·A/m という関係にあり，したがって，Wb·m $\equiv$ J·m/A，E-B 対応系 (Sommerfeld 流) では J $\equiv$ A·m^2·T，したがって，磁気モーメントの単位を [J/T] とすることもある．各々について cgs emu 系との対応は，

(ⅰ) Kennely 流

$$1(\text{emu}) \equiv 4\pi \times 10^{-8}\,\text{Wb} \times 10^{-2}\,\text{m} = 4\pi \times 10^{-10} = 1.257 \times 10^{-9}\,\text{Wb·m} \tag{E-12}$$

(ⅱ) Sommerfeld 流

$$1(\text{emu}) \equiv 4\pi \times 10^{-10}\,\text{Wb·m}/4\pi \times 10^{-7}\,\text{Wb/m} = 10^{-3}\,\text{A·m}^2 \tag{E-13}$$

となる．

(6) 磁化 (単位体積当たりの磁気モーメント) I

(ⅰ) Kennely 流の磁化への換算

$$1(\text{emu/cm}^3) = 4\pi \times 10^{-10}\,\text{Wb·m}/10^{-6}\,\text{m}^3 = 4\pi \times 10^{-4}$$
$$= 1.257 \times 10^{-3}\,\text{Wb/m}^2 \tag{E-14}$$

(ⅱ) Sommerfeld 流の磁化への換算

$$1(\text{emu/cm}^3) = 4\pi \times 10^{-4} \text{ Wb/m}^2/\mu_0 = 10^3 \text{ A/m} \tag{E-15}$$

(6′) 単位質量当たりの磁気モーメント σ

実験で求められる磁気モーメントの大きさは単位質量当たりの値であることが多く習慣的に σ と表記される．この場合，

（ⅰ）Kennely 流
$$1(\text{emu/g}) = 4\pi \times 10^{-10} \text{ Wb}\cdot\text{m}/10^{-3} \text{ kg} = 4\pi \times 10^{-7}$$
$$= 1.257 \times 10^{-6} \text{ Wb}\cdot\text{m/kg} \tag{E-16}$$

（ⅱ）Sommerfeld 流
$$1(\text{emu/g}) = 4\pi \times 10^{-10} \text{ Wb}\cdot\text{m}/10^{-3} \text{ kg} \, \mu_0 = 1 \text{ A}\cdot\text{m}^2/\text{kg} \tag{E-17}$$

(6″) mol 当たりの磁気モーメント

上と同様に，Kennely 流では
$$1(\text{emu/mol}) = 4\pi \times 10^{-10} = 1.257 \times 10^{-9} \text{ Wb}\cdot\text{m/mol} \tag{E-18}$$

Sommerfeld 流では，
$$1(\text{emu/mol}) \equiv 10^{-3} \text{ A}\cdot\text{m}^2/\text{mol} \tag{E-19}$$

（7） 磁化率 χ，比磁化率 $\bar{\chi}$

磁化率の定義は $\chi = I/H$ であり，cgs 単位系では単位体積当たりの物質の磁化率は無次元である．しかし，他と区別するため通常 emu/cm^3 で表す．無次元であることに注視すると cm^3/cm^3 と書け，あたかも cm^3 が磁化率の単位と見なすことができる．実際，単位質量当たりの磁化率を cm^3/g と，またモル当たりの磁化率を cm^3/mol と表記することがある．

Kennely 流の磁化に対する磁化率は，(E-14)式を 1 Oe に対応する磁場(A/m)で割ることで求まる．すなわち，

$$\chi : 1(\text{emu/cm}^3) = \frac{4\pi \times 10^{-4} \text{ Wb/m}^2}{(10^3/4\pi) \text{ A/m}} = (4\pi)^2 \times 10^{-7} \text{ Wb/m}\cdot\text{A} \, (\equiv \text{H/m}) \tag{E-20}$$

したがって，比磁化率は

$$\bar{\chi} \equiv \frac{\chi}{\mu_0} = \frac{(4\pi)^2 \times 10^{-7} \text{ H/m}}{4\pi \times 10^{-7} \text{ H/m}} = 4\pi \, [\text{無次元}] \tag{E-21}$$

となる．Sommerfeld 流の磁化率は当然 Kennely 流の比磁化率に等しい．

（7′） 単位質量当たりの磁化率 χ_M，比磁化率 $\bar{\chi}_M$

上と同様，質量当たりの磁化率は(E-16)式を単位磁場(1 Oe)で割り

$$\chi_M : 1(\text{cm}^3/\text{g}) = \frac{4\pi \times 10^{-7} \text{ Wb}\cdot\text{m/kg}}{(10^3/4\pi) \text{ A/m}} = (4\pi)^2 \times 10^{-10} \text{ Wb}\cdot\text{m}^2/\text{A}\cdot\text{kg} \tag{E-22}$$

比磁化率はこれを μ_0 で割り，

$$\bar{\chi}_M : 1(\text{cm}^3/\text{g}) = (4\pi)^2 \times 10^{-10} \text{ Wb}\cdot\text{m}^2/\text{A}\cdot\text{kg}/\mu_0 = 4\pi \times 10^{-3} \text{ m}^3/\text{kg} \quad \text{(E-23)}$$

となる.

(7″) mol 当たりの磁化率 χ_{mol}, 比磁化率 $\bar{\chi}_{\text{mol}}$

同様に(E-15), (E-16)式より,

$$\chi_{\text{mol}} : 1(\text{cm}^3/\text{mol}) = \frac{4\pi \times 10^{-10} \text{ Wb}\cdot\text{m/mol}}{(10^3/4\pi) \text{ A/m}} = (4\pi)^2 \times 10^{-13} \text{ Wb}\cdot\text{m}^2/\text{A}\cdot\text{mol} \quad \text{(E-24)}$$

$$\bar{\chi}_{\text{mol}} = \chi_{\text{mol}}/\mu_0 = 4\pi \times 10^{-6} \text{ m}^3/\text{mol} \quad \text{(E-25)}$$

となる.

以上をまとめると,

物理量	表記	MKSA 単位	cgs	cgs → MKSA 比例係数
電 荷	q	C	esu	$(1/3) \times 10^{-9}$
磁 荷	q_m	Wb	emu	$4\pi \times 10^{-8}$
磁 場	H	A/m	Oe	$10^3/4\pi$
磁 束	Φ	Wb	Mx	10^{-8}
磁束密度	B	$\text{T} \equiv \text{Wb/m}^2$	G	10^{-4}
磁気モーメント(K)	M	Wb·m$\equiv$J·m/A	emu	$4\pi \times 10^{-10}$
磁気モーメント(S)	M	A·m$^2 \equiv$J/T		10^{-3}
磁化(K)(磁気分極 P_m)	I, J	Wb/m$^2 \equiv$T	emu/cm^3	$4\pi \times 10^{-4}$
磁化(S)	I, M	A/m		10^3
磁気モーメント/質量(K)	σ	Wb·m/kg	emu/g	$4\pi \times 10^{-7}$
磁気モーメント/質量(S)		A·m^2/kg		1
磁気モーメント/モル(K)		Wb·m/mol	emu/mol	$4\pi \times 10^{-10}$
磁気モーメント/モル(S)		A·m^2/mol		10^{-3}
磁化率(K)	χ	Wb/m·A$\equiv$H/m	emu/cm^3	$(4\pi)^2 \times 10^{-7}$
比磁化率(K)$\equiv$磁化率(S)	$\bar{\chi}$	無次元		4π
質量磁化率(K)	χ_M	Wb·m^2/A·kg	emu/g cm^3/g	$(4\pi)^2 \times 10^{-10}$
比質量磁化率(K)$\equiv$質量磁化率(S)	$\bar{\chi}_M$	m^3/kg		$4\pi \times 10^{-3}$
モル磁化率(K)	χ_{mol}	Wb·m^2/A·mol	emu/mol cm^3/mol	$(4\pi)^2 \times 10^{-13}$
比モル磁化率(K)$\equiv$モル磁化率(S)	$\bar{\chi}_{\text{mol}}$	m^3/mol		$4\pi \times 10^{-6}$

(K)は Kennely, (S)は Sommerfeld による定義

参　考　書

（1）　R.P.ファインマン他：ファインマン物理学Ⅲ―電磁気学―（岩波書店 2004）
（2）　砂川重信：電磁気学（岩波書店 2004）
（3）　高橋秀俊：電磁気学（裳華房 1959）
（4）　近角聰信：強磁性体の物理（下）（裳華房 1984）
（5）　志賀正幸：材料科学者のための固体物理学入門（内田老鶴圃 2008）
（6）　志賀正幸：材料科学者のための固体電子論入門（内田老鶴圃 2009）
（7）　志賀正幸：磁性入門（内田老鶴圃 2007）

演習問題解答

演習問題 2-1

(2-27)式より，$\phi(x,y,z) = \dfrac{Q}{4\pi\varepsilon_0(\sqrt{x^2+y^2+z^2})}$

$E_x(x,y,z) = -\dfrac{\partial \phi}{\partial x} = \dfrac{Q}{4\pi\varepsilon_0}\dfrac{x}{(\sqrt{x^2+y^2+z^2})^3}$

$\boldsymbol{E}(x,y,z) = E_x\hat{\boldsymbol{x}} + E_y\hat{\boldsymbol{y}} + E_z\hat{\boldsymbol{z}} = \dfrac{Q}{4\pi\varepsilon_0}\dfrac{x\hat{\boldsymbol{x}} + y\hat{\boldsymbol{y}} + z\hat{\boldsymbol{z}}}{(\sqrt{x^2+y^2+z^2})^3}$

演習問題 2-2

陽子の電荷：1.60218×10^{-19} C，陽子の質量：1.6726×10^{-27} kg，
万有引力定数：$\gamma = 6.67428\times 10^{-11}$ N·m²/kg² $1\text{Å} = 10^{-10}$ m より，

クーロン力：$F_\text{C} = \dfrac{(1.60218\times 10^{-19})^2}{4\times \pi \times 8.8542\times 10^{-12}\times 10^{-20}} = 2.31\times 10^{-8}$ N

引力：$F_\text{g} = 6.67428\times 10^{-11}\dfrac{(1.6726\times 10^{-27})^2}{10^{-20}} = 2.74\times 10^{-44}$ N

演習問題 3-1

複数の点電荷がつくる電位の公式((3-2)式)

$$\phi(\boldsymbol{R}) = \sum_i^N \dfrac{q_i}{4\pi\varepsilon_0|\boldsymbol{R}-\boldsymbol{r}_i|}$$ において，$\boldsymbol{r}_1 = \dfrac{l}{2}\hat{\boldsymbol{z}}$，$\boldsymbol{r}_2 = -\dfrac{l}{2}\hat{\boldsymbol{z}}$ $q_1 = q$，$q_2 = -q$

と置くと，

$$\phi(x,y,z) = \dfrac{q}{4\pi\varepsilon_0}\left\{\dfrac{1}{\sqrt{x^2+y^2+(z-l/2)^2}} - \dfrac{1}{\sqrt{x^2+y^2+(z+l/2)^2}}\right\}$$

が求まる．この電位に対し，(3-3)式を適用すると簡単な計算から(3-11)式が求まる．

演習問題 3-2

(3-17)式，$\boldsymbol{E}(\boldsymbol{R}) = \dfrac{\rho}{4\pi\varepsilon_0}\displaystyle\int_{-\infty}^{+\infty}\dfrac{R\hat{\boldsymbol{x}} + z\hat{\boldsymbol{x}}}{\{R^2+z^2\}^{3/2}}dz$ を計算すればよい．z方向成分は奇関数なので 0 となり，x成分のみを計算すればよい．積分公式

$$I_n = \int\dfrac{1}{(a+bx^2)^n}dx = \dfrac{1}{2(n-1)a}\left\{\dfrac{x}{(a+bx^2)^{n-1}} + (2n-3)I_{n-1}\right\}$$

において，$a = R^2$，$b = 1$，$n = 3/2$ と置くと，右辺第2項は0となるので，

$I_{3/2} = \dfrac{1}{R^2}\dfrac{x}{(R^2+x^2)^{1/2}}$ が得られる(部分積分でも実行可能)．したがって，

$$\boldsymbol{E}(\boldsymbol{R}) = \dfrac{\rho R}{4\pi\varepsilon_0}\dfrac{1}{R^2}\left.\dfrac{z}{\sqrt{R^2+z^2}}\right|_{-\infty}^{\infty}\hat{\boldsymbol{x}} = \dfrac{\rho}{2\pi\varepsilon_0 R}\hat{\boldsymbol{x}}$$

演習問題 3-3

が得られ，ガウスの法則で求めた(3-19)式と一致する．

同じ中心軸をもつ半径 r，長さ L の円筒にガウスの法則を適用することにより，
$r<a$ では，

$$\iint_{\text{円筒面}} \mathbf{s} \cdot \mathbf{E}\, dS = 2\pi rEL = \frac{Q}{\varepsilon_0} = \frac{\pi r^2 L\rho}{\varepsilon_0} \text{ より，} E = \frac{\rho r}{2\varepsilon_0}$$

$r>a$ では，

$$\iint_{\text{円筒面}} \mathbf{s} \cdot \mathbf{E}\, dS = 2\pi rEL = \frac{Q}{\varepsilon_0} = \frac{\pi a^2 L\rho}{\varepsilon_0} \text{ より，} E = \frac{\rho a^2}{2\varepsilon_0 r}$$

演習問題 3-4

（1）$r<a$：内部に電荷はないので，$E=0$．
$b<r<a$：前問と同様にガウスの法則を適用することにより

$$E = \frac{Q}{2\pi\varepsilon_0 r}$$

$r>b$：内筒と外筒の電荷は互いに打ち消すので $Q=0$，したがって $E=0$
（2）(2-29)式より，

$$\Delta\phi = -\int_b^a E\,dr = \frac{Q}{2\pi\varepsilon_0}\int_a^b \frac{dr}{r} = \frac{Q}{2\pi\varepsilon_0}|\ln r|_a^b = \frac{Q}{2\pi\varepsilon_0}\ln\left(\frac{b}{a}\right)$$

演習問題 4-1

（1）$E=E_0$
（2）誘電体内部の電束密度は，電束密度の定義より，$D=\varepsilon_0 E_0 + P = \varepsilon E_0$．(4-4)式より，$P=\sigma$．さらに，電荷密度 $\pm 2\sigma$ に帯電した2枚の平板間の電場は，$E=\sigma/\varepsilon_0=(\varepsilon E_0 - \varepsilon_0 E_0)/\varepsilon_0$ ((3-22)式)．これに E_0 が加わり，空隙内の電場は

$$E = \frac{1}{\varepsilon_0}(\varepsilon E_0 - \varepsilon_0 E_0) + E_0 = \frac{\varepsilon}{\varepsilon_0}E_0 = \frac{D}{\varepsilon_0}$$

と，誘電体内の電束密度を真空の誘電率で割った値に等しい．このことは，電束密度が誘電体内部と空隙内で連続であることを意味している．

演習問題 4-2

極板の面積 A，空隙の間隔 l のコンデンサーの容量は $C_0=\varepsilon_0 A/l$，空隙に入れた絶縁体の比誘電率を k とすると $C=kC_0=k\varepsilon_0 A/l$，したがって，

$$A = \frac{lC}{k\varepsilon_0}$$

$l=10\times 10^{-6}$ m, $k=2.5$, $C=1\times 10^{-6}$ F を代入し，$A=0.45$ m^2

練習問題 5-1
一端が導体内にあり他端が外部にある円筒状のガウス面(図4-4参照)について，ガウスの法則を適用する．導体なので内部の電場は0．電場方向の表面は正に帯電する．表面電荷密度をσとすると，$ES=\sigma S/\varepsilon_0$，したがって$\sigma=+\varepsilon_0 E$，他端では$\sigma=-\varepsilon_0 E$．

練習問題 5-2
（1）導体の性質より，内側の導線の内部は$E=0$で，電荷は表面に均一に分布する．したがって，電荷分布や電場は，演習問題3-4で求めた絶縁体円筒と同じである．円筒内部$(a<r<b)$の電場は，$E=Q/(2\pi\varepsilon_0 r)$，電位差は，$V=\Delta\phi=Q\ln(b/a)/(2\pi\varepsilon_0)$，したがって，$Q=2\pi\varepsilon_0 V/\ln(b/a)$．$Q$を表面面積で割ることにより，内部の導線の表面電荷密度は，
$$\sigma_{\mathrm{in}}=Q/(2\pi a)=\varepsilon_0 V/\{a\ln(b/a)\}$$
（2）$Q=CV$ より，
$$C=\frac{Q}{V}=\frac{2\pi\varepsilon_0}{\ln(b/a)}$$
（3）真空の誘電率を絶縁体の誘電率に置き換えればよい．比誘電率を用いれば，
$$C=\frac{2\pi\varepsilon}{\ln(b/a)}=k\frac{2\pi\varepsilon_0}{\ln(b/a)}$$
（4）$C=2.5\times\dfrac{2\pi\times 8.8542\times 10^{-12}}{\ln(2/0.5)}=1.003\times 10^{-10}\,\mathrm{F}=100.3\,\mathrm{pF}$

演習問題 6-1
全電流をI，各抵抗を流れる電流をI_nとし，その符号は図の矢印の方向を正とする．
各分岐点にキルヒホッフの第1則を適用し，I_nを独立変数I, I_1, I_5で表す．

　　分岐点a：$I=I_1+I_2$ より，$I_2=I-I_1$
　　分岐点b：$I_1=I_3+I_5$ より，$I_3=I_1-I_5$
　　分岐点c：$I_2+I_5=I_4$ より，$I_4=I-I_1+I_5$

図に示す3つのループに対しキルヒホッフの第2則を適用する．

　　ループL_1：$V=R_1I_1+R_3I_3=R_1I_1+R_3(I_1-I_5)$
　　ループL_2：
　　$0=R_1I_1+R_5I_5-R_2I_2=R_1I_1+R_5I_5-R_2(I-I_1)$
　　ループL_3：
　　$0=R_3I_3-R_4I_4-R_5I_5$
　　　$=R_3(I_1-I_5)-R_4(I-I_1+I_5)-R_5I_5$

I, I_1, I_5を未知数とする連立方程式に整理すると，
$$(R_1+R_3)I_1-R_3I_5=V$$
$$-R_2I+(R_1+R_2)I_1+R_5I_5=0$$
$$R_4I-(R_3+R_4)I_1+(R_3+R_4+R_5)I_5=0$$

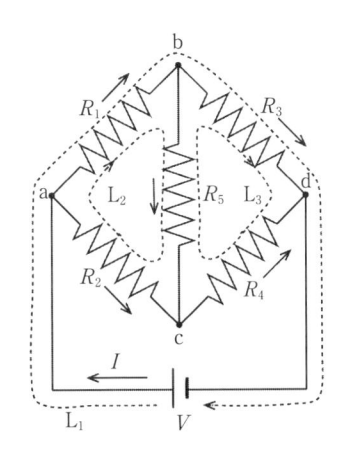

$$D=\begin{vmatrix} 0 & R_1+R_3 & -R_3 \\ -R_2 & R_1+R_2 & R_5 \\ R_4 & -(R_3+R_4) & R_3+R_4+R_5 \end{vmatrix}$$
$$= R_1R_2R_3 + R_1R_2R_4 + R_1R_2R_5 + R_1R_3R_4$$
$$\quad + R_1R_4R_5 + R_2R_3R_4 + R_2R_3R_5 + R_3R_4R_5$$

連立方程式を解くことにより，I, I_1, I_5 が求まる．これより，

(1) $R = \dfrac{V}{I} = \dfrac{D}{(R_1+R_2)(R_3+R_4)+(R_1+R_2+R_3+R_4)R_5}$

(2) $I_5 = \dfrac{R_2R_3 - R_1R_4}{D} V$

(3) $R_2R_3 = R_1R_4$，または $\dfrac{R_1}{R_3} = \dfrac{R_2}{R_4}$

最後の条件式は，分岐点 b, c 点の電圧が等しくなる条件でもある．

演習問題 6-2

分岐点 A にキルヒホッフの第 1 則を適用し，
$\quad I_1 = I_2 + I_3$ より，$I_3 = I_1 - I_2$
ループ 1 にキルヒホッフの第 2 則を適用し
$\quad V_1 = (R_1+R_2)I_1 + R_5I_2 + R_6I_1$ より，
$\quad 3 = 30I_1 + 10I_2$
ループ 2 にキルヒホッフの第 2 則を適用し
$\quad V_1 + V_2 = (R_1+R_2+R_6)I_1 + (R_3+R_4)I_3$ より，
$\quad 4 = 30I_1 + 20I_3 = 50I_1 - 20I_2$
I_1, I_2 についての連立方程式を解くことにより，

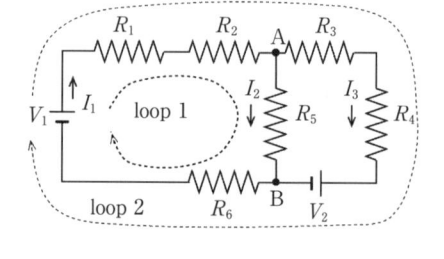

$$I_1 = \frac{10}{110}\text{ A},\quad I_2 = \frac{3}{110}\text{ A},\quad I_3 = \frac{7}{110}\text{ A}$$

演習問題 6-3

回路に流れる電流は，$I = \dfrac{V}{r+R} = \dfrac{2}{r+3}$ である．
電池の出力電圧は，R の両端の電位差に等しいので，
$\quad 1.8\text{ V} = 3\,\Omega \times \dfrac{2}{r+3}$ より，
$\quad r = \dfrac{1}{3}\,\Omega$

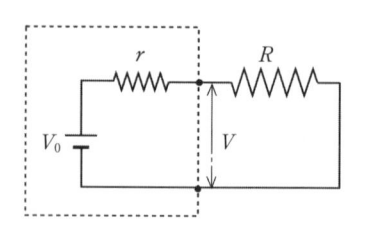

演習問題 7-1

(1) $r > a$：アンペールの法則より
$$2\pi r B = \mu_0 I \quad \Rightarrow \quad B = \frac{\mu_0 I}{2\pi r}$$

(2) $r < a$：
$$2\pi r B = \mu_0 \left(\frac{r}{a}\right)^2 I \Rightarrow B = \mu_0 \frac{r}{2\pi a^2} I$$

演習問題 7-2
(1) 左側の電流は画面の後方に向かって流れているものとすると，その電流がつくる磁場はアンペールの法則より，$B_\mathrm{L} = \mu_0 I / 2\pi x$ で向きは下向き．右側の電流がつくる磁場は $B_\mathrm{R} = \mu_0 I / 2\pi (l-x)$ で方向は同じく下向き．したがって合計磁場は
$$B = \frac{\mu_0 I}{2\pi}\left(\frac{1}{x} + \frac{1}{l-x}\right)$$
(2) 左側および右側の電流がつくる磁場はどちらも下向きで大きさは
$$B_\mathrm{L} = B_\mathrm{R} = \mu_0 I / \{2\pi\sqrt{z^2 + (l/2)^2}\}$$
したがって，z 方向成分は
$$B_z = (B_\mathrm{L} + B_\mathrm{R})\cos\theta = \frac{\mu_0 l I}{2\pi\{z^2 + (l/2)^2\}}$$
水平方向成分は互いに打ち消し合うので 0．

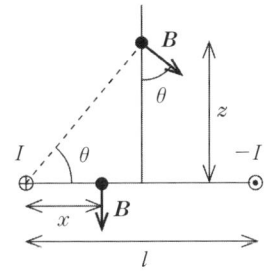

演習問題 7-3
アンペールの法則を適用し，

$r < c$：
$$B(r) = \frac{\mu_0}{2\pi r}\frac{r^2}{c^2}I = \frac{\mu_0}{2\pi}\frac{r}{c^2}I$$

$c < r < b$：
$$B(r) = \frac{\mu_0}{2\pi r}I$$

$b < r < a$：
$$B(r) = \frac{\mu_0 I}{2\pi r}\left(1 - \frac{r^2 - b^2}{a^2 - b^2}\right)$$

$r > a$：
$$B(r) = 0$$

演習問題 7-4
(7-24) 式より，
$$B_x = \frac{\partial A_z}{\partial y} - \frac{\partial A_y}{\partial z} = -C\frac{\partial}{\partial z}\left(\frac{x}{x^2+y^2}\right) = 0$$
$$B_y = \frac{\partial A_x}{\partial z} - \frac{\partial A_z}{\partial x} = -C\frac{\partial}{\partial z}\left(\frac{y}{x^2+y^2}\right) = 0$$
$$B_z = \frac{\partial A_y}{\partial x} - \frac{\partial A_x}{\partial y} = C\left\{\frac{\partial}{\partial x}\left(\frac{x}{x^2+y^2}\right) + \frac{\partial}{\partial y}\left(\frac{y}{x^2+y^2}\right)\right\} = 0$$

演習問題 8-1

磁場と直行する電流が受ける力は単位長さ当たり $f=BI$ なので，図の右側の回転子が受ける力は上向（z 方向とする）に $F=BI\,b$．角度が $\theta=\omega t$ にあるとき，dt 時間に外力がなす仕事は

$$dW = BIbdz = BIb\frac{a}{2}d\theta \sin\theta = \frac{BIab}{2}\omega \sin\omega t \cdot dt$$

一方，電流値は(8-8)式より，$I(t)=V(t)/R=abB\omega\sin\omega t/R$ なので，t における仕事率（単位時間の仕事量）は

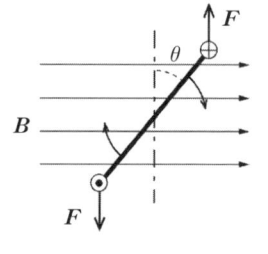

$$W(t) = \frac{(abB\omega)^2}{2R}\sin^2\omega t$$

左側の回転子も同量の仕事をするので，力学的仕事率は(8-9)式の電力に等しくなる．

演習問題 8-2

直径 D，長さ l のボビンに，導線を N 回巻いたソレノイドコイルの自己インダクタンスは近似的に

$$L \approx \mu_0 NnS = \frac{\pi\mu_0 N^2}{l}\left(\frac{D}{2}\right)^2 \quad ((8\text{-}21')\text{式})$$

で与えられる．

$N=2000$, $D=0.1$ m, $l=0.5$ m を代入して，$L\sim 0.079$ H $=79$ mH

演習問題 8-3

(8-39)式，$P=(R^2/8\rho)(dB/dt)^2$ において，$R=0.5\times 10^{-3}$ m, $B(t)=B_0\cos(\omega t)$ と置くと，$dB/dt=-B_0\omega\sin(\omega t)$ なので，1周期（τ 秒）に単位長さ当たりに発生するジュール熱は

$$P_1 = \pi R^2 \frac{R^2}{8\rho}B_0^2\omega^2\int_0^\tau \sin^2\omega t\, dt$$

$$= \frac{\pi R^4}{16\rho}B_0^2\omega^2\int_0^\tau (1-\cos 2\omega t)dt = \frac{\pi R^4}{16\rho}B_0^2\tau\omega^2$$

ここで，周波数を f とすると，$f=\omega/2\pi$, $\tau=1/f=2\pi/\omega$ なので，
（1）単位時間当たりに発生するジュール熱は

$$P = fP_1 = \frac{\pi^3 R^4}{4\rho}B_0^2 f^2$$

（2）表皮深さは，$d=\sqrt{2\rho/\omega\mu_0}=\sqrt{\rho/\pi f\mu_0}$（(8-40)式）で与えられる．これらの計算をまとめて表示すると，

f(Hz)	100	10^4	10^6
P(W)	2.8×10^{-3}	28	2.8×10^5
d	7 mm	0.7 mm	70 μm

練習問題 9-1

(1) $S = 3.85 \times 10^{26} \times \dfrac{1}{4\pi \times (1.49 \times 10^{11})^2} = 1.38 \times 10^3 \text{ W/m}^2$

(2) 電場は (9-57) 式より，$E_0 = \left(\dfrac{\mu_0}{\varepsilon_0}\right)^{1/4} \sqrt{2S} = 1018 \text{ V/m}$

磁場は (9-49) 式より，$B_0 = \dfrac{E_0}{c} = 3.4 \times 10^{-6} \text{ T}$

演習問題 10-1

(1) $\tau = \dfrac{L}{R} = \dfrac{0.5}{100} = 0.005 \text{ s}$

(2) $Z = \sqrt{R^2 + 4\pi^2 f^2 L^2}$ より

f	100 Hz	10 kHz	1 MHz
Z	330 Ω	31.4 kΩ	3.14 MΩ

演習問題 10-2

(1) $\tau = RC = 100 \times 0.5 \times 10^{-6} = 5 \times 10^{-5} \text{ s}$

(2) $Z = \sqrt{R^2 + 1/(4\pi^2 f^2 C^2)}$ より，

f	100 Hz	10 kHz	1 MHz
Z	3.19 kΩ	105 Ω	100 Ω

演習問題 10-3

(1) $f_c = \omega_c/2\pi = \sqrt{1/LC}/2\pi$ より，$f_c = 318 \text{ Hz}$

(2) $Q = \sqrt{L/C}/R$ より，$Q = 10$

演習問題 10-4

2個の並列素子のインピーダンスを $\tilde{Z}_1$, $\tilde{Z}_2$, 直列素子のインピーダンスを $\tilde{Z}_3$ とすると，これらの回路の合成インピーダンスは $\tilde{Z} = \dfrac{1}{1/\tilde{Z}_1 + 1/\tilde{Z}_2} + \tilde{Z}_3$ で与えられる．したがって，

(a) $\tilde{Z} = \dfrac{1}{1/i\omega L + i\omega C} + R = R + \dfrac{\omega L}{1 - \omega^2 LC} i$

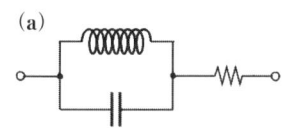

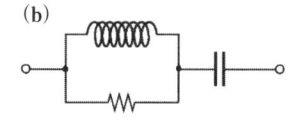

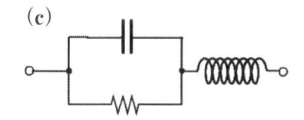

(b) $\tilde{Z} = \dfrac{1}{1/i\omega L + 1/R} + \dfrac{1}{i\omega C} = \dfrac{i\omega LR}{R + i\omega L} + \dfrac{1}{i\omega C}$

$= \dfrac{\omega^2 L^2 R + i\omega L R^2}{R^2 + \omega^2 L^2} - \dfrac{1}{\omega C}i$

$= \dfrac{\omega^3 L^2 CR - \{\omega^2 L^2 + (1-\omega^2 LC)R^2\}i}{\omega C (R^2 + \omega^2 L^2)}$

(c) $\tilde{Z} = \dfrac{1}{i\omega C + 1/R} + i\omega L = \dfrac{R(1-i\omega CR)}{1 + \omega^2 C^2 R^2} + i\omega R$

$= \dfrac{R + \omega(L - CR^2 + \omega^2 C^2 LR^2)i}{1 + \omega^2 C^2 R^2}$

演習問題 10-5

LCR 回路の共鳴条件,臨界条件を電気系と機械系の対応表(表 10-1)から $L \to M$, $C \to 1/k$ と置き換え求めればよい.

(1) $f_r = \omega_r/2\pi = \sqrt{1/LC}/2\pi \equiv \sqrt{k/M}/2\pi$ より, $f_c = 112.5$ Hz

(2) $R_c = 2\sqrt{L/C}$ より, $R_{mc} = 2\sqrt{kM} = 141.4$ N·s/m

(3) $\tau_c = 2L/R \equiv 2M/R_{mc} = 1.4 \times 10^{-3}$ s

練習問題 11-1

(9-51)式 $v = c/\sqrt{k}$ (k:比誘電率)より, $v = 2.02 \times 10^8$ m/s

練習問題 11-2

(1) $N = \dfrac{2}{(0.423 \times 10^{-9})^3} = 2.64 \times 10^{28}$ m^3

(2) $f_p = \dfrac{\omega_p}{2\pi} = \dfrac{1}{2\pi}\sqrt{\dfrac{Ne^2}{\varepsilon_0 m}} = 1.44 \times 10^{15}$ Hz

(3) $\lambda_p = \dfrac{c}{f_p} = 208$ nm

演習問題 12-1

(1) 十分長いソレノイドコイルの内部の磁束密度は $B = \mu_0 nJ$ ((7-41)式)で与えられる.外部磁場がないとき,磁化 I の永久磁石の磁束密度は $B = I$ ((12-17)式)なので,$I = \mu_0 nJ$.

(2) 磁化 I をもつ長さ l m, 半径 a m の磁石の磁気モーメントは $m = \pi a^2 l I$. これを長さ l の磁気双極子モーメント見なすと,磁極の磁荷は $q_m = m/l = \pi a^2 I = \pi a^2 \mu_0 n J$. これを(12-8)式に代入すると,

$$H(x,y,z) = \dfrac{na^2 J}{4}\left[\dfrac{x\hat{\mathbf{x}} + y\hat{\mathbf{y}} + (z-l/2)\hat{\mathbf{z}}}{\{x^2+y^2+(z-l/2)^2\}^{3/2}} - \dfrac{x\hat{\mathbf{x}} + y\hat{\mathbf{y}} + (z+l/2)\hat{\mathbf{z}}}{\{x^2+y^2+(z+l/2)^2\}^{3/2}}\right]$$

$|\boldsymbol{r}| \gg l$ のとき,

$$\boldsymbol{H} \approx \dfrac{na^2 J}{4}\left(-\dfrac{l}{r^3}\hat{\mathbf{z}} + 3\dfrac{zl}{r^5}\boldsymbol{r}\right)$$

演習問題解答　219

と近似できる．

演習問題 12-2

(12-39)式より，$I \approx (\mu_0/D)H$ 厚さ方向の反磁場係数は $D=1$ なので，磁化率は

$$\chi = \frac{I}{H} = \frac{\mu_0}{D} = \mu_0$$

演習問題 12-3

磁石の静磁エネルギーは(12-41)式で与えられる．外部磁場がないとき磁性体内の磁場は反磁場のみなので，$H = -DI$，球状磁石の反磁場は $D=1/3$ なので

$$U_\mathrm{m} = W = -\frac{1}{2}\iiint_{内部} I\,Hdv = \frac{D}{2\mu_0}\iiint_{内部} I^2\,dv = \frac{I^2}{6\mu_0}V = \frac{2\pi a^3}{9\mu_0}I^2$$

演習問題 12-4

（1）(12-50)式より，$H_\mathrm{g} = \dfrac{NJ}{l} = \dfrac{100 \times 0.5}{5 \times 10^{-3}} = 10^4$ A/m

（2）ヨークの長さは，$L_\mathrm{y} = \pi d - l = \pi \times 0.2 - 0.005 \approx 0.62$ m

(12-48)式より全磁束は，$\varPhi = \dfrac{NJ}{R_\mathrm{m}} \approx \dfrac{\bar{\mu}\mu_0 S}{L_\mathrm{y} + \bar{\mu}l}NJ$．したがって，ギャップ部の磁場は

$$H_\mathrm{g} = \frac{\varPhi}{\mu_0 S} \approx \frac{\bar{\mu}NJ}{L_\mathrm{y} + \bar{\mu}l} = \frac{100 \times 100 \times 0.5}{0.62 + 100 \times 0.005} = 4464 \text{ A/m}$$

索　引

あ
アハラノフ-ボーム効果 …………………98
アンペア（A） ………………………………4
　　——の定義 ……………………………84
　　——パーメータ（A/m） …………168
アンペール ………………………………86
　　——の法則 …………86, 89, 124, 128

い
E-H 対応系 ………………………5, 84, 167
E-B 対応系 ………………………5, 84, 167
位相差 …………………………………135
1 次コイル ……………………………112
一様な電場中に置いた導体球 …………66
インダクタンス ………………………144
　　自己—— ……………………………112
　　相互—— …………………………110, 111
　　二重ソレノイドコイルの相互——
　　　………………………………………111
　　平行導線の自己—— …………113, 114
インピーダンス ……………………135, 143
　　——整合 …………………………151
　　合成—— …………………………144
　　固有—— …………………………151
　　特性—— …………………………151
　　複素—— …………………………142, 143
　　複素力学—— ……………………147

う
ウェーバー（Wb） ……………………168
渦電流 …………………………………117
　　——損失 …………………………118

え
永久磁石 …………………………182, 187
　　——の動作点 ……………………192

え
エネルギー流 …………………………134
MKSA 基本単位 …………………83, 168
LR 回路 ……………………………135, 139
LCR 回路 …………………………137, 141
遠隔力 ……………………………………29
円電流 ……………………………99, 101

お
オームの法則 …………………………72

か
ガウスの定理 ………………………38, 125
ガウスの法則 ………11, 13, 19, 45, 127
　　磁束密度に対する—— …………179
　　電束密度に対する—— ……………45
化学電池 …………………………………71
重ね合わせの原理 ………………………17
塊状の導体での電流分布 ………………75
過渡特性 ……………………114, 121, 135
緩和時間 …………74, 115, 122, 136, 137

き
気体の誘電率 ……………………………53
キャパシタンス ………………………144
球状磁性体の反磁場係数 ……………184
球状電荷 …………………………………32
球状導体での鏡像効果 …………………65
Q 値 ……………………………………142
キュリー温度 ……………………176, 182
キュリーの法則 ………………………174
強磁性 …………………………………175
　　——体 ……………………………180
凝縮系物質の誘電率 ……………………55
共振角振動数 …………………………142
強制振動系 ……………………………148
鏡像電荷 …………………………………66

221

鏡像法·································62
強誘電体·····························56
極性分子·····························54
キルヒホッフの第1法則···············78
キルヒホッフの第2法則···············78
近接力·······························29

く

クーロン(C) ························5
クーロンの法則···················7,127
屈折率·······························155
　　　電場の──···················50

け

ゲージ·······························92
Kennely ···················175,206,207
原子(分子)分極率····················41
減磁曲線····························192
減磁力······························182
減衰係数····························162

こ

光学定数························155,159
硬磁性材料······················181,182
合成インピーダンス················144
合成静電容量························49
光速·······························133
交流·······························138
　　　──周波数特性···············141
　　　──電流·····················109
　　　──電流がなす仕事···········146
　　　──発電機···················109
　　　──誘導モーター·············118
固有インピーダンス················151
コンデンサー··················23,30,48
　　　──の容量···············31,48
コンプライアンス··················148

さ

最大透磁率························181

残留磁化······················177,181

し

磁位·······························169
CR回路····················122,136,140
cgs単位系·····················5,175
磁荷·····························83,84
　　　単独の──···················83
磁化·······························174
　　　──過程·····················177
　　　──飽和·····················177
磁気エネルギー··············182,193
磁気回路··························188
磁気双極子························167
　　　──モーメント···············100
磁気抵抗··························190
磁気分極··························174
磁気ポテンシャル··················169
磁気モーメント··············167,170
　　　スピン──··············168,172
　　　分極──·····················173
磁極·······························168
磁区·······························176
自己インダクタンス················112
　　　平行導線の──··········113,114
仕事率····························109
自己誘導係数······················112
磁性材料··························180
磁束のエネルギー密度··············117
磁束の保存則······················190
磁束密度······················168,177
　　　──に対するガウスの法則····179
実効電圧··························145
実効電流··························145
実効透磁率························181
時定数························115,136
磁場·······························168
　　　──のエネルギー·············115
　　　──の強さ···················168
　　　──**B**の定義···············84

索　引　223

磁壁‥‥‥‥‥‥‥‥‥‥‥‥‥‥‥‥176
周波数領域‥‥‥‥‥‥‥‥‥‥‥‥135
ジュール熱‥‥‥‥‥‥‥‥‥‥‥‥‥80
消磁状態‥‥‥‥‥‥‥‥‥‥‥‥‥177
常磁性体‥‥‥‥‥‥‥‥‥‥‥‥‥173
初透磁率‥‥‥‥‥‥‥‥‥‥‥‥‥181
真空の透磁率‥‥‥‥‥‥‥‥86,114,133
真空の誘電率‥‥‥‥‥‥‥‥‥‥7,133
真磁荷‥‥‥‥‥‥‥‥‥‥‥‥‥‥167
真電荷‥‥‥‥‥‥‥‥‥‥‥‥‥‥‥42
振動解‥‥‥‥‥‥‥‥‥‥‥‥‥‥137

す

スカラーポテンシャル‥‥‥‥‥‥‥‥15
スティフネス‥‥‥‥‥‥‥‥‥‥‥147
ストークスの定理‥‥‥‥‥‥‥‥90,125
スピン磁気モーメント‥‥‥‥‥168,172

せ

静磁エネルギー‥‥‥‥‥‥‥‥176,187
静的平衡状態にある導体‥‥‥‥‥‥‥59
静電エネルギー‥‥‥‥‥‥‥‥‥‥‥27
静電ポテンシャル‥‥‥‥‥‥‥13,14,59
静電容量‥‥‥‥‥‥‥‥‥‥‥‥‥‥31
　　　　合成‥‥‥‥‥‥‥‥‥‥‥‥49
ゼーベック効果‥‥‥‥‥‥‥‥‥‥‥71
接触電位差‥‥‥‥‥‥‥‥‥‥‥‥‥70
接地‥‥‥‥‥‥‥‥‥‥‥‥‥‥‥‥65
全反射‥‥‥‥‥‥‥‥‥‥‥‥‥‥161

そ

相互インダクタンス‥‥‥‥‥‥110,111
相反定理‥‥‥‥‥‥‥‥‥‥‥‥‥111
ソレノイドコイル‥‥‥‥‥‥‥‥96,112
Sommerfeld‥‥‥‥‥‥‥‥175,206,207

た

帯電した導体球‥‥‥‥‥‥‥‥‥‥‥34
ダイバージェンス‥‥‥‥‥‥‥‥‥‥38
楕円体の反磁場‥‥‥‥‥‥‥‥‥‥183

単独の磁荷‥‥‥‥‥‥‥‥‥‥‥‥‥83

ち

超伝導電流‥‥‥‥‥‥‥‥‥‥‥‥‥98
直流回路‥‥‥‥‥‥‥‥‥‥‥‥‥‥77
直流伝導率‥‥‥‥‥‥‥‥‥‥‥‥164
直列共振回路‥‥‥‥‥‥‥‥‥‥‥142
直列結合‥‥‥‥‥‥‥‥‥‥‥‥50,78
直列抵抗‥‥‥‥‥‥‥‥‥‥‥‥‥‥78

て

定常電流‥‥‥‥‥‥‥‥‥‥‥‥‥‥69
テスラ(T)‥‥‥‥‥‥‥‥‥84,168,175
電圧‥‥‥‥‥‥‥‥‥‥‥‥‥‥‥‥15
　実効——‥‥‥‥‥‥‥‥‥‥‥‥145
　——の加算則‥‥‥‥‥‥‥‥‥‥‥77
電位‥‥‥‥‥‥‥‥‥‥‥‥13〜15,59
電荷‥‥‥‥‥‥‥‥‥‥‥‥‥‥5,7,18
　球状——‥‥‥‥‥‥‥‥‥‥‥‥‥32
　鏡像——‥‥‥‥‥‥‥‥‥‥‥‥‥66
　——の移動速度‥‥‥‥‥‥‥‥‥‥74
　——の単位‥‥‥‥‥‥‥‥‥‥‥‥5
　——密度‥‥‥‥‥‥‥‥‥‥‥‥‥18
　点——‥‥‥‥‥‥‥‥‥‥‥‥‥‥8
　2枚の平面——‥‥‥‥‥‥‥‥‥‥23
　分極——‥‥‥‥‥‥‥‥‥‥‥‥‥42
電気双極子‥‥‥‥‥‥‥‥‥‥‥‥‥67
　——モーメント‥‥‥‥‥‥‥‥‥‥21
電気抵抗率‥‥‥‥‥‥‥‥‥‥‥‥‥74
電気の伝わる速さ‥‥‥‥‥‥‥‥‥‥76
電気力線‥‥‥‥‥‥‥‥‥‥‥‥‥9,16
電子移動速度‥‥‥‥‥‥‥‥‥‥‥‥77
電子過剰層‥‥‥‥‥‥‥‥‥‥‥‥‥59
電子欠乏層‥‥‥‥‥‥‥‥‥‥‥‥‥59
電磁波‥‥‥‥‥‥‥‥‥‥‥‥‥‥128
　——の反射‥‥‥‥‥‥‥‥‥‥‥160
電磁誘導‥‥‥‥‥‥‥‥‥‥‥105,127
電束密度‥‥‥‥‥‥‥‥‥‥‥‥44,45
　——に対するガウスの法則‥‥‥‥‥45
電池‥‥‥‥‥‥‥‥‥‥‥‥‥‥‥‥69

224　索　引

　　　——の起電力·················80
　　　化学——·····················71
　　　ボルタ——···················71
点電荷·····························8
伝導率····························74
電場······························9
　　　——の屈折の法則···············52
　　　——の強さを表す単位···········15
　　　任意形状での——···············36
伝搬速度·····················133,155
電流························69,75
　　　渦——·····················117
　　　円——··················99,101
　　　交流——···················109
　　　実効——···················145
　　　定常——····················69
　　　——の単位····················4
　　　——の保存則·················77
　　　——密度分布·················75
　　　変位——···················122
電力·····························79

と

等価回路·························148
透過波··························156
透磁率······················86,133,177
　　　最大——···················181
　　　実効——···················181
　　　初——·····················181
　　　真空の——············86,114,133
　　　比——·················175,180
導体······················4,59,160
　　　——球················34,61,66
　　　——内部の電位··············59
等電位線··························16
特性インピーダンス··············151
トランス（変圧器）················111
　　　——の構造·················186
ドルーデのモデル·············73,163

な

内部抵抗··························80
軟磁性材料······················181

に

2次コイル························112
二重ソレノイドコイルの相互
　　インダクタンス··············111
2本の平行線······················31
2枚の平面電荷····················23
入射波··························156
任意形状での電場·················36

ね

熱起電力··························69
熱電対···························71

は

配向分極·························54
発散·····························38
発電機··························109
波動関数························132
波動方程式··············129,130,132
反磁性··························173
反磁場··························178
　　　——係数··········179,183,184
反射······················156,160
　　　——波···············156,161
　　　——率····················157
半値幅··························142
反比例則························86

ひ

BH 曲線························192
ビオ-サバールの法則············90,94
非極性分子·······················54
非振動解························137
ヒステリシス曲線················180
比透磁率···················175,180
微分表示でのアンペールの法則······89

比誘電率‥‥‥‥‥‥‥‥‥‥‥‥‥44,53
表皮効果‥‥‥‥‥‥‥‥‥‥‥‥‥‥119
表皮深さ‥‥‥‥‥‥‥‥‥‥‥‥‥‥119
表面が平面である無限に大きい導体‥‥60

ふ

ファラデー‥‥‥‥‥‥‥‥‥‥‥‥‥105
　　　──の法則‥‥‥‥‥‥‥‥106,127
　　　──の法則の微分形‥‥‥‥‥‥108
ファラド(F)‥‥‥‥‥‥‥‥‥‥‥7,31
フェルミ準位‥‥‥‥‥‥‥‥‥‥‥‥69
フェルミ速度‥‥‥‥‥‥‥‥‥‥‥‥77
負荷抵抗‥‥‥‥‥‥‥‥‥‥‥‥‥‥80
複素インピーダンス‥‥‥‥‥‥142,143
複素屈折率‥‥‥‥‥‥‥‥‥‥‥‥159
複素波数‥‥‥‥‥‥‥‥‥‥‥‥‥162
複素分極‥‥‥‥‥‥‥‥‥‥‥‥‥158
複素誘電率‥‥‥‥‥‥‥‥‥‥‥‥157
複素力学インピーダンス‥‥‥‥‥‥147
不対電子‥‥‥‥‥‥‥‥‥‥‥‥‥173
物質の比誘電率‥‥‥‥‥‥‥‥‥‥53
プラズマ振動数‥‥‥‥‥‥‥‥‥‥164
フレネルの式‥‥‥‥‥‥‥‥‥‥‥157
フレミングの左手の法則‥‥‥‥‥‥84
分極磁気モーメント‥‥‥‥‥‥‥‥173
分極電荷‥‥‥‥‥‥‥‥‥‥‥‥‥42
分極ベクトル‥‥‥‥‥‥‥‥‥‥‥41
分極率‥‥‥‥‥‥‥‥‥‥‥‥‥41,42
分布定数回路‥‥‥‥‥‥‥‥‥‥‥149

へ

平均衝突時間‥‥‥‥‥‥‥‥‥‥‥74
平行導線の自己インダクタンス
　‥‥‥‥‥‥‥‥‥‥‥‥‥‥113,114
平面波‥‥‥‥‥‥‥‥‥‥‥‥131,133
並列結合‥‥‥‥‥‥‥‥‥‥‥‥‥50
ベクトルポテンシャル‥‥‥‥‥‥‥91
ベクトル流‥‥‥‥‥‥‥‥‥‥‥‥125
ヘルツ‥‥‥‥‥‥‥‥‥‥‥‥‥‥129
ヘルツ(Hz)‥‥‥‥‥‥‥‥‥‥‥145

変位電流‥‥‥‥‥‥‥‥‥‥‥‥‥122
変動する電場に対する伝導率‥‥‥‥164
ヘンリー(H)‥‥‥‥‥‥‥‥‥86,113

ほ

ポアソンの方程式‥‥‥‥‥‥‥‥‥38
飽和磁化‥‥‥‥‥‥‥‥‥‥‥‥‥177
ボーア磁子‥‥‥‥‥‥‥‥‥‥‥‥172
保磁力‥‥‥‥‥‥‥‥‥‥‥‥‥‥181
保存力‥‥‥‥‥‥‥‥‥‥‥‥‥‥15
ボルタ電池‥‥‥‥‥‥‥‥‥‥‥‥71
ボルト(V)‥‥‥‥‥‥‥‥‥‥‥‥15

ま

マクスウェルの応力‥‥‥‥‥‥‥‥29
マクスウェルの方程式‥‥‥‥‥‥‥125

む

無減衰伝送‥‥‥‥‥‥‥‥‥‥‥‥151
無限に長い直線‥‥‥‥‥‥‥‥21,95
無限に広い平板‥‥‥‥‥‥‥‥23,60

も

モノポール‥‥‥‥‥‥‥‥‥‥‥‥167

ゆ

誘電体‥‥‥‥‥‥‥‥‥‥‥‥44,155
　　強──‥‥‥‥‥‥‥‥‥‥‥‥56
　　──中でのクーロン力‥‥‥‥‥46
　　──中での静電エネルギー密度‥49
　　──内の電場‥‥‥‥‥‥‥‥‥48
　　──を挿入したコンデンサー‥‥48
誘電率‥‥‥‥‥‥‥‥‥‥‥‥‥‥44
　　気体の──‥‥‥‥‥‥‥‥‥‥53
　　凝縮系物質の──‥‥‥‥‥‥‥55
　　真空の──‥‥‥‥‥‥‥‥7,133
　　比──‥‥‥‥‥‥‥‥‥‥44,53
　　複素──‥‥‥‥‥‥‥‥‥‥‥157
誘導起電力‥‥‥‥‥‥‥‥‥‥105,106

よ

ヨーク……………………………… 189
横波………………………………… 131

ら

ラプラシアン………………………… 39
ラプラス方程式……………………… 39

り

力率………………………………… 146
理想的導体………………………… 160
リニアモーター…………………… 118
臨界角振動数……………………… 140
臨界制動…………………………… 138
臨界抵抗値………………………… 138

れ

レンツの法則……………………… 106

ろ

ローレンツ収縮…………………… 102
ローレンツモデル………………… 158
ローレンツ力………………………… 84

わ

ワット(W)……………………… 79, 145

著者略歴

志賀 正幸（しが　まさゆき）
1938 年　京都市に生まれる
1961 年　京都大学理学部化学科卒業
1963 年　京都大学大学院理学研究科修士課程修了
1964 年　京都大学工学部金属加工学教室助手，助教授を経て
1989 年　京都大学工学部教授
2002 年　定年退職
京都大学名誉教授　理学博士
専門分野：磁性物理学
主な著書：磁性入門，材料科学者のための固体物理学入門，材料科学者のための固体電子論入門（いずれも内田老鶴圃）他

2011 年 5 月 10 日　第 1 版 発行

著者の了解により検印を省略いたします

材料科学者のための
電磁気学入門

著　者 Ⓒ 志　賀　正　幸
発行者　内　田　　　学
印刷者　山　岡　景　仁

発行所　株式会社　内田老鶴圃　〒112-0012 東京都文京区大塚 3 丁目 34-3
電話（03）3945-6781（代）・FAX（03）3945-6782
http://www.rokakuho.co.jp
印刷・製本／三美印刷 K.K.

Published by UCHIDA ROKAKUHO PUBLISHING CO., LTD.
3-34-3 Otsuka, Bunkyo-ku, Tokyo 112-0012, Japan

U. R. No. 583-1

ISBN 978-4-7536-5554-0 C3042

材料学シリーズ (既刊38冊, 以後続刊)　　監修　堂山昌男　小川恵一　北田正弘

金属電子論　上・下
水谷宇一郎　著　　　　　　　　　　　　上：276頁・本体3000円　下：272頁・本体3500円

結晶・準結晶・アモルファス　改訂新版
竹内　伸・枝川圭一　著　　　　　　　　　　　　　　　　　　192頁・本体3600円

オプトエレクトロニクス　―光デバイス入門―
水野博之　著　　　　　　　　　　　　　　　　　　　　　　　264頁・本体3500円

結晶電子顕微鏡学　―材料研究者のための―
坂　公恭　著　　　　　　　　　　　　　　　　　　　　　　　248頁・本体3600円

X線構造解析　原子の配列を決める
早稲田嘉夫・松原英一郎　著　　　　　　　　　　　　　　　　308頁・本体3800円

セラミックスの物理
上垣外修己・神谷信雄　著　　　　　　　　　　　　　　　　　256頁・本体3600円

水素と金属　次世代への材料学
深井　有・田中一英・内田裕久　著　　　　　　　　　　　　　272頁・本体3800円

バンド理論　物質科学の基礎として
小口多美夫　著　　　　　　　　　　　　　　　　　　　　　　144頁・本体2800円

高温超伝導の材料科学　―応用への礎として―
村上雅人　著　　　　　　　　　　　　　　　　　　　　　　　264頁・本体3800円

金属物性学の基礎　はじめて学ぶ人のために
沖　憲典・江口鐵男　著　　　　　　　　　　　　　　　　　　144頁・本体2300円

入門　材料電磁プロセッシング
浅井滋生　著　　　　　　　　　　　　　　　　　　　　　　　136頁・本体3000円

金属の相変態　材料組織の科学 入門
榎本正人　著　　　　　　　　　　　　　　　　　　　　　　　304頁・本体3800円

再結晶と材料組織　金属の機能性を引きだす
古林英一　著　　　　　　　　　　　　　　　　　　　　　　　212頁・本体3500円

鉄鋼材料の科学　鉄に凝縮されたテクノロジー
谷野　満・鈴木　茂　著　　　　　　　　　　　　　　　　　　304頁・本体3800円

人工格子入門　新材料創製のための
新庄輝也　著　　　　　　　　　　　　　　　　　　　　　　　160頁・本体2800円

入門 結晶化学　増補改訂版
庄野安彦・床次正安　著　　　　　　　　　　　　　　　　　　228頁・本体3800円

入門 表面分析　固体表面を理解するための
吉原一紘　著　　　　　　　　　　　　　　　　　　　　　　　224頁・本体3600円

結晶成長
後藤芳彦　著　　　　　　　　　　　　　　　　　　　　　　　208頁・本体3200円

(A5判ソフトカバー，表示の価格は税別の本体価格です)

材料学シリーズ

金属電子論の基礎　初学者のための
沖　憲典・江口鐡男　著　　　　　　　　　　　160頁・本体2500円

金属間化合物入門
山口正治・乾　晴行・伊藤和博　著　　　　　　164頁・本体2800円

液晶の物理
折原　宏　著　　　　　　　　　　　　　　　　264頁・本体3600円

半導体材料工学　―材料とデバイスをつなぐ―
大貫　仁　著　　　　　　　　　　　　　　　　280頁・本体3800円

強相関物質の基礎　原子，分子から固体へ
藤森　淳　著　　　　　　　　　　　　　　　　268頁・本体3800円

燃料電池　熱力学から学ぶ基礎と開発の実際技術
工藤徹一・山本　治・岩原弘育　著　　　　　　256頁・本体3800円

タンパク質入門　その化学構造とライフサイエンスへの招待
高山光男　著　　　　　　　　　　　　　　　　232頁・本体2800円

マテリアルの力学的信頼性　安全設計のための弾性力学
榎　　学　著　　　　　　　　　　　　　　　　144頁・本体2800円

材料物性と波動　コヒーレント波動の数理と現象
石黒　孝・小野浩司・濱崎勝義　著　　　　　　148頁・本体2600円

最適材料の選択と活用　材料データ・知識からリスクを考える
八木晃一　著　　　　　　　　　　　　　　　　228頁・本体3600円

磁性入門　スピンから磁石まで
志賀正幸　著　　　　　　　　　　　　　　　　236頁・本体3600円

固体表面の濡れ制御
中島　章　著　　　　　　　　　　　　　　　　224頁・本体3800円

演習　X線構造解析の基礎　必修例題とその解き方
早稲田嘉夫・松原英一郎・篠田弘造　著　　　　276頁・本体3800円

バイオマテリアル　材料と生体の相互作用
田中順三・角田方衛・立石哲也　編　　　　　　264頁・本体3800円

高分子材料の基礎と応用　重合・複合・加工で用途につなぐ
伊澤槇一　著　　　　　　　　　　　　　　　　312頁・本体3800円

金属腐食工学
杉本克久　著　　　　　　　　　　　　　　　　260頁・本体3800円

電子線ナノイメージング　高分解能TEMとSTEMによる可視化
田中信夫　著　　　　　　　　　　　　　　　　264頁・本体4000円

材料における拡散
小岩昌宏・中嶋英雄　著　　　　　　　　　　　328頁・本体4000円

リチウムイオン電池の科学　ホスト・ゲスト系電極の物理化学からナノテク材料まで
工藤徹一・日比野光宏・本間　格　著　　　　　252頁・本体3800円

（A5判ソフトカバー，表示の価格は税別の本体価格です）

材料科学者のための固体物理学入門

志賀正幸 著　　　　　　　　　　　　A5判・180頁・本体2800円

1　結晶と格子
空間格子／基本単位格子と単位格子／空間格子の分類／結晶面の表し方—ミラー指数—／主な結晶構造

2　結晶による回折
特性X線とX線回折／ブラッグの法則／広義のミラー指数を使ったブラッグの式／消滅則と構造因子／粉末X線回折

3　結晶の結合エネルギー
斥力エネルギー／結合エネルギー／結合の原因

4　格子振動
弾性体を伝搬する音波／1次元バネモデル／2種の原子からなる1次元結晶の振動／固体（3次元）の振動とフォノン

5　統計熱力学入門—固体の比熱—
熱力学による比熱の定義／アインシュタイン・モデル／ボルツマン分布／そもそも温度とは？／エントロピー／自由エネルギーと状態和

6　固体の比熱
アインシュタイン・モデルによる比熱／プランク分布／デバイ・モデルによる固体の比熱／固体の熱膨張

7　量子力学入門
古典物理学の完成と限界／量子力学の発展／シュレーディンガーの波動方程式／その後の発展／量子力学の方法Ⅰ—シュレーディンガー方程式を解く—／自由電子・調和振動子・水素原子／量子力学の方法Ⅱ—物理量と演算子—

8　自由電子論と金属の比熱・伝導現象
自由電子の波動関数とエネルギー／状態密度とフェルミ-ディラック分布則／電子比熱／金属の電気抵抗／ホール効果／金属の熱伝導とヴィーデマン-フランツの法則

9　周期ポテンシャル中での電子—エネルギーバンドの形成—
力学モデルによる類推／ブラッグの回折条件による考察／エネルギーギャップとエネルギーバンド／3次元結晶でのエネルギーギャップと状態密度／多原子分子からのアプローチとの対応／金属, 半導体, 絶縁体

材料科学者のための固体電子論入門
エネルギーバンドと固体の物性

志賀正幸 著　　　　　　　　　　　　A5判・200頁・本体3200円

1　量子力学のおさらいと自由電子論
シュレーディンガー波動方程式／1次元自由電子／量子力学における運動量／3次元自由電子／状態密度とフェルミ分布関数

2　周期ポテンシャルの影響とエネルギーバンド
力学モデルによる類推／ブラッグの回折条件による考察／エネルギーギャップ／量子力学(摂動法)による解／ブリルアン・ゾーン／逆格子とブラッグの条件／2次，3次元空間でのブリルアン・ゾーン

3　フェルミ面と状態密度
単純立方格子のフェルミ面／状態密度曲線／バンド計算／バンド計算による電子構造—AlとCu—

4　金属の基本的性質
電子比熱／金属の凝集エネルギー／バンド構造と金属・合金の性質／合金の構造に対するヒュームロザリーの法則

5　金属の伝導現象
伝導現象の基礎／抵抗率を決める要因／電子の散乱／電気抵抗各論／その他の伝導現象

6　半導体の電子論
ホールの運動／真性(固有)半導体／不純物半導体／半導体の応用

7　磁　性
磁性の基礎／原子磁気モーメントの起因／鉄族遷移金属イオンの電子構造と磁気モーメント／常磁性体／強磁性体と反強磁性体／金属・合金の磁性／磁気異方性と磁歪／強磁性体の磁化過程／強磁性体の応用

8　超　伝　導
超伝導体の基本的性質／磁場の影響／超伝導状態の現象論／BCS理論

表示価格は税別の本体価格です．　　　　http://www.rokakuho.co.jp